全国高等职业教育规划教材

工程机械电器

蒋波 主 编
莫建章 陈建华 李海 副主编

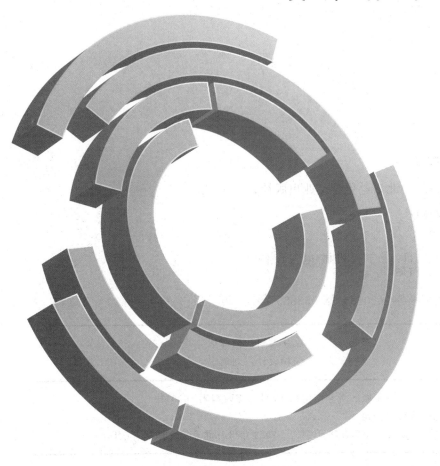

化学工业出版社
·北京·

根据高等职业教育的特点和工作任务过程导向的要求,全书共分为六个项目。其主要内容包括工程机械电源系统的应用与检修,工程机械启动系统的应用与检修,工程机械空调系统的应用与检修,工程机械仪表、照明、信号及雨刮系统的应用与检修,工程机械总线系统的应用与检修和工程机械整车电路分析等。为方便教学,本书配套电子课件。

本书可以作为高职高专院校工程机械类运用与维护专业的教学用书,或者作为继续教育及职业培训教材,也可供从事工程机械运用与修理工作的人员学习参考。

图书在版编目（CIP）数据

工程机械电器/蒋波主编. —北京：化学工业出版社，2015.4（2023.8重印）
全国高等职业教育规划教材
ISBN 978-7-122-23331-8

Ⅰ.①工⋯　Ⅱ.①蒋⋯　Ⅲ.①工程机械-电气设备-高等职业教育-教材　Ⅳ.①TU6

中国版本图书馆CIP数据核字（2015）第053885号

责任编辑：韩庆利　　　　　　　　　　文字编辑：徐卿华
责任校对：宋　玮　　　　　　　　　　装帧设计：刘剑宁

出版发行：化学工业出版社（北京市东城区青年湖南街13号　邮政编码100011）
印　　装：涿州市般润文化传播有限公司
787mm×1092mm　1/16　印张16¼　字数416千字　2023年8月北京第1版第6次印刷

购书咨询：010-64518888　　　　　　售后服务：010-64518899
网　　址：http://www.cip.com.cn
凡购买本书，如有缺损质量问题，本社销售中心负责调换。

定　　价：46.00元　　　　　　　　　　　　　　　　　　　　版权所有　违者必究

前　　言

世界工程机械诞生 100 多年以来，几次关键性的新配套件的出现引起了工程机械发展史上的革命性变化。第一次是柴油机代替汽油机；第二次是液压操纵代替机械操纵；第三次是液力变矩器的出现，液力机械传动代替机械传动；第四次是行走工程机械的铰接式动力转向代替刚性车架的偏转车轮转向等，都对世界工程机械技术的发展起到了革命性的推动作用。当前许多电子控制技术的配套件的发展，将又一次带来世界工程机械行业新的技术飞跃。

在控制技术方面，利用体积很小的大规模集成电路、微处理器为核心，对作业操纵进行集成电子控制，逐步发展到包括变速、转向、制动、柴油机、工作装置等全面的集成电子控制，进而向智能化方向发展。为适应主机的集成电子控制及智能化发展的需要，主要配套件实现用电子化控制改变传统的控制方式，主要是通过机电液一体化来实现配套件的电子控制，且电子控制元件逐步内藏化，使电子、电气元件成为整个配套件不可分割的一部分。比如柴油机从开始的电子喷射到目前出现的全电子控制，变速操纵的微电脑集成控制，作业及转向操纵的电液比例控制等，这些配套件不但本身实现了单一的电子控制或微电脑集成控制，而且还为整机实现电脑集成控制提供了电路接口，为进一步实现智能化打下了基础。

微电子及微电脑控制技术在工程机械及配套件上的广泛应用，使整机操纵的安全舒适性、节能及环保、作业质量及效率等都有可能达到全新的高度；但是电子（微机）控制装置在工程机械上的广泛应用，也使工程机械本身结构将更加复杂，对工程机械类专业人才的培养提出了更高要求。

为了满足工程机械类高职高专学生和工作在生产第一线的工程机械技术人员的强烈要求，在沃尔沃建筑设备投资（中国）有限公司的大力支持和帮助下，我们根据全国交通职业教育指导委员会的要求，按照工作任务过程导向的模式编写了《工程机械电器》一书。全书共分为六个项目，其主要内容包括工程机械机电源系统的应用与检修，工程机械启动系统的应用与检修，工程机械空调系统的应用与检修，工程机械仪表、照明、信号及雨刮系统的应用与检修，工程机械总线系统的应用与检修和工程机械整车电路分析。每一个项目都根据职业教育的特点和工作任务过程导向的要求，循序渐进地分解为教学前言、系统知识、知识拓展、校企链接、故障诊断、实验实训和项目小结等环节。在编写过程中力求文字通俗易懂，图文并茂，形式新颖活泼，克服了传统教材理论内容偏深、偏多、抽象的弊端，也突出了理论与实践相结合的原则。

本书中的项目一由湖北交通职业技术学院陈建华、余德林编写；项目二由新疆交通职业技术学院李海编写；项目三、四由广东交通职业技术学院莫建章编写；项目五、六由广东交通职业技术学院蒋波编写，并负责完成统稿工作。全书由蒋波担任主编，莫建章、陈建华、李海担任副主编，广东交通职业技术学院胡胜担任主审。

本书在编写过程中，得到了许多工程机械制造企业、公路工程施工企业和交通系统许多兄弟院校，特别是沃尔沃建筑设备投资（中国）有限公司马秀成的宝贵意见和大力支持，在此表示衷心感谢！

本书配套电子课件，可赠送给用本书作为授课教材的院校和老师，如有需要，可登陆 www.cipedu.com.cn 下载。

鉴于编者水平有限，时间仓促，书中不当之处在所难免，敬请广大读者批评指正。

编者

目 录

项目一 工程机械电源系统的应用与检修 ··· 1
 【系统知识】 ·· 1
  单元一 工程机械电气设备概述 ·· 1
  单元二 工程机械蓄电池 ·· 3
  单元三 交流发电机的构造、原理及特性 ······························ 22
  单元四 交流发电机的电压调节器 ·· 35
  单元五 交流发电机及调节器的使用技术 ······························ 39
 【知识拓展】 ·· 43
 【校企链接】 ·· 44
 【故障诊断】 ·· 48
 【实验实训】 ·· 51
 【项目小结】 ·· 56

项目二 工程机械启动系统的应用与检修 ··· 57
 【系统知识】 ·· 57
  单元一 启动系统概述 ·· 57
  单元二 启动机的工作原理及结构 ·· 62
 【知识拓展】 ·· 74
 【校企链接】 ·· 86
 【故障诊断】 ·· 89
 【实验实训】 ·· 92
 【项目小结】 ·· 98

项目三 工程机械空调系统的应用与检修 ··· 99
 【系统知识】 ·· 99
  单元一 空调系统概述 ·· 99
  单元二 采暖装置与制冷装置 ·· 100
  单元三 空调系统控制装置 ·· 116
 【知识拓展】 ·· 126
 【校企链接】 ·· 129
 【故障诊断】 ·· 133
 【实验实训】 ·· 136
 【项目小结】 ·· 137

项目四　工程机械仪表、照明、信号及雨刮系统的应用与检修 …… 138

【系统知识】 …… 138
- 单元一　仪表、照明、信号及雨刮系统概述 …… 138
- 单元二　工程机械仪表系统 …… 139
- 单元三　雨刮及洗涤系统 …… 157
- 单元四　工程机械照明系统 …… 163

【知识拓展】 …… 182
【校企链接】 …… 192
【故障诊断】 …… 194
【实验实训】 …… 196
【项目小结】 …… 199

项目五　工程机械总线系统的应用与检修 …… 200

【系统知识】 …… 200
　　CAN总线技术工作原理 …… 200
【知识拓展】 …… 207
【校企链接】 …… 210
【故障诊断】 …… 222
【实验实训】 …… 226
【项目小结】 …… 230

项目六　工程机械整车电路分析 …… 231

【系统知识】 …… 231
- 单元一　工程机械整车电路的组成 …… 231
- 单元二　工程机械电气电路的特点 …… 232
- 单元三　工程机械电路图的类型 …… 233
- 单元四　电路图识读要领 …… 233
- 单元五　导线、线束和连接器 …… 234

【知识拓展】 …… 239
【校企链接】 …… 248
【故障诊断】 …… 252
【项目小结】 …… 253

参考文献 …… 254

项目一　工程机械电源系统的应用与检修

教学前言

1. 教学目标
掌握工程机械电源系统的特点、系统组成和基本工作原理；能够结合工程机械的技术特点分析工程机械蓄电池和交流发电机的控制过程；能对工程机械电源系统进行故障诊断与检修。

2. 教学要求
掌握工程机械电源系统的特点、系统组成和基本工作原理，能对工程机械电源系统独立进行故障诊断与检修。

3. 引入案例
① 6-QA-60 型铅酸蓄电池故障检修方法；
② VOLVO EC210B 型挖掘机电源系统。

系统知识

单元一　工程机械电气设备概述

一、工程机械电气设备的组成

工程机械电气设备主要包括电源系统、用电系统、监测仪表与报警装置、配电装置和电子控制系统等。

1. 电源系统

工程机械电源系统由蓄电池、发电机和调节器组成。在工程机械上蓄电池和发电机并联工作。发电机是工程机械的主要电源，蓄电池是辅助电源。发电机配有调节器。调节器的功用是在发电机转速升高到一定程度时，自动调节发电机的输出电压使其保持稳定。

2. 用电系统

工程机械的用电设备数量很多，大致可分为以下几个系统。

① 启动系统：现代工程机械普遍采用电磁控制式启动系统，其作用是启动发动机。

② 点火系统（仅汽油机配有）：其作用是产生高压电火花，点燃汽油发动机气缸内的可燃混合气。点火系统分为传统点火系统、电子点火系统和微机控制点火系统。

③ 照明及信号系统：照明系统包括车内外各种照明灯，以提供夜间安全行车所必需的灯光照明，其中以前照灯最为重要。信号系统包括电喇叭、闪光器、蜂鸣器及各种信号灯，主要用来提供安全行车所必需的信号。

④ 监测仪表与报警装置：监测仪表包括用于监控发动机及控制系统工作情况的各种仪表，如电流表、电压表、油压表、温度表、燃油表、车速里程表、发动机转速表等；报警装置包括防盗报警装置、警告报警装置以及各种报警灯，如蓄电池充放电指示灯、紧急情况报警灯、油压过低报警灯、温度过高报警灯、各种电子控制系统的故障报警灯等。

⑤ 辅助电器系统包括电动刮雨器、风窗洗涤器、空调器、低温启动预热装置、收录机、点烟器、玻璃升降器、座椅调节器等。辅助电器主要向舒适、娱乐、保障安全等方面发展。

3. 配电装置

配电装置包括各种控制开关、中央接线盒、保险装置、配电线束和连接器等。

4. 电子控制系统

工程机械电子控制系统是指现代工程机械装备的由微型计算机控制的机电一体化控制系统，其功用是提高工程机械的动力性、经济性、安全性、舒适性、操纵性、通过性和排放性。

二、工程机械电气设备的特点

1. 低压

电器系统的标称电压有12V和24V两种，汽油发动机普遍采用12V电系，柴油发动机工程机械多数采用24V电系。12V、24V电气系统的额定电压分别为14V和28V。采用低压电系的主要优点是安全。为了满足工程机械电器装置日益增多，用电量愈来愈大，对电源系统供电功率有逐渐增大的趋势。

2. 直流

工程机械电器采用直流系统的原因是工程机械发动机靠电力启动机启动，启动机采用直流电动机，且由蓄电池供电，而蓄电池电能消耗后又必须用直流电充电，所以工程机械电气系统为直流系统。

3. 单线制

单线制是指从电源到用电设备只用一根导线连接，而用工程机械底盘、发动机等金属机体作为另一公用导线。由于单线制节省导线、线路清晰、安装和维修方便，且电器总成部件不需与车体绝缘，因此现代工程机械普遍采用单线制。但是在特殊情况下，为了保证电气系统（特别是电子控制系统）的工作可靠性，也需采用双线制。

4. 负极搭铁

在单线制中，将电器产品的壳体与车体连接作为电气回路导电体的方法称为"搭铁"。将蓄电池的负极连接到车体上称为"负极搭铁"；反之，将蓄电池的正极连接到车体上则称为"正极搭铁"。根据国家标准规定，工程机械电气系统统一规定为负极搭铁。

实践证明，由于工程机械行驶时的颠簸，发动机工作的振动，以及气温、湿度、灰尘的影响，加之使用不当，很容易使电器与电子设备损坏。据统计，电气系统的故障约占工程机械整车故障的20%～30%，而且呈增加的趋势。由此可见，为了提高工程机械的完好率，不仅要求电气设备具有合理的结构和良好的工作性能，而且还要正确使用、维护和调整。因此，对从事工程机械维修及运用的技术人员来说，熟悉和掌握有关工程机械电器与电子设备的结构原理、性能与使用维修等方面的知识并具有一定的操作技能十分重要。

单元二　工程机械蓄电池

工程机械电源系统由发电机、调节器、蓄电池等组成，其作用是给全车用电设备供电。其中蓄电池主要用于发动机启动时短时间内向启动机及点火系统供电，发动机正常工作时则由发电机向全车用电设备供电，同时剩余的电力向蓄电池充电，保证蓄电池拥有足够的电力，调节器在发电机上保证其输出的电压稳定在一定范围内，防止因电压起伏过大而烧毁用电设备。

一、蓄电池的构造与型号

（一）蓄电池的作用及类型

1. 蓄电池的功用

① 发动机启动时，向启动机供电。
② 发动机低速运转时，向用电设备和发电机磁场绕组供电。
③ 发动机中、高速运转时，将发电机剩余电能转化为化学能储存起来。
④ 发电机过载时，协助发电机向用电设备供电。
⑤ 蓄电池相当于一个大电容器，能吸收电路中出现的瞬时过电压，保护电子元件，保持工程机械电气系统电压稳定。

2. 蓄电池的分类

蓄电池是一种可逆的低压直流电源，它既能将化学能转化为电能，也能将电能转换为化学能。

工程机械上一般采用铅酸蓄电池，其主要目的是启动发动机。车用蓄电池可分为湿荷电蓄电池、干荷电蓄电池、少维护蓄电池和免维护蓄电池四种。

（二）普通铅酸蓄电池的构造

普通铅酸蓄电池由6只单格电池串联而成，每只单格电池电压约为2V，串联成12V，再将两个12V蓄电池串联供工程机械选用。蓄电池主要由极板、隔板、电解液、外壳、连接条、极柱等组成。其结构如图1-1所示。

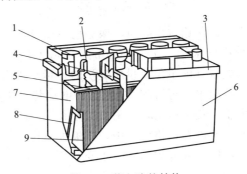

图 1-1　蓄电池的结构

1—排气栓；2—负极柱；3—电池盖；4—穿壁连接；5—汇流条；6—整体槽；
7—负极板；8—隔板；9—正极板

1. 极板

极板是蓄电池的核心部分，蓄电池电能与化学能的相互转换是依靠极板上的活性物质与电解液中的硫酸之间的化学反应来实现的。极板分正、负极板两种。

极板由栅架和活性物质组成，结构如图1-2所示。

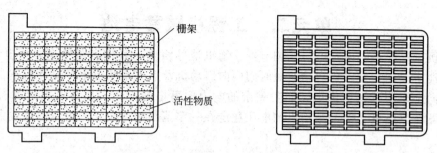

图 1-2　栅架及活性物质

栅架由铅锑合金浇铸而成。锑可以提高栅架的机械强度和浇铸性能。但是锑会加速氢的析出从而加速电解液的消耗，还会引起蓄电池自放电和栅架腐烂，缩短蓄电池使用寿命。目前，多采用铅-低锑合金栅架或铅-钙-锡合金栅架。

为降低蓄电池内阻，改善启动性能，现代工程机械蓄电池普遍采用放射型栅架，如图 1-3 所示。其优点是栅架强度高、构架轻、极板薄、单格极板数多、放电能力强。

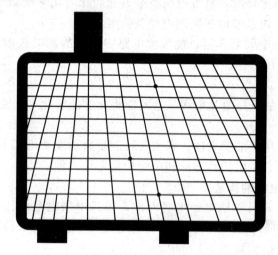

图 1-3　放射型栅架

正极板上的活性物质为二氧化铅（PbO_2），深棕色；负极板上的活性物质为海绵状纯铅（Pb），深灰色，目前国内外都已采用 1.1～1.5mm 厚的薄型极板（正极板比负极板稍厚）。薄型极板对提高蓄电池的比能量（即单位质量所提供的容量）和启动性能都十分有利。一片正极板和一片负极板浸入电解液中，可得到 2V 左右的电动势。为增大蓄电池容量，常将多片正、负极板分别并联组成正、负极板组，如图 1-4 所示。

因为正极板的强度较低，所以在单格电池中，负极板总比正极板多一片，使每一片正极板都处于两片负极板之间，保持其放电均匀，防止变形。

2. 隔板

为了减少蓄电池的内电阻和体积，正、负极板安装时应尽量靠近。为了避免正、负极板彼此接触而造成短路，在正、负极板之间装上隔板，隔板的功用是在正、负极板间起绝缘作用。

隔板的特征是：隔板有许多微孔，可使电解液的流动畅通无阻；隔板一面平整，一面有沟槽。沟槽面对着正极板，且与底部垂直，使充放电时电解液能通过沟槽及时供给正极板，当正极板上的活性物质 PbO_2 脱落时能迅速通过沟槽沉入容器底部。此外，隔板还应具有良

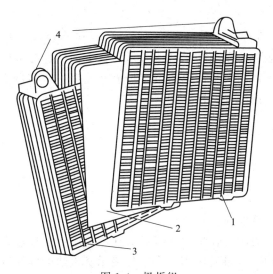

图 1-4 极板组
1—负极板；2—隔板；3—正极板；4—极板连接条

好的耐酸性和抗氧化性。

常用的隔板材料有木质、微孔橡胶和微孔塑料等。木质隔板价格低，但耐酸性能差，已逐渐被淘汰；微孔橡胶隔板性能好，寿命长，但生产工艺复杂，成本高，故尚未大量使用；微孔塑料隔板孔径小，孔隙率高，薄而柔，生产效率高，成本低，目前被广泛采用。

3. 电解液

电解液在蓄电池充放电的化学反应中起到离子间的导电作用，并参与蓄电池的化学反应。电解液由纯硫酸与蒸馏水按一定比例配置而成，密度一般为 $1.24 \sim 1.30 \mathrm{g/cm^3}$，加入每个单格电池中。电解液纯度是影响蓄电池电气性能和使用寿命的重要因素。由于工业用硫酸和普通水中含铜、铁等杂质较多，会加速蓄电池自放电和极板溃烂而影响蓄电池寿命，因此不能用于蓄电池。

4. 外壳

蓄电池壳体用于盛装电解液和极板组。外壳应耐酸、耐热、耐振动冲击。外壳有橡胶外壳和聚丙烯塑料两种，普遍采用的是塑料外壳，其有壳壁薄、重量轻、易于热封合、生产效率高等优点。

外壳为整体式结构，壳内分成 6 个互不相通的单格。蓄电池单格电池之间均用铅质连接条串联。

每个单格电池设有一个加液孔，可以加注电解液或检测电解液密度。孔盖上设有通气孔便于排出蓄电池内部气体，防止外壳胀裂，发生事故。

5. 连接条

铅酸蓄电池一般由若干个单格电池串联而成，每个单格电池的额定电压为 2V。连接条的作用是将单格电池串联起来，提高整个蓄电池的端电压。连接条由铅锑合金浇铸而成。

6. 极柱

铅酸蓄电池的首尾两极板组的横板上各有一个接线柱称为蓄电池的正、负极柱。极柱分为侧孔型、锥型和 L 型三种。为了便于区分，正极柱上或旁边标有"＋"记号，较粗；负极柱上或旁边标有"－"记号，较细。如若蓄电池因使用过久而标记不清时，可通过比较两极柱的粗细或用万用表直流电压挡测定。

(三) 蓄电池的型号

JB/T 2599—2012《铅蓄电池产品型号编制方法》标准规定,蓄电池的型号表示为第Ⅰ部分表示串联的单格电池数,用阿拉伯数字表示,蓄电池的标准电压是该数字的2倍。第Ⅱ部分表示电池类型和特征,用两个汉语拼音字母表示。第一个字母为"Q"表示启动型铅蓄电池;第二个字母表示电池结构特征,如:

A——干荷电式;
B——薄型极板;
W——免维护式;
J——胶体电解液;
H——湿荷电式;
无字母——干封式铅蓄电池。

第Ⅲ部分表示蓄电池的额定容量,我国目前规定采用20h放电率的容量(单位是安培·小时或 A·h)。有时在额定容量后面用一个字母表示蓄电池的性能特征,如:

G——高启动率;
S——塑料槽;
D——低温启动性能好。

例如:6-QA-60 型蓄电池表示由 6 个单格电池组成,额定电压为 12V,额定容量为 60A·h 的启动型干荷电式或铅酸蓄电池。

二、蓄电池的工作原理与工作特性

(一) 蓄电池的工作原理

蓄电池是由正、负极板浸入电解液中构成的,其内部发生的化学反应是可逆的,在充、放电过程中,蓄电池内的导电是依靠正、负离子的反向运动来实现的。当蓄电池对负载放电时,正极板上深褐色的活性物质 PbO_2 转化成了浅褐色的 $PbSO_4$;负极板上深灰色的海绵状 Pb 转化成了灰色的 $PbSO_4$;电解液中的部分 H_2SO_4 转变为 H_2O 而使其浓度降低。充电时,正负板上的 $PbSO_4$ 在充电电流的作用下逐渐恢复为 PbO_2 和 Pb,电解液中的硫酸浓度增高。蓄电池充、放电过程的电化学反应式为

$$PbO_2 + 2H_2SO_4 + Pb \xrightleftharpoons[\text{充电}]{\text{放电}} PbSO_4 + 2H_2O + PbSO_4$$

正极板　　电解液　　负极板　　　　正极板　　电解液　　负极板
(二氧化铅)(稀硫酸)(海绵状纯铅)　(硫酸铅)　(水)　　(硫酸铅)

1. 电动势的建立

蓄电池的电动势是正、负极浸入电解液后产生的,其反应过程如图 1-5 所示。

在正极板处,少量的 PbO_2 溶入电解液,与水生成 $Pb(OH)_4$,再分离成四价铅离子 Pb^{4+} 和氢氧根离子 (OH^-),即

$$PbO_2 + 2H_2O \longrightarrow Pb(OH)_4$$

$$Pb(OH)_4 \rightleftharpoons Pb^{4+} + 4OH^-$$

电解液中的 Pb^{4+} 有沉附于正极板的倾向,使正极板相对于电解液具有正电位。同时,由于正负电荷的吸引,正极板上的 Pb^{4+} 有与电解液中的 OH^- 结合生成 $Pb(OH)_4$ 的倾向,当达到平衡时,正极板的电位约为 +2.0V。

在负极板处,一方面 Pb 有溶于电解液的倾向,在电解液中生成 Pb^{2+} 使极板带负电;另一方面,由于正负电荷的吸引,Pb^{2+} 有沉附于负极板的倾向,当两者达到平衡时,负极

板相对于电解液的电位约为 $-0.1V$。

动态平衡时,静止电动势为

$$E=2.0-(-0.1)=2.1(V)$$

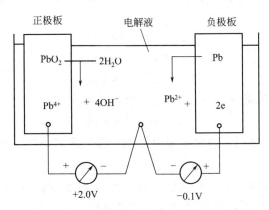

图 1-5 蓄电池电动势的建立

2. 放电过程

将蓄电池的化学能转换成电能的过程称为放电过程。化学反应过程为:

当蓄电池与外电路接通后,由于电动势 E 的存在,使电路内产生放电电流 I_f,即电子 e 从负极板流向正极板,将 Pb^{4+} 转化为 Pb^{2+},而 Pb^{2+} 与电解液中的硫酸根离子 SO_4^{2-} 结合成 $PbSO_4$,并沉附在正极板上,即

$$Pb^{4+}+2e \longrightarrow Pb^{2+}$$
$$Pb^{2+}+SO_4^{2-} \longrightarrow PbSO_4$$

在负极板处,失去电子(2e)的 Pb 变为 Pb^{2+},其与电解液中的 SO_4^{2-} 结合生成 $PbSO_4$ 而沉附于负极板上,即

$$Pb-2e \longrightarrow Pb^{2+}$$
$$Pb^{2+}+SO_4^{2-} \longrightarrow PbSO_4$$

在电解液中,H_2SO_4 失去 SO_4^{2-} 而余下氢离子 H^+,它与 OH^- 结合生成水,即

$$2H^++2OH^- \longrightarrow 2H_2O$$

也就是说,在放电过程中,极板上的活性物质将逐渐转化为 $PbSO_4$;同时,由于电解液中 SO_4^{2-} 不断减少,使得电解液的密度下降。从理论上讲,放电过程可一直进行到极板上的所有活性物质被耗尽为止,但由于生成的 $PbSO_4$ 沉附于极板表面,阻碍电解液渗透到极板活性物质内层中去,使得在使用中被称为放完电的蓄电池的活性物质利用率仅达 20%～30%。因此采用薄型极板,增加多孔性,可提高活性物质的利用率。

蓄电池放电特征如下。

① 活性物质 PbO_2 和 Pb 均逐渐变为 $PbSO_4$。

② 放电过程中,电解液密度下降,所以可通过电解液密度判断放电程度。

③ 蓄电池内阻逐渐增大。

3. 充电过程

将电能转换成蓄电池化学能的过程称为充电过程,它是放电反应的逆过程。化学反应过程如下。

蓄电池充电时,正负极板与直流电源相连。当充电电源的端电压高于蓄电池的电动势时，在电场的作用下，充电电流 I_c 以与放电电流相反的方向流动，使正极电位升高，负极电位下降，正负极板处的平衡被打破。在正极板处的 Pb^{2+}，失去两个电子变为 Pb^{4+}，再与电解液中水分解产生的 OH^- 结合生成 $Pb(OH)_4$，又被分解为 PbO_2 和 H_2O，PbO_2 沉附在正极板上，即

$$Pb^{2+} - 2e \longrightarrow Pb^{4+}$$
$$Pb^{4+} + 4OH^- \longrightarrow Pb(OH)_4$$
$$Pb(OH)_4 \longrightarrow PbO_2 + H_2O$$

负极板处，Pb^{2+} 得到两个电子变成 Pb 沉附到负极板上，即

$$Pb^{2+} + 2e \longrightarrow Pb$$

而在正负极板附近的 SO_4^{2-} 与电解液中的 H^+ 结合成 H_2SO_4，即

$$2H^+ + SO_4^{2-} \longrightarrow H_2SO_4$$

由此可见，在充电过程中，正负极板上的 $PbSO_4$ 将逐步恢复为 PbO_2 和 Pb。同时，由于水的减少和 H_2SO_4 的生成，使得电解液的密度逐渐上升。当充电接近终了时，$PbSO_4$ 已基本恢复为 PbO_2 和 Pb，这时充电电流将引起水的分解，使正极板附近的 O^{2-} 失去两个电子变成 O_2 从电解液中逸出，负极板附近的 $2H^+$ 得到两个电子变为 H_2 从电解液中逸出，即

$$2H_2O \longrightarrow O_2 + H_2$$

(二) 蓄电池的工作特性

蓄电池的工作特性包括静止电动势、内阻、充电特性和放电特性。

1. 静止电动势

蓄电池处于静止状态时，正负极板之间的电位差（即开路电压）称为静止电动势，用 E_j 表示。在密度为 $1.05 \sim 1.30 \text{g/cm}^3$ 的范围内，有

$$E_j = 0.84 + \rho_{25℃} \text{ (V)} \tag{1-1}$$

式中，$\rho_{25℃}$ 为 25℃ 时电解液的相对密度，$\rho_{25℃} = \rho_T + 0.00075(T-25)$，$T$ 为实际测量的电解液温度。

工程机械用蓄电池的电解液密度一般在 $1.12 \sim 1.30 \text{g/cm}^3$ 之间，因此 $E_j = 1.97 \sim 2.15\text{V}$。蓄电池充放电前后，电动势的变化范围比电解液密度的变化范围要小些，测量误差较大，因而常采用测量电解液密度的方法来判断蓄电池的充放电程度。

2. 内阻

电流流过蓄电池时所受到的电阻称为蓄电池的内阻。蓄电池的内阻包括以下几部分。

(1) 极板内阻

极板内阻很小，随活性物质的变化而变化，充电时变小，放电时变大。

(2) 隔板内阻

隔板内阻与材料有关，木质隔板多孔性差，所以其电阻比微孔橡胶和塑料隔板的电阻大。

(3) 电解液内阻

温度升高，电解液内阻下降。电解液内阻与密度关系如图 1-6 所示。由图可知，电解液相对密度为 1.2g/cm^3 时，其电阻最小。即在该密度时，硫酸离解为离子的数量最多，同时电解液的黏度也比较小。密度过高和过低都会减少离子的数量。密度过高时，不仅离子数量减少，而且电解液黏度会增大，所以电阻增大。

由此可知，适当降低电解液密度和提高温度（如冬季对蓄电池保温），对降低蓄电池的

内阻、提高启动性能都十分有利。

（4）连条内阻

数值较小，为定值。

3. 放电特性

放电特性指在恒流放电过程中，蓄电池的端电压 U_f 和电解液密度 $\rho_{25℃}$ 随时间 t_f 而变化的规律。恒流放电特性曲线如图 1-7 所示。

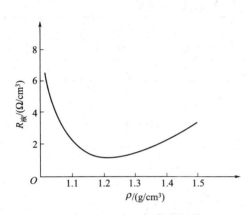 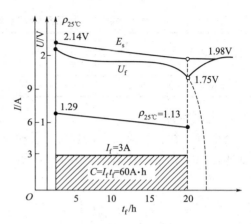

图 1-6　电解液内阻与密度的关系　　　　图 1-7　恒流放电特性曲线

$\rho_{25℃}$ 按直线规律下降。这是因为在恒流放电时，电流值一定，化学反应速度一定，单位时间消耗的硫酸量一定。一般情况下，电解液相对密度每下降 0.04，蓄电池放电约 25%。

蓄电池放电电压 U_f 的变化规律为

$$U_f = E - I_f R_i \tag{1-2}$$

式中　U_f——放电时的端电压，V；

　　　E——电动势，V；

　　　I_f——放电电流，A；

　　　R_i——蓄电池的内阻，Ω。

放电开始时，端电压从 2.14V 迅速下降到 2.1V，接着在较长时间内缓慢地下降到 1.85V 左右，随后又迅速下降到 1.75V，此时停止放电。如果继续放电，那么端电压在短时间内将急剧下降到零，致使蓄电池过度放电，从而导致蓄电池产生硫化故障，缩短蓄电池使用寿命。若适时切断放电电流，则端电压可逐渐回升到 1.98V。端电压的变化规律可分以下三个阶段。

（1）开始放电阶段

放电开始时，极板空隙内的硫酸迅速消耗，电解液密度迅速下降，浓差极化显著增大，所以端电压迅速下降。

（2）相对稳定阶段

随着极板孔隙内电解液密度的迅速下降，孔内外的密度差不断增大，硫酸向孔隙内扩散的速度也随之加快，使放电电流得以维持。当空隙内消耗硫酸的速度与孔外向孔内补充的硫酸的速度达到动态平衡时，孔内外的密度差将基本保持一定。这时孔内电解液密度将随孔外电解液密度一起缓慢下降，所以端电压将按直线规律缓慢下降。

（3）端电压迅速下降阶段

放电接近终了时，孔隙外的电解液密度已大大下降，难以维持足够的密度差，使离子扩散速度下降,浓差极化显著增大;与此同时,极板表面硫酸铅增多,孔隙堵塞使活性物质 PbO_2 和 Pb 的反应面积减小,电流密度增大,电化学极化也显著增大;此外,放电时间越长,硫酸铅越多,内阻越大,欧姆极化越显著。由此可见,当放电临近终了时,由于浓差极化、电化学极化和欧姆极化都显著增大,所以端电压迅速下降。

蓄电池放电终了的特征为:单个电压降到放电终止电压(单格电池终止电压和放电电流有关,见表1-1),电解液密度降到最小值。

表1-1 启动型铅蓄电池的放电率与终止电压的关系

放电情况	放电率	20h	10h	3h	30min	5min
	放电电流/A	$0.05Q_e$	$0.1Q_e$	$0.25Q_e$	Q_e	$3Q_e$
单格电池终止电压/V		1.75	1.70	1.65	1.55	1.50

4. 充电特性

充电特性指在恒流充电过程中,蓄电池的端电压 U_c 和电解液密度 $\rho_{25℃}$ 随时间 t_c 而变化的规律。恒流充电特性曲线如图1-8所示。

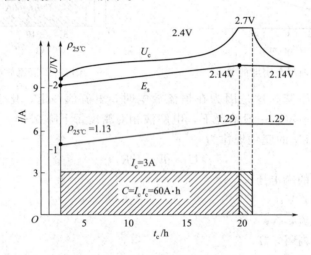

图1-8 恒流充电特性曲线

$\rho_{25℃}$ 按直线规律上升。这是因为当恒流放电时,电流值一定,化学反应速度一定,单位时间生成的硫酸量一定。

U_c 的变化规律

$$U_c = E + I_c R_i \tag{1-3}$$

式中 U_c——蓄电池充电时的端电压,V;

I_c——充电电流,A。

(1) 充电开始阶段

在开始充电时,空隙内迅速生成硫酸,使空隙中电解液密度迅速增大,浓差极化增大,所以端电压迅速上升。当空隙内生成硫酸的速度与向外扩散的速度达到动态平衡时,端电压便随整个容器内电解液密度的变化而缓慢上升。

(2) 稳定上升阶段

当端电压达到2.4V左右时,电解液中开始冒气泡。此现象说明蓄电池已基本充足电,极板上的活性物质已基本转化为二氧化铅 PbO_2 和铅 Pb,部分充电电流已用于电解水,产生了氢气和氧气,所以电解液冒气泡。

(3) 充电末期

继续充电时,电解水的电流增大,产生的氢气和氧气增多,电化学极化显著增大,所以端电压迅速上升,直到电压上升到2.7V左右且稳定不变,电解液中有大量气泡,形成"沸腾"现象为止。此时电解液密度不再变化。

(4) 充电停止后

端电压逐渐下降至静止电动势。

蓄电池充电终了的特征为:

① 端电压和电解液密度上升到最大值(2.7V),且在2h内不上升;

② 电解液中剧烈冒气泡,呈沸腾现象。

(三) 蓄电池的容量及其影响因素

1. 容量

蓄电池的容量是指完全充足电的蓄电池在放电允许的范围内输出的电量,标志着蓄电池对外供电的能力,是蓄电池的主要性能参数。一般的标称容量是指在一定条件下恒定放电电流 I_f 与放电时间 t_f 的乘积,即:

$$C = I_f t_f \tag{1-4}$$

式中　C——蓄电池的容量,A·h;

　　　I_f——放电电流,A;

　　　t_f——放电时间,h。

蓄电池的容量表示方法有额定容量和启动容量两种。

(1) 额定容量

GB 5008.1—1991《启动用铅蓄电池技术条件》规定:将充足电的新蓄电池在电解液温度为25℃±5℃条件下,以20h放电率的放电电流(0.05C)连续放至单格平均电压降到1.75V时,输出的电量称为额定容量,用 C_{20} 表示。

(2) 启动容量

蓄电池的启动容量表示蓄电池在发动机启动时的供电能力,分为低温启动容量和常温启动容量。

① 低温启动容量　电解液在-18℃时,以3倍额定容量的电流持续放电至单格电压下降至1V所放出的电量称为低温启动容量。持续时间应在2.5min以上。

② 常温启动容量　电解液温度在30℃时,以3倍额定容量的电流持续放电至单格电压下降至1.5V所放出的电量。持续时间应在5min以上。

2. 影响蓄电池容量的因素

(1) 构造因素对容量的影响

极板厚度越薄,活性物质的利用率就越高,容量就越高。极板面积越大,同时参与反应的物质就越多,容量就越大。同性极板中心距越小,蓄电池内阻越小,容量越大。

(2) 使用因素对容量的影响

① 放电电流　放电电流 I_f 增大,蓄电池的容量将随之减少。这是因为放电时,正负极板的 PbO_2 和 Pb 不断转变成 $PbSO_4$,而 $PbSO_4$ 的体积比 PbO_2 大1.86倍,比 Pb 大2.68倍,所以随着 $PbSO_4$ 的析出,极板空隙会逐渐减少,使硫酸渗透困难。放电电流越大,单位时间内产生的 $PbSO_4$ 越多,同时,放电电流越大,硫酸的需要量也越大,这就必将导致空隙内电解液密度急剧下降,于是端电压也迅速下降,从而缩短了放电时间。放电电流与蓄

电池容量关系如图1-9所示。

图1-10所示为6-Q-135型蓄电池在不同电流下的放电特性。由图可见，放电电流越大，端电压下降越快，越早出现放电终止现象。

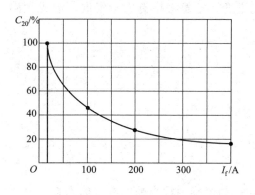

图1-9 蓄电池容量与放电电流的关系

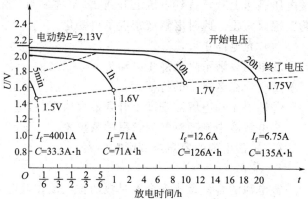

图1-10 6-Q-135型蓄电池在不同电流下的放电特性

② 电解液温度 温度降低，容量减少，如图1-11所示。因为温度下降，电解液黏度增大，渗入极板困难，活性物质利用率下降，导致容量下降；同时，黏度增大，使内阻增大，内压降增大，端电压下降，导致容量下降。温度每降低1℃，缓慢放电时的容量约减少1%，迅速放电时约减少2%。

③ 电解液密度 电解液密度与容量的关系如图1-12所示。电解液密度ρ增大，电动势E增大，电解液渗透能力增大，参加反应的活性物质增多，导致容量增大，ρ过高，黏度增大，内阻增大，极板硫化增大，导致容量下降。

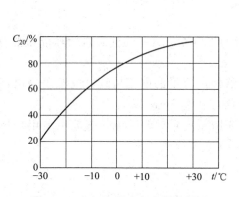

图1-11 电解液温度与容量的关系

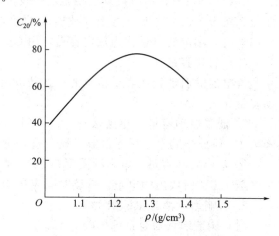

图1-12 电解液密度与容量的关系

实践证明：电解液密度偏低有利于提高放电电流和容量。冬季使用的电解液，在不使其结冰的前提下，尽可能采用稍低的电解液密度。

三、免维护蓄电池和干荷蓄电池

(一) 免维护蓄电池

免维护蓄电池是目前车辆上广泛使用的一种新型蓄电池，或称MF蓄电池。免维护蓄电池的含义是：在车辆合理使用中，无需对蓄电池进行如加注蒸馏水、检查电解液面高度、检查电解液密度等内容的维护作业。免维护蓄电池具有结构坚固耐用、保护装置多、使用方便、使用寿命长、自放电少和正负极桩无腐蚀等优点。

1. 免维护蓄电池的结构特点

① 采用铅钙合金或低锑合金制作极板栅架。既增强了栅架的支承强度，又使蓄电池在充放电过程中减少了氢、氧析出量，减少了耗水量，自放电也大大减少。

② 采用袋式聚氯乙烯隔板，将正极板装入袋式聚氯乙烯微孔塑料隔板中，避免了活性物质脱落，并可防止极板短路，因而壳体内底部不需凸起棱条，降低了极板组的位置，增大了壳体上部空间，使电解液储量增大，延长了补充充电间隔期限。

③ 采用了新型安全通气装置和气体收集器，在孔盖内部设置了一个氧化铝过滤器，它既可使 H_2 和 O_2 顺利逸出，又可阻止水蒸气和硫酸气体通过。通气塞中还装有催化剂钯，可使排出的氢离子和氧离子结合成水再回至蓄电池中去。在壳体内装有集气室，当水蒸气和硫酸气体进入集气室后，将其冷却再流回电解液，可大大减少电解液的损失。还可使蓄电池顶部清洁、干燥，减少极桩的腐蚀。

④ 内装电解液密度计电眼。该装置实际上是一个检视装置。通过这个装置，可以判断出蓄电池的技术状况，如图 1-13 所示。

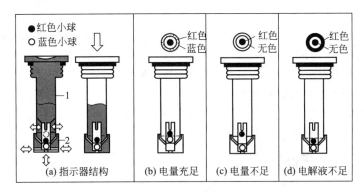

图 1-13　蓄电池技术状况指示器结构原理
1—透明塑料管；2—指示器底座

2. 免维护蓄电池的优点

① 使用中不需加水。在其有效使用期（4 年）内不需添加蒸馏水，所谓"无需维护"就是指使用中不需补加蒸馏水。

② 自放电少。与普通蓄电池相比，其自放电量要少得多，可在较长时间（2 年以上）湿式储存。

③ 耐过充电性能好。在相同的充电电压与充电温度下，普通蓄电池的过充电电流比免维护蓄电池的过充电电流要大得多。

3. 免维护蓄电池的使用

① 免维护蓄电池在使用中应经常保持外部清洁。

② 当内装式密度计显示器蓝色部分较少时，应及时进行补充充电。

③ 当内装式密度计显示器为浅黄色时，应及时进行检查和修理，排除故障后方可继续使用。

（二）干荷电铅蓄电池

在极板完全呈干燥状态下能够长期（一般为 2 年）保存其在化学过程中所得到电量的蓄

电池，叫作干荷电铅蓄电池。

这类电池在注入符合规定的电解液之后，静置 30min 即可使用，不需进行初充电，是应急的理想电源。

干荷电铅蓄电池之所以具有干荷电性能，是因在其负极板的铅膏中加入了如松香、油酸、硬脂酸、有机聚合物等抗氧化剂，在海绵状铅表面形成一层保护膜，可防止活性物质与空气接触而氧化。而且在极板化成过程中经过一次深放电或反复充、放电循环处理，使之在极板的深层也形成海绵状铅。对储存期超过规定期的干荷电铅蓄电池，因极板活性物质有部分氧化，使用前应进行补充充电，充电时间为 5~10h。

四、蓄电池的使用、维护与故障

蓄电池的使用性能和寿命，不仅取决于其本身的质量，而且还取决于蓄电池的使用和维护情况。

（一）蓄电池的正确使用及维护

1. 蓄电池的正确使用

① 保持蓄电池表面清洁，及时清除蓄电池表面的酸液。

② 经常疏通通气孔。

③ 每次启动车辆时间不超过 5s，启动间隔时间 15s，最多连续启动三次；三次启动不成功，应查明原因，排除故障后再启动发动机。

④ 车上蓄电池应固定牢靠，安装搬运时应轻搬轻放。

⑤ 放完电的电池 24h 内送充电间。

⑥ 装车使用电池定期补充充电，放电程度，冬季不超过 25%，夏季不超过 50%。

⑦ 带电解液存放的蓄电池定期补充充电，每两月应补充充电一次。

⑧ 防止过充电和充电电流过大。

⑨ 防止过度放电。

⑩ 防止电解液液面过低。

⑪ 防止电解液密度过大。

⑫ 防止电解液内混入杂质。

2. 冬季使用蓄电池时的注意事项

① 应特别注意保持其处于充足电状态，以防结冰。

② 冬季补加蒸馏水应在充电时进行，以防结冰。

③ 冬季容量降低，发动机启动前应进行预热，每次启动时间不超过 5s，每次启动间隔应有 15s。

④ 冬季气温低，蓄电池充电困难，应经常检查蓄电池存电状况。

3. 蓄电池的储存

（1）未灌电解液的蓄电池的储存

室温 5~40℃且干燥、通风；避免暴晒，远离热源；按行存放于木架之上；旋紧加液孔盖，通气孔密闭。

（2）使用过的蓄电池的长时间储存

① 干法储存　先将其充足电，再按 20h 放电率放电至单格电池电压为 1.75V。倒出电解液，加入蒸馏水，3h 后更换蒸馏水，反复进行至浸不出酸为止。倒干蒸馏水，旋紧加液孔盖，封闭通气孔。

② 带电解液的蓄电池的储存　将其充足电，旋紧加液孔盖，室内应通风干燥，室温5～30℃，定期补充充电。

4. 电解液密度与温度和容量关系

蓄电池电解液密度随温度升高而降低，温度每升1℃，电解液密度减少 0.00075g/cm³。所以无论是新配制的电解液还是待检查蓄电池的电解液，其密度值换算到25℃，并加以修正。实践经验表明，电解液密度每减少 0.01g/cm³，相当于蓄电池放电6%。

（二）蓄电池的充电

1. 充电方法

蓄电池的充电必须根据不同情况选择适当的方法，并且正确使用充电设备，这样才能提高工作效率，延长蓄电池及充电设备的寿命。通常蓄电池的充电方法有定流充电、定压充电和脉冲快速充电。

（1）定流充电

定流充电是指在充电过程中保持充电电流基本恒定的充电方法。它是蓄电池充电的基本方法。采用此法充电时，蓄电池不论是6V或12V都可串在一起，最好额定容量相同。如果容量不一样，则可按小容量的蓄电池选择充电电流，待其充足后摘除，然后再改用大容量的充电电流继续充电。同时被充电蓄电池串联的个数，由充电设备的额定电压确定。

蓄电池在充电刚开始时用较大的电流，经过一定时间改用较小的电流，到充电终期再改用更小的充电电流，称为分级定流充电。一般分两个阶段。第一个阶段以规定的充电电流进行充电，单格电压充到2.4V时，已基本充足，活性物质基本还原，并开始电解水，电解液开始产生气泡。这时如果不将充电电流减小，则不仅不利于使极板内部的活性物质继续还原，而且由于气泡的剧烈产生并急速从极板孔隙中冲出，还会将孔隙边缘的活性物质冲掉，使容量降低。第二阶段，由于以上原因，充电电流比第一阶段减少一半，一直继续到电解液密度和电压达到规定数值且在2～3h内不变，激烈冒出气泡为止。定流充电特性曲线如图1-14所示。

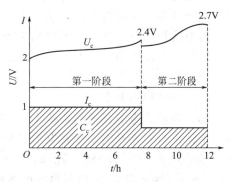

图1-14　定流充电特性曲线

定流充电适应性强，可以任意选择和调整充电电流，因此可对各种不同情况的蓄电池充电，如新蓄电池的初充电、补充充电、去硫化充电等。它的缺点是充电时间长，且需经常调节充电电流。

（2）定压充电

定压充电是指在充电过程中电源电压 U 始终保持不变的充电方法。

由 $I_c=(U-E)/R$ 知，随着蓄电池电动势 E 的增加，充电电流 I_c 逐渐减小；如果充电电压调节得当，就必然会在充满电时充电电流 I_c 为零，这就是充电终了。

采用定压充电时，必须适当选择充电电压。若充电电压过高，不但初期充电电流过大，而且会发生过充电，使极板弯曲，活性物质脱落，温升过高；若充电电压过低，则蓄电池不能充足电。一般每单格电池充电电压约需2.5V。即对6V蓄电池，充电电源电压应为7.5V，对12V蓄电池应为15V。

定压充电如图1-15所示，充电初始充电电流较大，4～5h内可充容量的90%～95%，因而能缩短充电时间，充电电流随蓄电池电动势的增加而减小，适于补充充电。由于定压充电不能调整充电电流的大小，因此不适用初充电和去硫化充电。车辆上蓄电池和发电机是并联的，所以蓄电池始终是在发电机的恒定电压下进行充电。

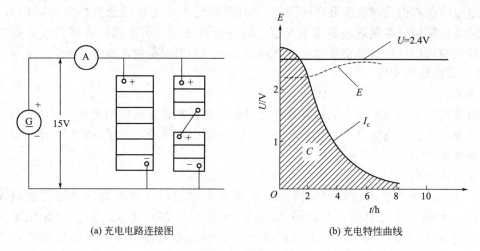

(a) 充电电路连接图　　　　　(b) 充电特性曲线

图 1-15　定压充电

定压充电的特点为：充电速度快，充电时间短，充电电流 I_c 会随着电动势 E 的上升而逐渐减小到零，使充电自动停止，不必人工调整和照看；充电电流大小不能调整，所以不能保证蓄电池彻底充足电，也不能用于初充电和去硫化充电。

对于就车使用的蓄电池，为了防止其产生硫化故障，必须定期（每两个月）拆下用改进恒流充电的方法充电一次。

(3) 脉冲快速充电

脉冲快速充电电流波形如图 1-16 所示。脉冲快速充电的特点是先用 0.8～1 倍额定容量的大电流进行定流充电，使蓄电池在短时间内充至额定容量的 50%～60%。当蓄电池单格电压升到 2.4V，开始冒气泡时，由控制电路控制，开始进行脉冲充电。即先停止充电 25～40ms（称前停充），接着再放电或反充电，使蓄电池反向通过一个较大的脉冲电流（脉冲深度为充电电流的 1.5～3 倍，脉冲宽度为 100～150ms），然后再停止充电 25ms（称后停充）。以后的充电一直按正脉冲充电—前停充—负脉冲瞬间放电—后停充—再正脉冲充电的循环过程进行，直至充足。

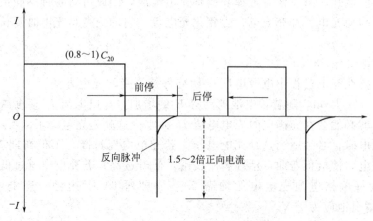

图 1-16　脉冲快速充电电流波形

脉冲快速充电的特点如下。

① 充电时间大为缩短。按常规充电，新电池初充电需 60~70h，补充充电也需 13~16h，采用脉冲快速充电，一般初充电 5h，补充充电 1h。

② 可增加蓄电池容量，提高启动性能。由于脉冲快速充电能够消除极化，因此充电时化学反应充分，加深了反应深度，使蓄电池容量增加，提高了启动性能。

③ 去硫化显著。一般去硫化充电费时且麻烦，而用脉冲快速充电只需 4~5h，且效果良好。

④ 出气率高。采用脉冲快速充电时，蓄电池析出气体的总量虽然减小，但其出气率高，对极板活性物质的冲刷力强，活性物质易脱落，因此对蓄电池寿命有一定影响。

2. 充电的工艺

根据充电目的的不同，蓄电池的充电工艺分为初充电、补充充电、间歇过充电、去硫化充电等。

（1）初充电

对新蓄电池或修复后的蓄电池使用前的首次充电叫初充电，其目的是恢复蓄电池在存放期间极板上缓慢硫化和自放电而失去的电量。初充电的特点是充电电流小，充电时间长，电化学反应充分，蓄电池的充电规范见表 1-2。初充电的程序如下。

表 1-2 蓄电池的充电规范

蓄电池型号	额定容量 $Q_{20}/A \cdot h$	额定电压 u/V	初充电				补充充电			
			第一阶段		第二阶段		第一阶段		第二阶段	
			电流 I/A	时间 t/h	电流 I/A	时间 t/h	电流 I/A	时间 t/h	电流 I/A	时间 t/h
3-Q-75	75	6	5	25~35	3	20~30	7.5	10~11	4	3~5
3-Q-90	90	6	6	25~35	3	20~30	9	10~11	5	3~5
3-Q-105	105	6	7	25~35	4	20~30	10.5	10~11	5	3~5
3-Q-120	120	6	8	25~35	4	20~30	12	10~11	6	3~5
3-Q-135	135	6	9	25~35	5	20~30	13.5	10~11	7	3~5
3-Q-150	150	6	10	25~35	5	20~30	15	10~11	7	3~5

① 按蓄电池制造厂的规定，并根据本地区的气温条件选择电解液的密度（一般相对密度为 1.24~1.28）。注入电解液前，电解液的温度不能超过 30℃，加入电解液后应静置 4~6h，以使极板浸透。若液面因电解液渗入极板而降低，应补充到高出极板上缘 15mm。

② 将蓄电池正负极分别与充电机正负极相接，并按充电规范中初充电电流进行充电。初充电应选用较小的电流。充电过程通常分两个阶段进行。第一阶段充电电流约为额定容量的 1/15，充至电解液放出气泡，单格电池端电压达 2.4V 为止。此段充电时间约为 25~35h。然后将电流降低一半，转入第二阶段充电，直到充足为止，时间约为 20~30h。全部充电时间约为 60~70h。

在整个充电过程中，应经常测量电解液的温度。当温度上升到 40℃时，应将电流减半；如继续上升到 45℃，则应停止充电，待冷却至 35℃以下时，再继续进行充电。初充电临近结束时，应测量电解液的相对密度。如不符合规定，应用蒸馏水或密度为 1.400g/cm³ 的电解液进行调整。调整后，再充电 2h，直至电解液的密度符合规定为止。

(2) 补充充电

对使用中的蓄电池，经检查放电程度已达到一定限值或已感到亏电的蓄电池（如灯光变暗、喇叭声变小、启动转速下降等），如果发现如下情况应及时进行补充充电：

① 启动无力（非机械故障）；
② 前照灯灯光暗淡，表示电力不足；
③ 电解液密度下降到 1.20g/cm³ 以下；
④ 冬季放电超过 25%，夏季放电超过 50%。

补充充电的方法如下：

首先将需同时充电的蓄电池连接好并接上充电电源。然后将电压调至规定的值，观察充电电流，如果电流超过 $0.3C_{20}$（A），应适当降低电压，待蓄电池电动势升高后再将电压调至规定的值。充电终期，充电电流在连续 2h 内变化不大于 0.1A，且电解液密度无明显的变化时，则认为充电可以结束。

补充充电的特点如下：

① 充电前不需要加注电解液。
② 蓄电池补充充电电流的选择为

$$I_{c1}=C_{20}/10(A) \quad I_{c2}=C_{20}/20(A)$$

③ 充电时间约为 13～16h。

(3) 间歇过充电

间歇过充电是避免使用中极板硫化的一种预防性充电。一般应每隔 3 个月进行一次。充电方法是先按补充充电方式充足电，停歇 1h 后，再以减半的充电电流进行过充电，直至充足电为止。

(4) 去硫化充电

去硫化充电是消除正常充电方法不能消除的极板反应所生成的粗大晶粒物硫酸铅的充电工艺。

去硫化充电的程序如下。

① 倒出电解液，加入蒸馏水冲洗两次后，再加入蒸馏水。
② 用 $I_{c1}=C_{20}/30(A)$ 的电流进行充电，当密度上升到 1.15g/cm³ 时，倒出电解液，再加蒸馏水继续充电，直至密度不再上升。
③ 以 20h 放电率放电电流放电至单格电压降到 1.75V 时，再进行上述充电。反复进行以上过程，直至输出容量达到额定容量的 80% 以上，即可使用。

（三）蓄电池的故障

蓄电池常见故障包括外部故障和内部故障。常见的外部故障有外壳裂纹、极柱腐蚀、极柱松动、封胶干裂。常见的内部故障有极板硫化、活性物质脱落、极板栅架腐蚀、极板短路、自放电、极板拱曲。

1. 极板硫化

极板上生成白色的粗晶粒硫酸铅的现象简称硫化。粗晶粒硫酸铅导电性差，正常充电很难还原，晶粒粗，体积大，堵塞活性物质孔隙，内阻增大。

(1) 故障特征

① 放电时，内阻大，电压急剧下降，不能持续供给启动电流。
② 充电时，内阻大，单格电池的充电电压高达 2.7V 以上，密度上升慢，温度上升快，过早出现沸腾现象。

(2) 产生原因
① 蓄电池长期充电不足或放电后不及时充电，温度变化时，硫酸铅发生再结晶。
② 蓄电池液面过低，极板上部发生氧化后与电解液接触，也会生成粗晶粒硫酸铅。
③ 电解液密度过高、电解液不纯或气温变化剧烈。
(3) 排除措施
① 硫化不严重时，采用去硫充电法充电。
② 硫化严重时，报废。
③ 保持蓄电池经常处于充足电状态：
a. 工程机械上的蓄电池定期送充电间彻底充电；
b. 放完电的蓄电池在 24h 内送充电间充电。
④ 电解液高度应符合规定。

2. 活性物质脱落
(1) 故障特征
蓄电池输出容量下降，充电时电解液浑浊，有棕色物质自底部上升。
(2) 故障原因
① 充电电流过大。
② 过充电时间过长。
③ 低温大电流放电造成极板拱曲。
④ 车辆行驶时颠簸、振动。

3. 自行放电
蓄电池在无负载的状态下，电量自动消失的现象称为自放电。蓄电池的自放电是不可避免的。
(1) 故障特征
如果充足电的蓄电池在 30 天之内每昼夜容量降低超过额定容量 2%，称为故障性自放电。
(2) 故障原因
① 电解液含杂质过多。
② 电解液密度偏高。
③ 电池表面不清洁。
(3) 防止措施
① 使用符合标准的硫酸和蒸馏水配置电解液。
② 配置电解液的容器要保持清洁。
③ 防止杂质进入电池内。
④ 电池表面要保持清洁干燥。
(4) 处理措施
产生自放电后，将电池完全放电，倒出电解液后取出极板组，抽出隔板，用蒸馏水冲洗之后重新组装，加入新的电解液。

(四) 蓄电池技术状况的检测

1. 电解液液面高度的检查
对于塑料壳体的蓄电池，可以直接通过外壳上的液面线检查。壳体前后侧面上都标有两条平行的液面线，分别用"max"或"UPPERLEVEL"或"上液面线"和"min"或

"LOWERLEVEL"或"下液面线"表示电解液液面的最高限和最低限，电解液液面应保持在高、低水平线之间。

对于橡胶壳体的蓄电池，可以用孔径为 3～5mm 的透明玻璃管测量电解液高出隔板的高度来检查，如图 1-17 所示。检测方法是：将玻璃管垂直插入蓄电池的加液孔中，直到与保护网或隔板上缘接触为止，然后用手指堵紧管口并将管取出，管内所吸取的电解液的高度即为液面高度，其值应为 10～15mm。

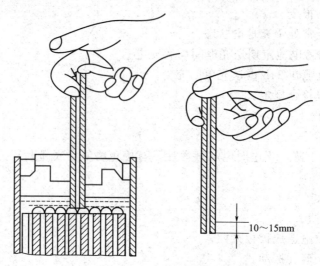

图 1-17 电解液液面高度的测量

当电解液液面偏低时，应补充蒸馏水，这是因为电解液液面正常降低是由于电解液中水的电解和蒸发引起的。只有当液面降低是由电解液溅出或泄漏所致时，才能补充硫酸溶液。

2. 电解液密度的检查

通常用吸式密度计来测量电解液的相对密度，如图 1-18 所示，先吸入电解液，使密度计浮子浮起，电解液液面所在的刻度即为相对密度值。同时还要测量电解液的温度，然后将测量的密度值转换为 25℃ 时的相对密度值。电解液相对密度下降 0.01，就相当于蓄电池放电 6%，可以用测得的电解液相对密度值粗略地估算出蓄电池的存电量；但在强电流放电或加注蒸馏水后，不应立即测量电解液的相对密度。因为此时电解液混合不匀，测得的相对密度值不能用来估算蓄电池的存电量。

3. 高率放电计模拟检测

对于技术状态良好的蓄电池，当以启动电流或规定的放电电流连续放电 5s 时，端电压应不低于规定值。12V 蓄电池的存电量可用 12V 高率放电计检测。

12V 高率放电计如图 1-19 所示，可以测定 12V 电池的电压和容量。测量时，应将两触针紧压在蓄电池的正、负极柱上，测量时间为 5s 左右。观察此时蓄电池所能保持的端电压。如果电压能保持在 10.6～11.6V 以上，则存电量为充足，蓄电池无故障；如果电压能保持在 9.6～10.6V，则存电量不足，蓄电池无故障；如果电压降到 9.6V 以下，则电量严重不足或蓄电池有故障。注意以下几点。

① 不同型号的高率放电计，负荷电阻值可能不同，放电电流和电压表的读数也就不同，使用时应注意参照说明书。

② 高率放电计的测量结果还与蓄电池容量有关，蓄电池容量越大，内阻就越小，高率放电计的测量值也越大。

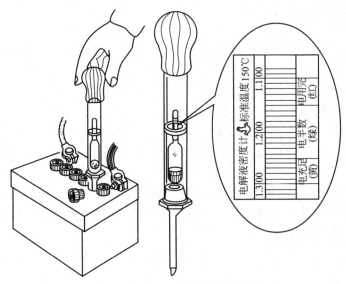

图 1-18　测量电解液的相对密度

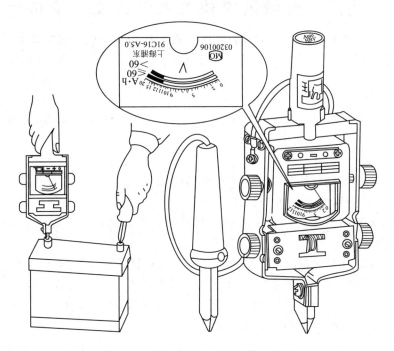

图 1-19　用高率放电计测量放电电压

③ 测量时应保证高率放电计两触针与蓄电池的正、负极柱良好接触。

（五）蓄电池的拆卸与安装

1. 蓄电池的拆卸

从车上拆下蓄电池时，按下述程序进行拆卸。

① 将点火开关置于"OFF"（断开）位置，切断电源。

② 先拧松负极柱上搭铁电缆的接头螺栓并取下搭铁电缆接头，然后再拧松正极柱上的电缆接头螺栓和取下该电缆接头，以免拆卸正极柱上的电缆接头时，因扳手搭铁而导致蓄电池短路放电，拧松蓄电池正、负电缆的固定夹。

③ 拆下蓄电池固定架。
④ 从车上取下蓄电池。

拆下蓄电池时，应检查其外壳有无裂纹与电解液渗漏的痕迹，如有裂纹或渗漏，应予以更换。

2. 蓄电池的安装

将蓄电池安装到车上时，应按下述程序进行。

① 参照技术参数检查待用蓄电池是否适合本车使用。
② 确认蓄电池正、负极柱的安放位置正确后，再将蓄电池放到安装架上。
③ 正、负电缆接头分别接于正、负极柱上（注意，先接正极柱上的电缆接头，然后再接负极柱上的搭铁电缆接头，以防扳手搭铁导致蓄电池短路放电；电缆不应绷得过紧）。
④ 在正、负极柱及其电缆接头上涂抹一层凡士林或润滑脂，以防极柱和接头氧化腐蚀。
⑤ 装上压板，拧紧蓄电池固定架。

单元三 交流发电机的构造、原理及特性

交流发电机是一种将机械能转变成电能的装置，它是工程机械的主要电源，由发动机驱动，在正常工作时，对除启动机以外的一切用电设备供电，并向蓄电池充电。

一、交流发电机的构造

普通交流发电机由转子、定子、整流器、端盖、风扇及带轮等组成。JF132型交流发电机组件图和结构图如图1-20所示。

1. 转子

转子的功用是在发动机的带动下，产生旋转磁场。转子由爪极、磁轭、磁场绕组、集电环（也称滑环）、转子轴组成，如图1-21所示。

转子轴上压装着两块爪极，两块爪极各有六个鸟嘴形磁极，爪极空腔内装有磁场绕组（转子线圈）和磁轭。

集电环由两个彼此绝缘的铜环组成，集电环压装在转子轴上并与轴绝缘，两个集电环分别与磁场绕组的两端相连。当两集电环通过电刷通入直流电时，磁场绕组中就有电流通过，并产生轴向磁通，使爪极一块被磁化为N极，另一块被磁化为S极，从而形成六对相互交错的磁极。当转子转动时，就形成了旋转的磁场。

2. 定子

定子其功用是产生三相交流电动势。定子由定子铁芯和定子绕组组成，如图1-22所示，定子铁芯由内圈带槽的硅钢片叠成，定子绕组的导线就嵌放在铁芯的槽中。

定子绕组有三相，三相绕组采用星形接法或三角形（大功率）接法，用来产生三相交流电；三相绕组必须按一定要求绕制，才能使之获得频率相同、幅值相等、相位互差120°的三相电动势。

① 每个线圈的两个有效边之间的距离应和一个磁极占据的空间距离相等。
② 每相绕组相邻线圈始边之间的距离应和一对磁极占据的距离相等或成倍数。
③ 三相绕组的始边应相互间隔$2\pi \div 120°$电角度（一对磁极占有的空间为360°电角度）。

图1-23所示为国产JF13系列交流发电机三相绕组绕制。

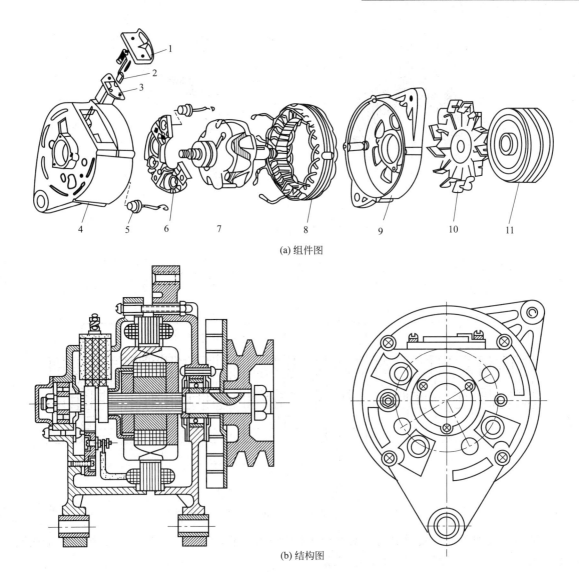

(a) 组件图

(b) 结构图

图 1-20 JF132 型交流发电机组件图和结构图

1—电刷盖板；2—电刷；3—电刷架；4—后端盖；5—硅二极管；6—整流板；7—转子；
8—定子总成；9—前端盖；10—风扇；11—带轮

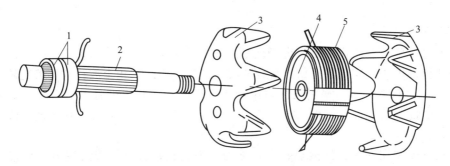

图 1-21 发电机转子

1—集电环；2—转子轴；3—爪极；

4—磁轭；5—磁场绕组

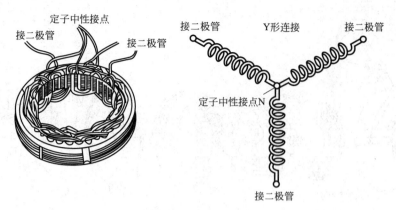

图 1-22 定子的组成

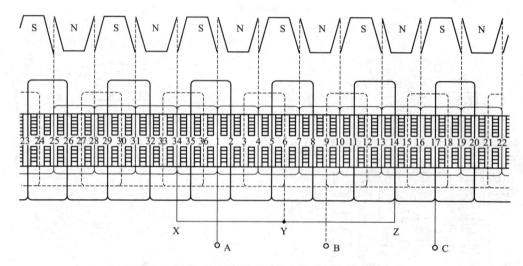

图 1-23 国产 JF13 系列交流发电机三相绕组绕制方法

结构参数如下：磁极对数为 6 对，定子槽数为 36 槽，定子绕组相数为 3 相，每个线圈匝数为 10 匝，绕组连接方法为 Y 形连接。

在国产 JF13 系列交流发电机中，一对磁极占 6 个槽的空间位置（每槽 60° 电角度），一个磁极占 3 个槽的空间位置，所以每个线圈两条有效边的位置间隔是 3 个槽，每相绕组相邻线圈始边之间的距离为 6 个槽，三相绕组的始边的相互间隔可以是 2 个槽、8 个槽、14 个槽等。

3. 整流器

交流发电机整流器的作用是将定子绕组产生的三相交流电变为直流电。

普通交流发电机的整流器是由 6 只硅整流二极管组成的三相全波桥式整流电路。如图 1-24 所示，每只二极管只有一根引线。引出线为正极的管子叫正极管，引出线为负极的管子叫负极管，因此整流二极管有正二极管和负二极管之分。6 只整流管分别压装或焊装在两块整流板上。

将正极管安装在一块铝制散热板上，称为正整流板；将负极管安装另一块铝制散热板上，称为负整流板，也可用发电机后盖代替负整流板。如图 1-25 所示。在正整流板上有一个输出接线柱 B（即发电机的输出端）。负整流板上直接搭铁，负整流板一定和壳体相连接。

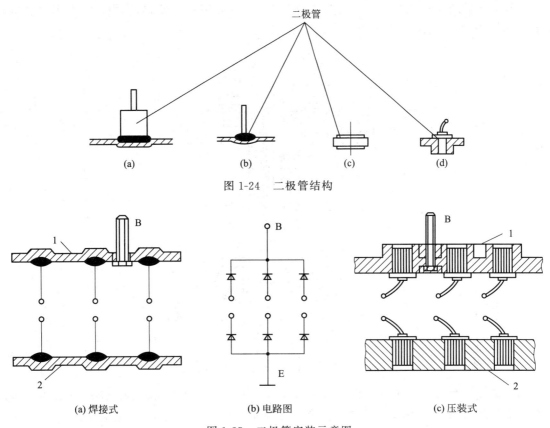

图 1-24 二极管结构

(a) 焊接式　　(b) 电路图　　(c) 压装式

图 1-25 二极管安装示意图
1—正整流板；2—负整流板

整流板的形状各异，有马蹄形、长方形、半圆形等，如图 1-26 所示。

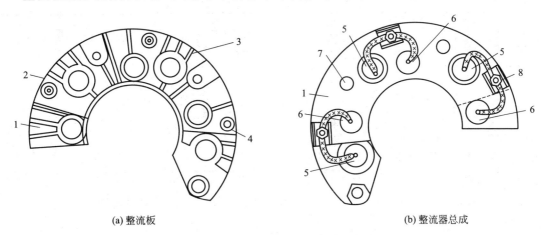

(a) 整流板　　(b) 整流器总成

图 1-26 发电机整流器总成
1—负整流板；2—正整流板；3—散热片；4—连接螺栓；5—正极管；
6—负极管；7—安装孔；8—绝缘垫

4. 端盖及电刷组件

端盖一般分为前端盖和后端盖，用于固定转子、定子、整流器和电刷组件。端盖一般用铝合金铸造，既可有效地防止漏磁，同时又有良好的散热性。

后端盖上装有电刷组件，包括电刷、电刷架和电刷弹簧。电刷的作用是将电源通过集电环引入磁场绕组。如图 1-27 所示。

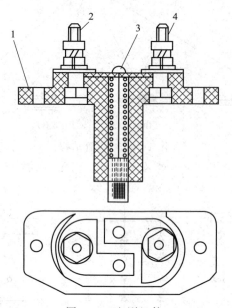

图 1-27　电刷组件

1—电刷架；2,4—"磁场"接线柱；3—电刷与弹簧

根据电刷的搭铁方式不同，把发电机分为内搭铁型和外搭铁型两种。磁场绕组负电刷直接和壳体相连搭铁的发电机为内搭铁型发电机［如图 1-28(a) 所示］；磁场绕组的两只电刷都和壳体绝缘的发电机为外搭铁型发电机［如图 1-28(b) 所示］，外搭铁型发电机的磁场绕组负极（负电刷或输出端）通过调节器后再搭铁。

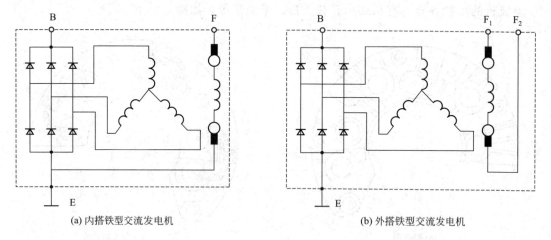

(a) 内搭铁型交流发电机　　　　　　　　(b) 外搭铁型交流发电机

图 1-28　交流发电机搭铁形式

5. 带轮与风扇

交流发电机的前端装有带轮，由发动机通过风扇传动带驱动发电机旋转。在带轮的后面装有叶片式风扇，前后端盖上分别有出风口和进风口。当发动机带动发电机高速旋转时，可使空气流经发电机内部进行冷却。对于一些功率较大的发电机，为了提高散热强度，发电机上装有两个风扇，且将风扇叶直接焊在转子上。

我国行业标准规定交流发电机的型号由五部分组成，其组成部分如下：

| 1 | 2 | 3 | 4 | 5 |

1——产品代号。交流发电机的产品代号有 JF、JFZ、JFS、JFW 四种，分别表示交流发电机、整体式交流发电机、带泵交流发电机和无刷交流发电机。

2——电压等级代号。用一位阿拉伯数字表示，其意义如表 1-3 所示。

3——电流等级代号。用一位阿拉伯数字表示，其意义如表 1-4 所示。

4——设计序号。按产品的先后顺序，用阿拉伯数字表示。

5——变形代号。交流发电机以调整臂的位置作为变形代号。从驱动端看，Y 表示右边；Z 表示左边；在中间时不加标记。

表 1-3 发电机电压等级代号

电压代号	1	2	3	4	5	6
电压等级/V	12	24	—	—	—	6

表 1-4 发电机电流等级代号

电流代号	1	2	3	4	5	6	7	8	9
电流等级/A	～19	≥20～29	≥30～39	≥40～49	≥50～59	≥60～69	≥70～79	≥80～89	≥90～99

二、交流发电机工作原理

1. 交流发电原理

交流发电机产生交流电的基本原理是电磁感应理论。其发电原理如图 1-29 所示。

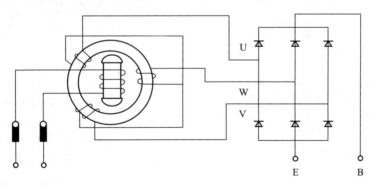

图 1-29 交流发电机发电原理

当外加直流电压作用在励磁绕组两端点的接线柱之间时，励磁绕组中便有电流通过，产生轴向磁场，两块爪形磁极被磁化，形成了六对相间排列的磁极。磁极的磁力线经过转子与定子之间的气隙、定子铁芯形成闭合磁路。转子旋转时，励磁绕组所产生的磁场也随之转动，形成旋转磁场。固定不动的三相定子绕组在旋转磁场的作用下，产生三个频率相同、幅值相等、相位互差 120°电角度的正弦电动势 e_U、e_V 和 e_W，其瞬时值分别为

$$\left.\begin{aligned} e_U &= E_m \sin\omega t = \sqrt{2} E_\varphi \sin\omega t \\ e_V &= E_m \sin\left(\omega t - \frac{2}{3}\pi\right) = \sqrt{2} E_\varphi \sin\left(\omega t - \frac{2}{3}\pi\right) \\ e_W &= E_m \sin\left(\omega t + \frac{2}{3}\pi\right) = \sqrt{2} E_\varphi \sin\left(\omega t + \frac{2}{3}\pi\right) \end{aligned}\right\} \quad (1\text{-}5)$$

式中 E_m——每相电动势的最大值；
ω——电角速度；
E_φ——每相电动势的有效值。

定子每相电动势的有效值为

$$E_\varphi = E_m/\sqrt{2} = 4.44KfN\Phi = 4.44KN\Phi pn/60 = C_e\Phi N \text{(V)} \tag{1-6}$$

式中 K——绕组系数（和发电机定子绕组的绕线方法有关）；
n——发电机转速，r/min；
f——交流电动势的频率（为转速的函数）；
p——磁极对数；
N——每相匝数，匝；
Φ——每极磁通，Wb；
C_e——电机结构常数。

2. 整流原理

二极管具有单向导电性，即当给二极管加上正向电压时，二极管导通，当给二极管加上反向电压时，二极管截止。交流发电机的整流原理是：利用二极管的单向导电性将六只二极管组成三相桥式整流电路（硅整流器），把交流发电机的三相绕组感应产生的交流电变为直流电。

桥式整流电路及电压波形如图 1-30 所示。

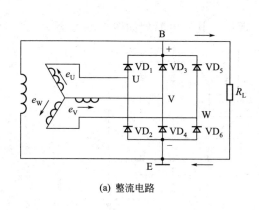

(a) 整流电路

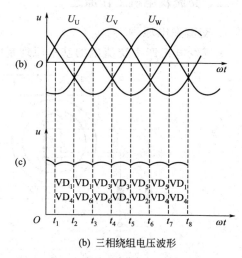

(b) 三相绕组电压波形

(c) 整流后发电机输出波形

图 1-30 桥式整流电路及电压波形图

对于三个正极管子（VD_1、VD_3、VD_5，正极和定子绕组始端相连），在某瞬时，电压最高一相的正极管导通。对于三个负极管子（VD_2、VD_4、VD_6，负极和定子绕组始端相连），在某瞬时，电压最低一相的负极管导通。但同时导通的管子总是两个，正、负管子各一个。三相桥式整流电路中二极管的依次循环导通，使得负载两端得到一个比较平稳的脉动直流电压。

发电机输出的直流电压平均值为

$$U = 1.35U_L = 2.34U_\varphi$$

流经每只二极管的电流为

$$I_D = I_L/3$$

有的发电机具有中性点接线柱,如图 1-31 所示,是从三相绕组的中性点引出来的,标记为"N"。输出电压为 U_N,称为中性点电压。

当发动机转速升高到一定程度时,中性点电压高过发电机输出电压。因此有的发电机在中性点处接上两只中性点二极管,如图 1-32 所示,一只正极管接在中性点和正极之间,一只负极管接在中性点和负极之间,对中性点电压进行全波整流,可以有效地利用中性点电压来增加发电机的输出功率。试验表明:加装中性点二极管的交流发电机在结构不变的情况下可以提高发电机功率 10%~15%。

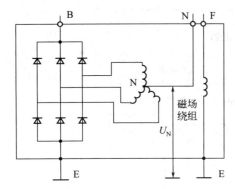 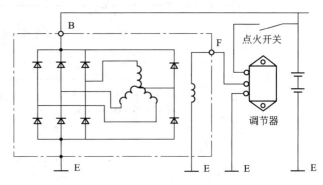

图 1-31　具有中性点接线柱的发电机　　　图 1-32　八管交流发电机电路

中性点二极管提高发电机功率的原理如下。

当中性点电压瞬时值高于三相绕组的最高值时,中性点正极管导通对外输出电流,电流回路为:中性点→正极管→负载→某一负极管→定子绕组→中性点。

当中性点电压瞬时值低于三相绕组的最低值时,中性点负极管导通对外输出电流,电流回路为:中性点→定子绕组→某一正极管→负载→负极管→中性点。

3. 交流发电机的励磁

交流发电机的磁场靠励磁产生,即必须给磁场绕组通电才会有磁场产生。由于在发动机转速低时交流发电机不能自励发电,所以低速时采取他励发电,当发动机达到正常怠速转速时,发电机的输出电压一般高出蓄电池电压 1~2V 以便对蓄电池充电,此时由发电机自励发电。

在发动机启动期间,需要蓄电池供给发电机磁场电流生磁使发电机发电。这种供给磁场电流的方式称为他励发电。

随着转速的提高,发电机的电动势逐渐升高并能对外输出,一般在发动机怠速时发电机就能对外供电了,当发电机能对外供电时,就可以把自身发的电供给磁场绕组生磁发电,这种供给磁场电流的方式称为自励。

交流发电机的励磁电路如图 1-33 所示。

以上的励磁电路存在一个缺陷:驾驶员如果在发动机熄火后忘记关断点火开关,蓄电池会向发电机的励磁绕组长时间放电。为避免这点,设计了九管交流发电机,即增加了三个等功率正二极管,专门用来提供励磁电流,称为励磁二极管,如图 1-34 所示。

此电路警告驾驶员停车后必须关断点火开关。同时电路中还接有一个充电指示灯,用来监视发电机的工作情况,指示发电机是否有故障。其工作情况如下。

在发动机启动期间,发电机电压 U_{D+} 小于蓄电池电压时,整流二极管截止,发电机不

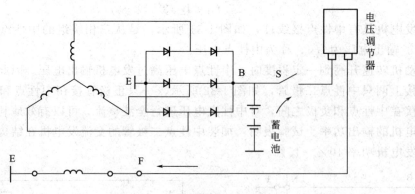

图 1-33 交流发电机励磁电路

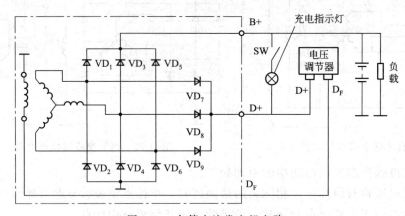

图 1-34 九管交流发电机电路

能对外输出，由蓄电池供给磁场电流。路径为：蓄电池正极→点火开关→充电指示灯→调节器→磁场绕组→搭铁→蓄电池负极。充电指示灯亮。

当发动机转速升高到怠速及其以上时，发电机应能正常发电并对外输出，此时，发电机电压大于蓄电池电压，发电机自励。$U_B = U_{D+}$，充电指示灯两端压降为零，灯熄灭，若没有熄灭，说明发电机有故障或充电指示灯电路有搭铁。

充电指示灯不仅可指示发电机的工作情况，而且可在发动机停车后发亮（因发电机不再发电，蓄电池电压大于 U_{D+}），提醒司机及时关闭点火开关。

三、交流发电机的工作特性

交流发电机的工作特点是转速变化范围大，对于一般汽油发动机来说，其转速变化约为 1∶8，柴油机约为 1∶5，因此分析交流发电机的特性必须以转速的变化为基础。交流发电机的特性有输出特性、空载特性和外特性，其中以输出特性最为重要。

1. 输出特性

输出特性是指在发电机端电压 U 不变（对 12V 系列的交流发电机规定为 14V，对 24V 系列的交流发电机规定为 28V），其输出电流与转速之间的关系，即 $U =$ 常数时，$I = f(n)$ 的函数关系。图 1-35 所示为交流发电机的输出特性曲线。

由特性曲线 $I = f(n)$ 可以看出以下几点。

（1）空载转速 n_1

当发电机达到额定电压并能对外输出电流时的最小转速 n_1 为空载转速。发电机转速小

于 n_1 时，对外输出电流为零。空载转速常用来作为测试发电机性能的参数之一，也是作为选择发电机与发动机速比的主要依据。

（2）额定转速 n_2、额定电流 I_A

发电机达到额定电流 I_A 时的转速定为额定转速，图中用 n_2 表示，额定电流一般定为最大输出电流的 2/3。

空载转速与额定转速是测试交流发电机性能的主要依据，发电机出厂时，通过试验，规定了空载转速与额定转速，并列入产品说明书。在使用过程中，可通过检测这两个数据来判断发电机性能的好坏。表 1-5 所列为国产交流发电机的主要性能指标。

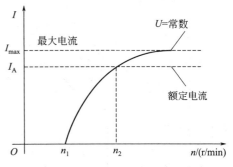

图 1-35 交流发电机输出特性曲线

表 1-5 几种交流发电机的主要性能指标

交流发电机型号	额定电压/V	额定电流/A	空载转速/(r/min)	额定转速/(r/min)	使用车型
JFZ1913	14	90	1050	6000	桑塔纳
JFZ1918	28	27	1150	5000	切诺基
JFK314ZD	14	25	1000	3500	CA1090

（3）最大电流 I_{max}

由曲线可知，当转速达到一定值时，无论转速增加多少电流都不再增加，即一定结构的发电机输出最大电流 I_{max} 有一定限制。由此可见，交流发电机自身具有限制输出电流防止过载的能力，即自我保护能力。交流发电机自我限流的原理如下。

交流发电机定子绕组具有一定的阻抗 Z，它由绕组的电阻 r 及感抗 X_L 两部分组成，即

$$Z = \sqrt{r^2 + X_L^2}$$

式中　r——单相绕组的电阻；

X_L——单相绕组的感抗。

$$X_L = 2\pi f L, \quad f = pn/60$$

式中　L——单相定子绕组的电感；

f——感应电动势的频率；

p——磁极对数。

由于 X_L 与 n 成正比，故发电机定子绕组的阻抗 Z 随发电机的转速升高而增加。高速时，由于 R 与 X_L 相比可忽略不计，故阻抗 Z 约等于 X_L，定子阻抗 Z 与转速 n 成正比，其值较大，产生较大的内压降。另外，定子电流增加时，由于电枢反应的增强，也会使感应电动势下降。两者共同作用的结果是，当发电机的转速升高且负载电流达到最大值时，输出电流几乎不随负载电阻的减小或转速的增加而增大。

2. 空载特性

空载特性是研究发电机在空载运行时其端电压随转速变化的关系，即 $I=0$ 时，$U=f(n)$ 的曲线，如图 1-36 所示。

3. 外特性

外特性是研究当发电机转速一定时其端电压与输出电流的关系，即 $n=$ 常数时，$U=f(I)$

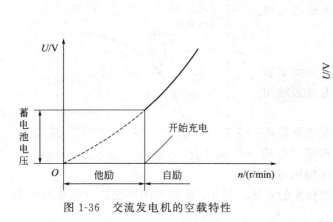

图 1-36 交流发电机的空载特性

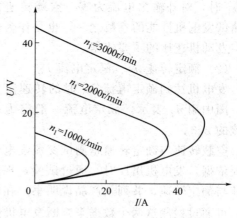

图 1-37 交流发电机的外特性

的曲线,如图 1-37 所示。

从外特性曲线可以看出发电机电压受负载影响的程度:如果发电机在高速运转时,突然失去负载,发电机电压会突然升高,致使发电机及调节器等内部电子元件有被击穿的危险。

四、其他形式的发电机

1. 爪极式无刷交流发电机

如图 1-38 所示,爪极式无刷交流发电机磁场绕组是静止的,它通过一个磁轭托架固定在后端盖上,所以不再需要电刷。两个爪极中只有一个爪极直接固定在电机转子轴上,另一爪极则用非导磁连接环固定在前一爪极上。当转子旋转时,一个爪极就带动另一爪极一起在定子内转动,当磁场绕组中有直流电通过时,爪极被磁化,就形成了旋转磁场。

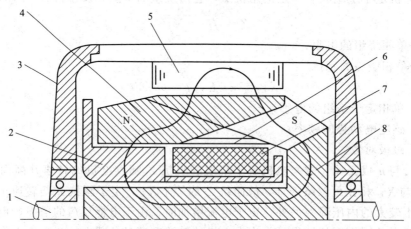

图 1-38 爪极式无刷交流发电机结构原理
1—转子轴;2—磁轭托架;3—端盖;4—爪极;5—定子铁芯;
6—非导磁连接环;7—磁场绕组;8—转子磁轭

无刷交流发电机没有电刷和集电环,所以不会因为电刷和集电环的磨损和接触不良造成励磁不稳定或发电机不发电等故障;同时工作时无火花,也减小了无线电干扰;不存在电刷与集电环接触不良导致的发电不稳或不发电故障;爪极间连接工艺困难;由于磁路中间隙加大,发电机相同输出功率下需加大励磁电流。

2. 带泵交流发电机

带泵交流发电机与普通交流发电机完全一样，不同的是转子轴很长并伸出后端盖，利用外花键与真空泵的转子内花键相连接，驱动真空泵与发电机转子同步旋转，给车辆制动系统中的真空筒抽真空，为制动系统的真空增压器提供真空源，主要用于没有真空源的柴油机。图 1-39 所示为带泵交流发电机的结构。

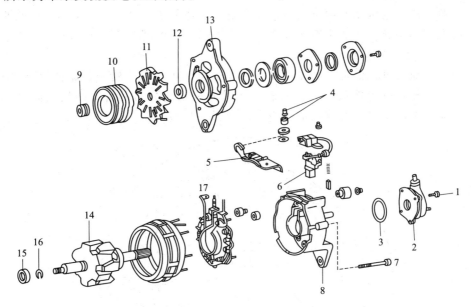

图 1-39 带泵交流发电机的结构

1—螺栓；2—真空泵；3—O 形环；4—接柱及垫圈；5—电刷固定罩；6—电刷架；7—连接螺栓；8—整流端盖；9—固定螺母；10—传动带轮；11—风扇；12,15—垫圈；13—驱动端盖；14—转子；16—锁环；17—整流器架

3. 双整流发电机

双整流发电机是一种新型交流发电机，它大大改善了普通交流发电机低速充电性能和高速最大功率输出，又不增设比较复杂的控制电路，因此也没有增加充电系统的故障，如图 1-40 所示。

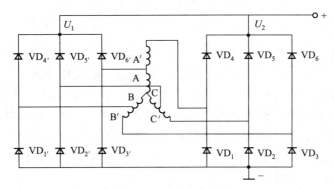

图 1-40 双整流发电机

在普通交流发电机三相定子绕组基础上，增加绕组匝数并引出接线头，增加一套三相桥式整流器。低速时由原绕组和增绕组串联输出，而在较高转速时，仅由原三相绕组输出。工作中高低速供电电路的变换是自动的，没有增设任何机电控制装置，其工作原理分析如下。

在低速范围内，由于发电机转速低，三相绕组的串联输出，提高了发电机的输出电压，使发电机低速充电性能大大提高。在高速范围内，随着发电机转速的提高，串接的三相绕组的感抗增大，内压降增大，再加上电枢反应加强，使输出电压下降。这时原三相绕组 A、B、C 因内压降较小，产生的感应电流相对较大，确保高速下的功率输出。

双整流发电机既降低了发电机的充电转速，又保证了高速大电流输出，提高了发电机的有效功率。双整流发电机比普通发电机最低充电转速降低了 200~300r/min，在低速下发电机即可输出电流达 10A；而额定电压及额定电流下的转速不高于 2500r/min。

4．感应子式交流发电机

感应子式交流发电机也是一种无电刷交流发电机，由定子、转子、整流器和机壳组成。它的转子是由齿轮状钢片铆成，其上有若干个沿圆周均匀分布的齿形凸极，而没有磁场绕组。磁场绕组和电枢绕组均安放在定子槽中，如图 1-41 所示。

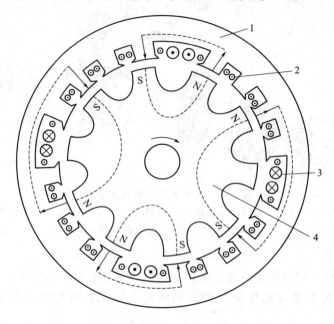

图 1-41　感应子式交流发电机

1—定子；2—电枢绕组；3—磁场绕组；4—转子

当磁场绕组通入直流电后，在定子铁芯中产生固定磁场（右上部、左下部为 S 极；左上部、右下部为 N 极）。由于转子凸齿部分磁通容易通过，磁感应强度最大，从而形成磁极。但转子的每个凸齿是没有固定极性的，当它对着定子 N 极就是 S 极，对着 S 极就是 N 极。

转子凸齿在不运动的磁场内旋转时，当凸齿对着定子凸齿时，磁通量最大，当转子槽对着定子凸齿时则磁通量最小。因此，转子旋转时，定子凸齿内产生脉动磁通，在定子绕组中感应出交变电动势。将电枢绕组以一定的方式连接起来，并经整流，便可得直流电。

5．永磁式无刷交流发电机

永磁式无刷交流发电机以永久磁铁作为转子磁极而产生旋转磁场，不仅去掉了电刷和滑环，而且不需要磁场绕组和爪极。结构简单可靠、使用寿命长。

转子常用的永磁材料有铁氧体、铬镍钴、稀土钴、钕铁硼等。

由于转子为永磁结构，所以产生的旋转磁场强度是不变的、不可调的，因此，不能采用普通交流发电机通过调节器控制磁场电流的办法来调节发电机的输出电压。

单元四　交流发电机的电压调节器

一、概述

由于交流发电机的转子是由发动机通过皮带驱动旋转的，且发动机和交流发电机的速比为 1.7～3，因此交流发电机转子的转速变化范围非常大，这样将引起发电机的输出电压发生较大变化，无法满足工程机械用电设备的工作要求。为了满足用电设备恒定电压的要求，交流发电机必须配用电压调节器，使其输出电压在发动机所有工况下基本保持恒定。

1. 电压调节器的调压原理

由交流发电机的工作原理知道，交流发电机的三相绕组产生的相电动势的有效值为

$$E_\varphi = C_e \Phi n \text{ (V)} \tag{1-7}$$

式中，C_e 为发电机的结构常数；n 为转子转速；Φ 为转子的磁极磁通，也就是说交流发电机所产生的感应电动势与转子转速和磁极磁通成正比。

当转速升高时，E_φ 增大，输出端电压 U_B 升高，当转速升高到一定值时（空载转速以上），输出端电压达到极限，要想使发电机的输出电压 U_B 不再随转速的升高而上升，只能通过减小磁通 Φ 来实现。而且磁极磁通 Φ 与励磁电流 I_f 成正比，减小磁通 Φ 也就是减小励磁电流 I_f。

所以，交流发电机调节器的工作原理是：当交流发电机的转速升高时，调节器通过减小发电机的励磁电流 I_f 来减小磁通 Φ，使发电机的输出电压 U_B 保持不变。

2. 电压调节器的分类

交流发电机电压调节器按工作原理可分为：晶体管调节器、集成电路调节器和电脑控制调节器。

晶体管调节器又称电子调节器。其优点是：三极管的开关频率高且不产生火花、调节精度高、重量轻、体积小、寿命长、可靠性高、电波干扰小。

电子调节器按所匹配的交流发电机搭铁形式可分为内搭铁型调节器和外搭铁型调节器。与内搭铁型交流发电机所匹配的电子调节器称为内搭铁型调节器，与外搭铁型交流发电机所匹配的电子调节器称为外搭铁型调节器，现广泛应用于东风、解放及多种中低档车型。

集成电路调节器除具有晶体管调节器的优点外，还具有超小型的特点，可安装于发电机的内部（又称内装式调节器），减少了外接线，并且冷却效果得到了改善，现广泛应用于桑塔纳、奥迪等多种轿车车型上。

二、调节器的结构与工作原理

1. 电子调节器的基本电路及工作

图 1-42 所示为外搭铁型电子调节器的基本电路。基本电路是由三只电阻 R_1、R_2、R_3，两只三极管 VT_1、VT_2，一只稳压二极管 VS 和一只二极管 VD 组成。

电阻 R_2 既是 VT_1 的分压电阻，又是 VT_2 的负载电阻。

电阻 R_1 和 R_2 组成一个分压器，分压器 R_1、R_2 两端的电压为发电机电压 U_B，R_1 上所得分压为

$$U_{R1} = R_1 U_B / (R_1 + R_2) \tag{1-8}$$

VT_2 是大功率三极管（NPN 型），和发电机的磁场绕组串联，起开关作用，用来接通与切断发电机的励磁电路。

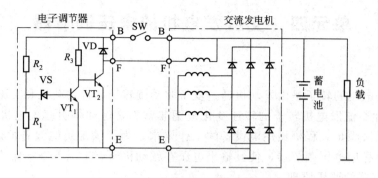

图 1-42 外搭铁型电子调节器的基本电路

VT_1 是小功率三极管（NPN 型），用来放大控制信号。

VD 是续流二极管。磁场绕组由接通转为断开状态时，经二极管 VD 构成放电回路，防止三极管 VT_2 被击穿损坏。

稳压管 VS 是感受元件，串联在 VT_1 的基极电路中，并通过 VT_1 的发射结并联于分压电阻 R_1 的两端，以感受发电机的输出电压。

U_{R1} 电压加在稳压管 VS 上。R_1 的阻值是这样确定的：当发电机输出电压 U_B 达到规定的调整值时（如 13.5～14.5V），U_{R1} 电压正好等于稳压管 VS 的反向击穿电压。

外搭铁式电子调节器的工作原理如下：

① 点火开关 SW 接通，发电机电压 U_B＜蓄电池电压时，VT_1 截止，VT_2 导通，蓄电池直接供电到磁场绕组。

磁场绕组电路为：

蓄电池正极→磁场绕组→调节器 F 接线柱→三极管 VT_2→调节器 E 接线柱→搭铁→蓄电池负极。

发电机励磁为他励。发电机电压随转速升高而升高。

② 发电机电压虽然升高，但是如果蓄电池电压＜发电机输出电压 U_B＜调节器调节上限电压 U_2 时，VT_1 继续截止，VT_2 继续导通，发电机自励且开始对外供电。

磁场绕组电路为：

发电机正极→磁场绕组→调节器 F 接线柱→三极管 VT_2→调节器 E 接线柱→搭铁→发电机负极。

发电机电压随转速升高而继续升高。

③ 当发电机电压升高到等于调节上限电压 U_2 时，调节器开始工作。

电阻 R_1、R_2 分压，$U_{R1}=U_{VS}+U_{be1}$，VS 导通，VT_1 导通，VT_2 截止，磁场电路被切断，发电机输出电压迅速下降。

当发电机电压下降到等于调节下限电压 U_1 时，电阻 R_1、R_2 分压减小；当 U_{R1}＜$U_{VS}+U_{be1}$ 时，时，VS 截止，VT_1 截止，VT_2 重新导通，磁场电路重新被接通，发电机电压上升。

发电机电压升到调节上限电压 U_2 时，VT_2 就截止，磁场电路被切断，输出电压下降；降到等于调节下限电压 U_1 时，磁场电路被接通，发电机电压上升。周而复始，发电机输出电压被控制在一定范围内。

配装电子调节器的发电机的输出电压上限 U_2 和下限 U_1 的差值很小，所以发电机的输出电压波动非常小，再加上电容的滤波，所以发电机的输出电压很稳定。

2. 电子调节器应用实例

图 1-43 所示为解放 CA1092 型汽车使用的 JFT106 型晶体管调节器原理图。JFT106 型调节器属于外搭铁式晶体管调节器，调节电压为 13.8～14.6V，可与 14V、750W 的外搭铁式九管式交流发电机配套，也可与 14V、功率小于 1000W 的外搭铁式六管交流发电机配套。该调节器有"＋"、"F"和"－"三个接线柱，其中"＋"接线柱与发电机的"F_1"接线柱相接，"F"接线柱与发电机的"F_2"接线柱相接，"－"接线柱搭铁。

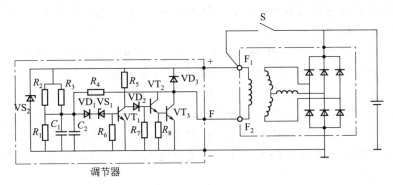

图 1-43　JFT106 型晶体管调节器原理图

JFT106 型晶体管调节器工作原理如下。

① 接通点火开关 S，蓄电池经点火开关给晶体管调节器提供电流。

② 首先经 R_5、VD_2 和 R_7 向复合管 VT_2、VT_3 提供电流，使其导通。励磁电路为（他励）：蓄电池正极→点火开关 S→励磁绕组→VT_3→蓄电池负极（搭铁）。

③ 发动机启动后，励磁电路由他励变为自励。励磁电路为：

发电机正极→点火开关 S→励磁绕组→VT_3→蓄电池负极（搭铁）

④ 当发电机的输出电压达到调整值时，R_1 的端电压将反向击穿稳压管 VS_1 使 VT_1 导通，VT_2 和 VT_3 截止，励磁电流迅速下降，发电机的输出电压亦随之下降。

⑤ 发电机的输出电压下降，R_1 的端电压将下降，VS_1 截止，VT_1 又截止，VT_2 和 VT_3 又导通，发电机的输出电压又上升，当发电机的输出电压达到调整值时，VS_1 又被反向击穿，VT_1 导通，VT_2、VT_3 截止，发电机的输出电压又下降。如此反复，控制发电机的输出电压保持在规定调整值上。

其他元件的作用如下。

R_3 为调整电阻，其阻值在 1.3～13kΩ，R_3 的合理选择，可以提高调节器的稳定性。

C_1、C_2 为滤波电容，可以使 VS_1 两端的电压平滑过渡，减小发电机输出电压脉动影响，降低晶体管的工作频率和减小损耗。

VD_1、VD_2 为温度补偿二极管，可以减少温度对晶体管工作特性的影响。

VD_3 为续流二极管，可以将 VT_3 由导通进入截止时，在励磁绕组中产生的瞬时过电压短路，以保护 VT_3。

R_6 用于限制 VS_1 的击穿电流，保护 VS_1，同时又是 VT_1 的偏压电阻。

R_4 为正反馈电阻，用以提高晶体管的转换速度，减少损耗。

3. 集成电路调节器的特点

集成电路调节器是利用集成电路（IC）组成的调节器，可分为全集成电路调节器和混合集成电路调节器两类。前者是将二极管、三极管、电阻、电容等电子元件制作在同一块硅基片上；后者是指由厚膜或薄膜电阻与集成的单片芯片或分立元件组装而成。使用最广泛的是厚膜混合集成电路调节器。

集成电路调节器的基本工作原理与晶体管调节器完全一样，都是利用晶体三极管的开关特性控制发电机的励磁电流来达到稳定发电机输出电压的目的。同样也有内搭铁和外搭铁之分，而且以外搭铁居多。

集成电路调节器是装在发电机上的，可直接在发电机上检测发电机的输出电压，也可通过连接导线检测蓄电池的端电压变化来调节发电机的输出电压。因而根据其电压检测点的不同，集成电路调节器可分为发电机电压检测法和蓄电池电压检测法两种。

（1）发电机电压检测法

基本线路如图 1-44 所示。加在分压器 R_1、R_2 上的电压是励磁二极管输出端 L 的电压 U_L，其值和发电机 B 端的电压 U_B 相等，检测点 P 的电压为

$$U_P = U_L R_2/(R_1+R_2) = U_B R_2/(R_1+R_2)$$

由于检测点 P 加到稳压管 VS 两端的反向电压与发电机的端电压 U_B 成正比，所以该线路称为发电机电压检测法。该方法的缺点是：如果在"B"到"BAT"接线柱之间的电压降较大时，蓄电池的充电电压将会偏低，使蓄电池充电不足。因此，一般大功率发电机宜采用蓄电池电压检测法。

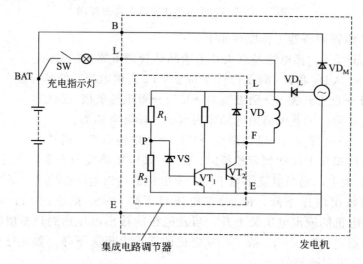

图 1-44　发电机电压检测法基本线路

（2）蓄电池电压检测法

基本线路如图 1-45 所示。加到分压器 R_1、R_2 上的电压为蓄电池端电压，由于通过检测点 P 加到稳压管上的反向电压与蓄电池端电压成正比，所以该线路称为蓄电池电压检测法。该方法的优点是可直接控制蓄电池的充电电压。缺点是："B"到"BAT"之间或"S"到"BAT"之间断线时，由于不能检验出发电机的端电压，发电机电压将会失控。为了克服这一缺点，在分压器与发电机的"B"端之间接入了电阻 R_3，并增加了一个二极管 VD。这样当"B"到"BAT"之间或"S"到"BAT"之间断线时，由于 R_3 的存在，仍能检测出发电机的端电压 U_B，使调节器正常工作，即可防止发电机电压过高的现象。

三、晶体管调节器的检查

1. 晶体管调节器搭铁形式的判断

晶体管调节器搭铁形式的判断方法：用一个 12V 蓄电池和两只 12V、2W 的小灯泡按

图 1-46 所示接线。如接"一"与"F"接线柱之间的灯泡发亮，而在"+"与"F"接线柱之间的灯泡不亮，该调节器为内搭铁式。反之，则为外搭铁式。

2. 用试灯法检查调节器质量

用一电压可调的直流稳压电源（输出电压 0～30V、电流 3A）和一只 12V（24V）、2W 的车用小灯泡代替发电机励磁绕组，按图 1-47 所示接线后进行试验（注意：由于内搭铁式和外搭铁式晶体管调节器灯泡的接法不同，在试验接线时应知道调节器的搭铁方式）。

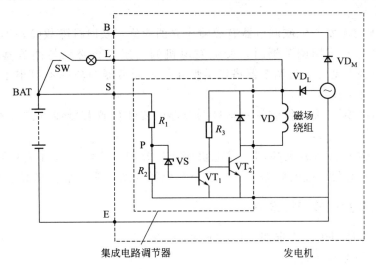

图 1-45 蓄电池电压检测法基本线路

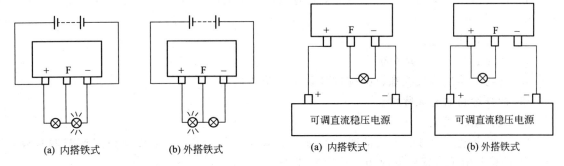

图 1-46 晶体管调节器搭铁形式的判断　　　图 1-47 判断晶体管调节器的好坏

调节直流稳压电源，使其输出电压从零逐渐增大时，灯泡应逐渐变亮。当电压升到调节器的调节电压（14V±0.2V 或 28V±0.5V）时，灯泡应突然熄灭。再把电压逐渐降低时灯泡又点亮，并且亮度随电压降低而逐渐减弱，则说明调节器良好。电压超过调节电压值，灯泡仍不熄灭或灯泡一直不亮，都说明调节器有故障。

单元五　交流发电机及调节器的使用技术

一、交流发电机的正确使用

交流发电机与调节器的结构简单，维护方便，若正确使用，不仅故障少而且寿命长；若使用不当，则会很快损坏。在使用和维护中应注意以下几点。

① 蓄电池的极性必须是负极搭铁，不能接反，否则，会烧坏发电机或调节器的电子元件。

② 发电机运转时，不能用试火的方法检查发电机是否发电，否则会烧坏二极管。

③ 整流器和定子绕组连接时，禁止用兆欧表或220V交流电源检查发电机的绝缘情况。

④ 发电机与蓄电池之间的连接要牢靠，如突然断开，会产生过电压损坏发电机或调节器的电子元件。

⑤ 一旦发现交流发电机或调节器有故障应立即检修，及时排除故障，不应再连续运转。

⑥ 为交流发电机配用调节器时，交流发电机的电压等级必须与调节器电压等级相同，交流发电机的搭铁类型必须与调节器搭铁类型相同，调节器的功率不得小于发电机的功率，否则系统不能正常工作。

⑦ 线路连接必须正确，目前各种车型调节器的安装位置及接线方式各不相同，故接线时要特别注意。

⑧ 调节器必须受点火开关控制，发电机停止转动时，应将点火开关断开，否则会使发电机的磁场电路一直处于接通状态，不但会烧坏磁场线圈，而且会引起蓄电池亏电。

二、发电机及其调节器的维护

交流发电机在使用中，应定期进行以下检查。

① 检查发电机驱动皮带。

a. 检查驱动皮带的外观。用肉眼观看应无裂纹或磨损现象，如有则应更换。

b. 检查驱动皮带的挠度。用100N的力压在皮带的两个传动轮之间，新带挠度约为5~10mm，旧带约为7~14mm。

② 检查导线的连接。

a. 接线是否正确、是否牢靠。

b. 发电机输出端接线螺钉必须加弹簧垫，防止松动。

③ 检查运转时有无噪声。

④ 检查是否发电。

a. 观察充电指示灯的熄灭情况。若充电指示灯一直亮着，说明发电机或调节器有故障，也可能是充电指示灯线路有故障，应及时维修。

b. 用万用表直流电压挡测量电压。在发电机未转动时测量蓄电池端电压，并记录下来，启动发动机并将转速提高到怠速以上转速，测量蓄电池端电压，若能高于原记录，说明发电机能发电，若测量电压一直不上升，说明发电机或调节器有故障，应及时维修。

⑤ 当发现发电机或调节器有故障需要从车上拆下检修时，首先应关断点火开关及一切用电设备，拆下蓄电池负极电缆线，再拆卸发电机上的导线接头。

三、交流发电机的检修

1. 发电机的整体检测

为了判定交流发电机有无故障和故障发生在哪个部位，以便有的放矢地进行检修，在分解发电机之前，应先对发电机进行不解体检测。

测量各接线柱之间的电阻：普遍采用的方法是用万用表检测发电机各接线端子之间的阻值进行分析判断。东风EQ1090型载货汽车用JF132N型内搭铁型交流发电机不解体检测结果如表 1-6 所示。

表 1-6　JF132N 型内搭铁型交流发电机的阻值

万用表	"F"与"E"端子	"B"与"E"端子		"B"与"N"端子		"N"与"E"端子	
	端子之间	正向	反向	正向	反向	正向	反向
MF47 型	5～7Ω	50～60Ω	>10kΩ	13～15Ω	>10kΩ	13～15Ω	>10kΩ
108 型	5～7Ω	40～50Ω	>10kΩ	8～10Ω	>10kΩ	8～10Ω	>10kΩ
故障现象及原因	①电阻值无穷大,则磁场绕组断路②电阻值大于标准值,则电刷与滑环接触不良③电阻值小于标准值,则磁场绕组短路④电阻值等于零,"F"端子搭铁或两只滑环间短路	①正向电阻小于标准值,则二极管短路②正反向电阻均为零,"B"端子搭铁或正负整流板间绝缘垫未装,或正负二极管中至少有一只短路③正向电阻大于标准值,二极管断路		①正向电阻值为无穷大,则"N"端子引线所连相绕组或正极管路或三只正极管均断路②正反向电阻值为零,则正极管中至少有一只二极管短路		①正向电阻为无穷大,"N"端子引线所连相绕组断路或三只正极管均断路②正反向电阻值均为零,则负极管中至少有一只二极管短路	

2. 交流发电机零部件的检测

(1) 硅整流二极管的检测

发电机解体后（使每个二极管的引线都不与另外的元件相连），用万用表的（$R \times 1$ 挡）分别测试每一个二极管的性能，其方法如图 1-48 所示。

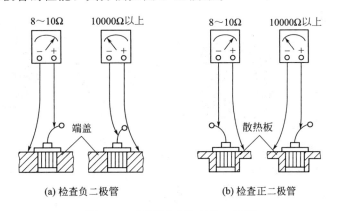

(a) 检查负二极管　　　(b) 检查正二极管

图 1-48　用万用表检查硅二极管

测试装在后端盖上的三个负极管时，将万用表的"－"表棒（黑色）触及端盖，"＋"表棒（红色）触及二极管的引线，如图 1-48(a) 所示，电阻值应在 8～10Ω 范围内，然后将两表棒交换进行测量，电阻值应在 10000Ω 以上。测量装在元件板上的三个正极管时，用同样的方法测试，测试结果应相反，如图 1-48(b) 所示（上述测试数值是用通常使用的 500 型万用表测试的结果，使用不同规格的万用表测试时，其数值有所变化）。如果以上测试正、反向电阻均为零，则说明二极管短路；如果正、反向电阻值均为无穷大，则说明二极管断路。短路和断路的二极管应进行更换。

(2) 转子的检测

转子表面不得有刮伤痕迹。滑环表面应光洁，不得有油污，两滑环之间不得有污物，否则应进行清洁。可用干布稍浸点汽油擦净，当滑环脏污严重并有烧损时，可用 "00" 号细砂布磨光，擦净。

励磁绕组是否有断路、短路故障可用万用表 $R \times 1$ 挡按图 1-49 所示的方法进行检查。若电阻符合有关规定,说明励磁绕组良好;若电阻值小于规定值,说明励磁绕组有短路;若电阻值无穷大,则说明励磁绕组断路。同时还要检查励磁绕组与转子轴的绝缘情况。

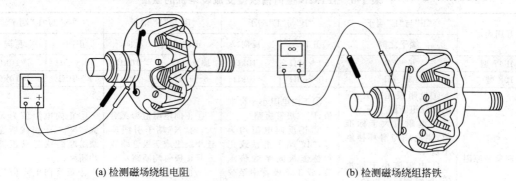

(a) 检测磁场绕组电阻　　　　(b) 检测磁场绕组搭铁

图 1-49　磁场绕组检测

(3) 定子的检测

定子表面不得有刮痕,导线表面不得有碰伤、绝缘漆剥落等现象。

定子绕组断路、短路的故障可用万用表 $R \times 10$ 挡按图 1-50 所示的方法检查。正常情况下,两表棒每触及定子绕组的任何两相首端,电阻值都应相等。同时还要检查定子绕组的绝缘情况。

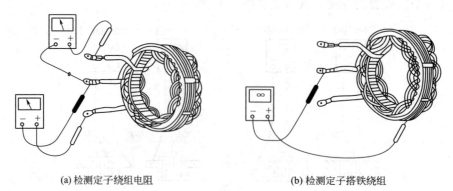

(a) 检测定子绕组电阻　　　　(b) 检测定子搭铁绕组

图 1-50　定子绕组检测

定子绕组若有断路、短路、搭铁故障,而又无法修复时,则需重新绕制或更换定子总成。

定子铁芯失圆变形与转子之间有摩擦时,应予以更换。

(4) 电刷总成的检查

电刷表面不得有油污,否则应用干布稍浸点汽油擦净。电刷应能在刷架内自由滑动,当电刷磨损超过新电刷高度的 1/2 时,应予以更换。

电刷弹簧弹力减弱、折断或锈蚀时应予以更换。弹簧弹力的检查可在弹簧仪上检测。

刷架应无烧损、破裂、变形,否则应更换。

(5) 轴承的检查与维护

发电机拆开后应用汽油对轴承进行清洗,然后加复合钙基润滑脂润滑,量不宜过多。封闭式轴承,不要拆开密封圈,因轴承内装有润滑脂,一般不宜在溶剂中清洗。若轴承内润滑脂干涸,应更换轴承。

若轴承转动不灵活或有破损,应更换。

知识拓展

车载电池的技术发展现状与性能比较

目前车载电池主要有铅酸电池、镍氢电池和锂电池。镍氢电池技术成熟,成本较低,使用安全,是目前全球唯一商品化和规模化的车载电池产品。而锂电池,被认为是目前综合性能最好的电动汽车电池体系,但量产技术和成本有待改进。铅酸蓄电池和大功率镍氢动力电池的技术及应用较为成熟。铅酸蓄电池成本低廉、技术成熟,制造企业的盈利能力偏低。除了在电动自行车上广泛应用之外,主要应用于大型电动车辆。镍氢动力电池造价较高,应用集中在小型高档混合动力电动汽车领域。当今混合动力电动汽车市场份额最大的丰田公司即采用大功率镍氢电池方案。锂电池具有轻巧方便、比能量高、比功率高、高效环保等优点,已是公认的未来汽车动力电池的不二之选。但考虑安全性、输出功率、成本等问题,车用锂动力电池仍处于产业起步期。估计满足性能要求及市场需求的成熟锂动力电池仍然需一段时间。解决锂动力电池市场化的技术关键在于合适的电池正极材料。现有成熟材料钴酸锂存在安全性及成本方面的缺陷,替代选择磷酸铁锂、锰酸锂等材料发展迅速,但其比能量、导电性均较弱,新材料性能稳定性及电池输出功率等方面的问题仍然亟待解决。

各类电池指标比较见表1-7。

表1-7 各类电池性能指标比较

电池种类	比能量/(W·h/kg)	比功率/(W/kg)	循环寿命/次	能量密度/(W·h/L)	价格/(元/kW·h)
锂电池	75~140	300~400	1500	170~250	3380~4060
镍氢电池	50~70	180~250	1500~2000	135~150	2030~2700
镍锌电池	70~85	170~220	300~400	—	1010
镍铁电池	50~60	160~200	800~1000	—	1350
镍镉电池	50~60	160~200	1000	80~110	880
锌空气电池	180	150	100	—	680~1010
铝空气电池	200	100	500	250	680~1010
铅酸电池	35~50	100~150	500~800	65~90	540
超级电容器	5	>3000	50万~100万	—	—

锂电池正极是含锂的过渡金属氧化物;负极是碳素材料,如石墨。电解质是含锂盐的有机溶液。由于锂电池不含任何贵重金属,原材料便宜,如成品率有效提升,量产后将成为最便宜的电池、最具推广价值。作为大功率电动汽车动力电池组,锂电池有突出的优点。

① 比功率高。锂电池的平均工作电压为3.6V,是镍镉和镍氢电池工作电压的3倍,单位重量电池能释放更高功率。

② 比能量高。锂电池比能量目前可达140W·h/kg,远高于镍氢及铅酸电池,单位重量能存储更多能量。

③ 循环寿命长。目前锂电池循环寿命已达1000次以上,在低放电深度下可达几万次,性能领先。

④ 自放电小。锂电池月自放电率仅为6%~8%,低于镍镉电池(25%~30%)及镍氢电池(30%~40%)。

⑤ 无记忆效应。可以根据要求随时充电，不会降低电池性能。

⑥ 对环境无污染。锂电池中不存在有害物质。

⑦ 虽然锂电池拥有诸多优点，但目前量产工艺仍难以达到电池一致性标准，成品率低，成本过高。

综上所述，锂电池具有长寿命、小体积、无污染、高安全性（铁锂电池）等优点，已被寄予厚望。虽然正极材料和电池生产短期内还不够成熟，但长期来看将是新能源汽车中的主要动力电池品种。根据预测，动力锂电池将在 2020 年达到 200 亿美元的市场规模，年均成长速度 50%。

智能电网的智能供电，需要大量的储能系统，而电动汽车的动力电池成为分布式储能系统，效率可达 90%。据报道，90% 以上的车辆 95% 的时间处于停驶状态，如果通过 V2G（车辆到电网）充放电技术把这些闲置不用的电能充分利用起来，将可降低用电量的峰谷差值，避免电能的浪费。

校企链接

VOLVO EC210B 型挖掘机电源系统主要部件

下面以 VOLVO EC210B 型挖掘机为例，说明工程机械电源系统的工作过程。VOLVO EC210B 型挖掘机发动机启动与停止控制电路如图 1-51 所示。

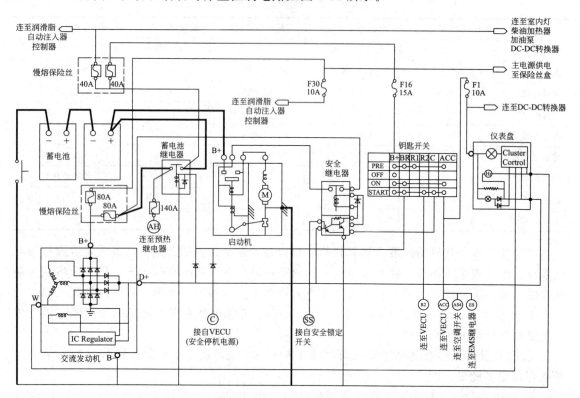

图 1-51　VOLVO EC210B 型挖掘机发动机启动与停止控制电路

1. 主控开关（见图 1-52）

① 作为电路检查、维修及长期停车时的安全措施，为了保护电气装置，可切断蓄电池

向机械系统供给的电源。

② 安装在蓄电池外壳上。

③ 如果主控开关打开（ON 位置），即使关闭钥匙开关（OFF 位置）仍可使用燃油加油

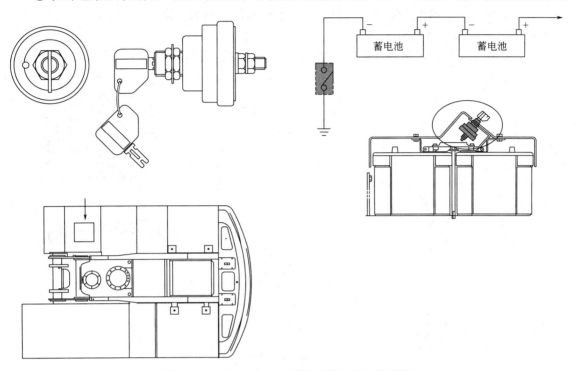

图 1-52　VOLVO 210B 型挖掘机电气主控开关

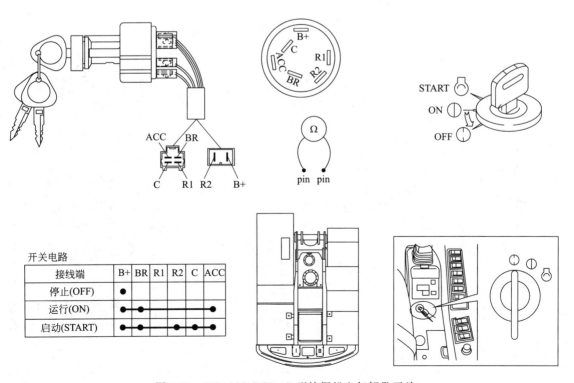

图 1-53　VOLVO EC210B 型挖掘机电气钥匙开关

泵、驾驶室内灯等。

④ 焊接时要完全拆卸接地线后方可进行作业。

2. 钥匙开关（见图 1-53）

通过变换开关位置可以选择使用供电、发动机启动、预热功能。

3. 蓄电池继电器（见图 1-54）

蓄电池继电器可利用钥匙开关的小电流来接通（ON）或者断开（OFF）蓄电池电流。

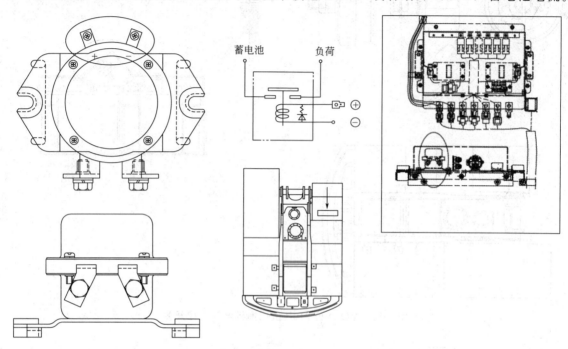

图 1-54　VOLVO EC210B 型挖掘机蓄电池继电器

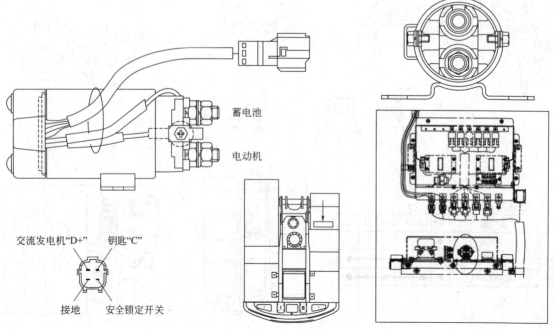

图 1-55　VOLVO EC210B 型挖掘机安全启动继电器

因而可用钥匙开关小容量电线来控制大容量蓄电池电源。

4. 安全启动继电器（见图 1-55）

当发动机在工作状态下重新启动或者发动机启动后钥匙开关仍置于启动位置时，切断启动电机的供电以保护启动电机。

（1）安全启动（见图 1-56）

（2）重新启动（见图 1-57）

5. 安全锁定开关（见图 1-58）

左侧落地式控制台的安全锁定杆下放时（锁定位置），安全锁定开关的杠杆向开启位置

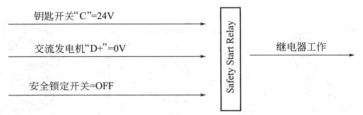

图 1-56　VOLVO EC210B 型挖掘机安全启动

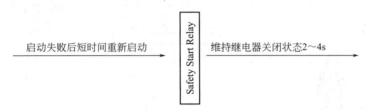

图 1-57　VOLVO EC210B 型挖掘机重新启动

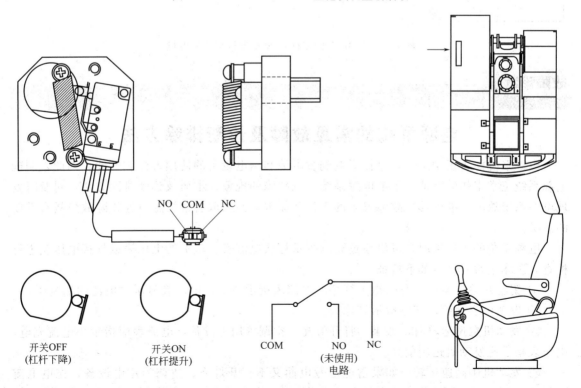

图 1-58　VOLVO EC210B 型挖掘机安全锁定开关

移动并切断供应控制液压执行元件的电磁阀电源,通过先导阀(操作手柄、行走踏板)使液压油缸、马达等不工作。

6. 交流发电机(标准80A)(见图1-59)

① 交流发电机产生电流,使电气装置工作,并用多余的电力给蓄电池充电。

② 供给安全启动继电器的电流将切断启动电机电源,以防重新启动。

③ 发动电机启动后,由于发电机D+端子输出供电,所以充电指示灯不亮。

④ 小时表上通过电流并在钥匙开关置于ON位置期间工作。

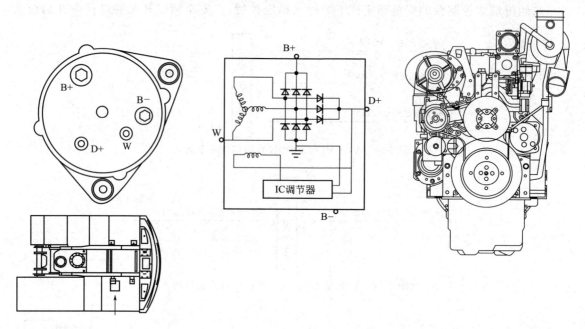

图1-59　VOLVO EC210B型挖掘机交流发电机

故障诊断

电源系统的常见故障及诊断排除方法

电源系统能否正常工作,直接影响到蓄电池和用电设备的使用寿命和性能。因此,明确电源系统正常工作的特征,了解电源系统常见故障的现象、本质及诊断排除方法,对及时发现电源系统故障、准确诊断故障发生的部位和原因,并采取有效措施迅速排除故障具有重要的意义。

电源系统的工作情况,可以通过充电指示灯或电流表、车上的电压表或外接电压表进行检查,工作正常时具有如下特征。

① 钥匙开关接通后,充电指示灯亮或电流表指示放电,电压表显示蓄电池的端电压。

② 发动机启动后,充电指示灯熄灭。

③ 发动机怠速运转时,如果不打开灯光、空调等用电设备,电流表应指示小电流充电,电压表指示比发动机运转前高。

④ 发动机中高速运转,如果蓄电池亏电而又不打开灯光、空调等用电设备,充电电流一般不低于20A,如果蓄电池充足电,充电电流一般不大于10A,电压表指示应在调节电压

范围内（13.5～14.5V 或 27.0～29.0V）。

⑤ 发电机无异响。

如果电源系统工作情况与上述特征不完全相符，表明电源系统有故障。电源系统常见故障有不充电、充电电流过小、充电电流过大、充电电流不稳和发电机异响等。

发电机工作异常的现象有以下几种。

1. 发电机不发电

（1）现象

发电机中高速运转，电流表或充电指示灯始终指示放电；蓄电池端电压没有发动机运转前高。

本质：发电机不发电或充电线路有断路故障。

（2）常见原因

① 皮带过松或有油污引起打滑。

② 线路故障。熔断器断路；充电电路或励磁电路中各元件上的导线接头有松动或脱落；导线包皮破损搭铁造成短路；导线接线错误。

③ 发电机故障。

a. 滑环绝缘破裂击穿；

b. 电枢或励磁接线柱绝缘损坏或接触不良，造成短路、断路；

c. 电刷在其架内卡滞或磨损过大，使电刷与滑环接触不良；

d. 定子与转子绕组断路或短路；

e. 硅二极管损坏。

④ 晶体管电压调节器故障。稳压二极管或小功率管击穿短路；大功率管断路；续流二极管短路；调整不当。

⑤ 电流表损坏或接线错误。

（3）诊断与排除

① 检查传动皮带是否松弛。一般用拇指压皮带的中部，挠度为 10mm 左右为合适。如果皮带松弛，调整发电机的紧固螺钉，使皮带松紧适度。

② 检查熔断器是否熔断。发电机、调节器、蓄电池和电流表之间的导线及接头有无松脱、断路。如接头松脱，重新拧紧；如导线断路，重新接好；如熔断器熔断，应更换。

③ 检查发电机是否发电。方法是：用一根导线将调节器大功率开关管的 C、E 短接，使励磁绕组直接由蓄电池供电，然后启动发动机并使其中速运转，观察电流表。若指示充电，说明发电机工作正常，故障在调节器，应换修调节器；若电流表仍指示放电，说明发电机不发电，应更换或修理发电机。

2. 发电机充电电流过小

（1）现象

发动机中高速运转，蓄电池亏电并且在其他功率较大的用电设备没有接通的情况下，充电指示灯或电流表虽然显示充电，但充电电流很小；或者蓄电池基本充足电的情况下，就不再继续充电；常伴随蓄电池亏电或启动机运转无力等现象。

本质：发电机输出功率不足或输出电压偏低。

（2）常见原因

① 皮带过松或有油污引起打滑。

② 发电机内部故障造成输出功率不足。如定子绕组有一相断路或接触不良，整流器个

别二极管断路，电刷磨损过度或滑环表面脏污或电刷弹簧弹力不足造成电刷与滑环接触不良等。

③ 调节器调节电压偏低。

（3）诊断方法

① 检查皮带是否打滑；如油污引起的皮带打滑，应清洁；如皮带过松，应调整。

② 检查调节器调节电压偏低还是发电机输出功率不足。发动机中高速运转，用电流表或电压表检查接通前照灯（或电喇叭等功率较大的用电设备，但不得超过发电机的额定功率）前后蓄电池充放电变化。如果前照灯接通前后，充电电流变化不大或蓄电池端电压没有明显下降，就说明调节器调节电压偏低；反之，如果蓄电池由充电转为放电，或蓄电池端电压明显下降，就表明发电机输出功率不足。如果条件允许，也可以采用将调节器控制励磁电路通断的两个接线柱（内搭铁调节器的"B"或"+"与F"接线柱；外搭铁调节器的"E"或"－"与"F"接线柱）上的线短接的方法进行检查。将调节器对应接线柱上的线连接起来，发动机中速运转，若充电电流增大或蓄电池端电压接近或达到发电机额定电压，说明调节器调节电压偏低；若充电电流或蓄电池端电压无明显变化，说明发电机功率不足。

如故障在发电机，应解体检查；如故障在晶体管调节器，应更换。

3. 发电机充电电流过大

（1）现象

发动机中高速运转，蓄电池充足电后充电电流仍然在 10A 以上；往往还伴随蓄电池电解液消耗快；灯泡、熔断器和其他一些用电设备容易烧坏等。

本质：发电机输出电压偏高。

（2）常见原因

① 调节器有故障使励磁电路无法切断，如电子调节器大功率三极管集电极和发射极击穿短路或稳压二极管断路等。

② 调节器调整电压偏高。

③ 标称电压 12V 的发电机采用了 24V 的调节器。

④ 励磁绕组接线柱上的线接错。

（3）诊断方法

检查调节器标称电压是否与发电机相符，接线是否正确，调节器搭铁是否良好。如果调节器标称不符，应更换；如果接线不正确，重接；如果调节器故障，应检修或更换调节器。

4. 发电机充电电流不稳

（1）现象

发动机正常运转时，电流表指针不断摆动或指示灯忽明忽灭。

本质：发电机输出电压不稳定或充电线路接触不良。

（2）常见原因

① 充电线路连接处松动，使充电电流时大时小。

② 调节器搭铁线接触不良，使调节器不能正常连续工作，造成发电机输出电压忽高忽低。

③ 发电机皮带有油污，使发电机转速忽高忽低，输出电压不稳。

④ 发电机电刷与滑环接触不良或个别二极管性能不良等。

（3）诊断方法

检查发电机皮带是否打滑，接线是否良好，调节器搭铁是否良好。如果皮带打滑，应调整；如果接线不良，应拧紧；如果调节器搭铁线接触不良，应打磨重新拧紧；如发电机内部接触不良，应检修发电机。

5. 发电机异响

（1）现象

发动机运转过程中，发电机发出异常的响声。

本质：发电机及其零部件异常振动产生噪声。

（2）常见原因

① 发电机皮带撕裂；

② 发电机安装位置不正确；

③ 发电机轴承润滑不良或损坏；

④ 发电机扫膛；

⑤ 发电机个别二极管或定子绕组有短路或断路故障。

（3）诊断方法

一旦出现发电机异响，应立即检查，以免造成更严重的故障。首先检查发电机安装位置是否正确，如不正确，应调整；如皮带撕裂，应更换；如果发电机内部异常，应仔细检修发电机。

实验实训

实训一 蓄电池技术状况的检查

一、目的与要求

① 掌握蓄电池液面高度的检查方法；
② 掌握蓄电池电解液相对密度的测量方法。

二、实训器材

铅蓄电池、密度计、玻璃量管、温度计。

三、内容及步骤

1. 蓄电池液面高度的检查

蓄电池中的电解液，一般应高出极板 10~15mm，电解液不足时应加注蒸馏水，一般不允许加注硫酸溶液（电解液溅出或泄漏除外）。

凭肉眼可从加液孔看出液面的高度，对于塑料外壳的蓄电池，从外面可以看出液面高度，只要液面高度到规定的两条刻度线之间即可。

检查步骤（见图 1-17）如下。

① 取一根玻璃量管，洗净、擦干。

② 清洗蓄电池顶部。

③ 打开蓄电池加液孔盖。

④ 将孔径为 3~5mm 的玻璃量管垂直插入蓄电池的加液孔中，直到与蓄电池的隔板或护板上缘接触为止。

⑤ 用大拇指堵住玻璃量管的上口，然后取出量管。
⑥ 此时量管中液面的高度即为蓄电池液面的高度，看其是否在规定值范围内。

2. 蓄电池电解液相对密度的测量

电解液的相对密度用吸式密度计测定，如图 1-18 所示，先吸入电解液，使密度计浮子浮起，此时浮子所指刻度值，即为电解液的相对密度值。

因电解液密度是随电解液温度的变化而变化的，所以应同时测量电解液的温度，并将实测电解液的密度值按表 1-8 进行修正得到 25℃时的相对密度。

表 1-8　不同温度下相对密度计读数的修正数值

电解液温度/℃	密度修正数值	电解液温度/℃	密度修正数值	电解液温度/℃	密度修正数值	电解液温度/℃	密度修正数值
+45	+0.0140	+20	-0.0035	-5	-0.0210	-30	-0.0385
+40	+0.0105	+15	-0.0070	-10	-0.0245	-35	-0.0420
+35	+0.0070	+10	-0.0105	-15	-0.0280	-40	-0.0455
+30	+0.0035	+5	-0.0140	-20	-0.0315	-45	-0.0490
+25	0	0	-0.0175	-25	-0.0350	—	—

测量步骤如下。

① 取出吸式密度计，清洁晾干。
② 将密度计和温度计插入蓄电池电解液中。
③ 挤压橡胶球，将电解液吸入密度计。
④ 浮子所指刻度值，即为测出的电解液相对密度值。注意，读数应按液柱凹面水平线读取，浮子杆上的刻度指示的数值，为电解液的密度值。
⑤ 查看温度计指示电解液温度。
⑥ 将实际测得电解液相对密度，按 $S_{25}=S+\alpha$ 换算成 25℃时的电解液密度。S 为实际测量电解液密度，α 为密度修正数值。

根据实践经验，密度每减少 $0.01g/cm^3$，相当蓄电池放电 6%，因此测得电解液相对密度可粗略估算出蓄电池的放电程度。蓄电池冬季放电超过额定容量的 25%，夏季放电超过额定容量的 50%时，应及时进行充电，严禁继续使用。

3. 全密封型免维护蓄电池技术状况的检查

全密封型免维护蓄电池盖上没有加液孔，不能用密度计测量电解液的相对密度，为此在免维护蓄电池内设有一只结构如图 1-13 所示的蓄电池技术状态指示器，又称为内装式密度计。

由透明塑料管、底座和两只小球（一只为红色，另一只为蓝色）组成，借助螺纹安装在蓄电池盖上，两只颜色不同的小球安装在塑料管与底座之间的中心孔中，红球在上。由于两只小球是由密度不同的材料制成，因此可随电解液密度的变化而上下浮动。

指示器根据光学折射原理反映蓄电池的技术状态。当蓄电池电量充足时，小球上浮，从指示器顶部观察到结果如图 1-13(b) 所示，中心呈红色圆点，周围呈蓝色圆环，英文标示为"OK"。当蓄电池电量不足时，电解液相对密度过低，如图 1-13(c) 所示，中心呈红色圆点，周围呈无色透明圆环，英文标示为"charging necessary"。当电解液不足时，如图 1-13(d) 所示，中心为透明圆点，周围呈红色圆环，英文标示为"add distilled water"。

实训二 蓄电池的充电

一、目的和要求

① 练习充电设备的使用方法；
② 学会基本的充电方法。

二、器材和设备

充电机、蓄电池、连接线、密度计、温度计等。

三、项目及步骤

1. 指导教师介绍常用充电机的外观和正确使用方法并进行操作示范。

操作顺序如下。

① 确保使用电池额定电压与所使用充电机电压相符。如果是12V的电瓶接到12V的挡位，如果是24V的电瓶接到24V的挡位，一定不能错。
② 红线接电瓶正极（＋），黑线接电瓶负极（－），不能接反。
③ 根据充电的不同阶段选择适当的充电电流。
④ 检查无误后，插上电源，最后按下电源开关就可以了。
⑤ 充好电时，先断开电源，再断开充电机与电池的连接。

2. 充电方法

(1) 定电流充电法

在充电过程中，保持充电电流恒定，随着蓄电池电动势的升高，逐渐升高充电电压，当蓄电池单格电压上升至2.4V左右时，再将充电电流减少一半并保持恒定，直至充足电为止。缺点是充电时间长。

蓄电池连接方法如下。

① 同容量蓄电池的连接。连接数：蓄电池单格数≤充电机额定电压/2.7。
② 不同容量蓄电池的连接。先将容量相同的蓄电池串联成组，然后再按照容量大小依次串联各组，最后接到充电机上，充电电流始终按照容量最小的来定。当小容量的蓄电池充足电后，随即拆除，再继续给大容量的蓄电池充电。

初充电、补充充电各阶段的电流大小和充电时间参考表1-2。

(2) 定电压充电法

在充电过程中，加在蓄电池两端的充电电压保持恒定不变。其特点是开始充电电流大，然后充电电流逐渐减小至0，因而充电安全，充电速度快。

蓄电池连接方法：要求各并联支路单格电池总数相等，而电池型号、容量及放电程度可以不同。充电电压的选择以单格电压2.5V为基准，即12V蓄电池的充电电压为15V；6V蓄电池的充电电压为7.5V。

3. 充电时的注意事项

① 严格遵守各种充电方法的充电规范。
② 充电过程中注意对各个单格电池电压和电解液密度的测量，及时判断其充电程度和技术状况。
③ 充电过程中注意各个单格电池的温升，以防温度过高影响蓄电池的性能。

④ 初充电工作应连续进行，不可长时间间断。
⑤ 配制和加注电解液时，要严格遵守安全操作规程和器皿的使用规则。
⑥ 充电时打开电池的加液孔盖，使氢气、氧气顺利逸出，以免发生事故。
⑦ 充电场所应装有通风设备，严禁用明火照明或取暖等。
⑧ 充电时应先接牢蓄电池连接线，停止充电时，应先切断充电电源；导线连接要可靠，严防火花产生。

实训三　硅整流交流发电机、调节器的拆装及认识

一、目的和要求

① 识别硅整流发电机的组成及其主要部件的构造、作用与装配关系；
② 学习正确的拆装顺序、要求和方法；
③ 识别调节器的类型。

二、器材和设备

硅整流发电机、各种调节器、万用表、试灯、扳手、螺钉旋具等。

三、项目及步骤

1. 硅整流发电机的解体

不同型号的发电机拆装顺序有所不同，应按厂家规定的操作顺序进行。以带泵硅整流发电机解体过程为例。

① 拆卸发电机。先拆下蓄电池负极搭铁电缆接头，然后拆发电机上的各导线，最后拆下发电机。
② 将发电机外部擦拭干净，在前后端盖上画一正对记号，先拆下真空泵总成。
③ 拆下电刷架紧固螺钉，取出电刷总成。
④ 拆下前后盖之间的紧固螺钉，使前端盖连转子、后端盖连定子两大部分分离。
⑤ 拆下元件板与定子绕组线端的连接螺母和中线线端的连接螺母，使定子与元件板分离，取出定子总成。
⑥ 拆下后端盖上紧固硅整流器元件板的螺栓及电枢接线柱紧固螺母，取下元件板总成。
⑦ 拆下带轮紧固螺母，取下隔圈和转子轴上的半圆键、带轮和风扇，使前端盖与转子总成分离。若转子轴与轴承配合过紧，应使用拉力器拆卸，也可用木锤轻击使之分离。
⑧ 拆下前轴承盖，取出前轴承。

2. 硅整流发电机主要部件的认识

3. 硅整流发电机的装复

(1) 硅整流发电机的组装步骤

① 在轴承内加注润滑脂。
② 将硅整流器元件板装入发电机后端盖中（但 JF1522A 型发电机硅整流器总成及防护罩装在后面），拧紧紧固螺栓及发电机"电枢"接线柱螺母。
③ 将定子绕组线端及中性点抽头线端与相应的接线柱连接，拧紧连线螺母。

④ 将前轴承装回前端盖，拧紧轴承盖螺栓。
⑤ 将转子压入前端盖轴承孔中，把隔圈、风扇、带轮、半圆键装在一起。
⑥ 将前、后端盖按对应位置组装在一起，拧紧紧固螺栓。
⑦ 将电刷总成压入到后端盖孔中，并拧紧电刷架紧固螺母。
⑧ 将真空泵按原位装上。

(2) 组装时的注意事项

① 组装前用汽油清洗轴承、端盖及元件板等（线圈和电刷除外），并用棉纱擦拭干净；用压缩空气清洁转子线圈及定子线圈。

② 元件板组装时，要注意元件板与后端盖的固定螺栓有绝缘衬套和绝缘垫圈，不得丢失，确保元件板和端盖间有良好的绝缘。

③ 安装电刷及电刷架时，应注意发电机的搭铁形式，以保证两个接线螺钉搭铁或绝缘。

④ 组装修复后的发电机，转子在定子内转动应灵活自由，无碰擦现象，若有碰擦现象，应松开前、后端盖的紧固螺栓，一边转动转子，一边用木质或橡胶手锤轻轻敲击端盖边缘，直到无碰擦现象时，再拧紧紧固螺栓。

实训四 电源系统的故障诊断

一、目的和要求

① 识别电源系统各部件在工程机械上的安装位置及连线；
② 分析电源系统常见的故障现象；
③ 进行电源系统常见故障的诊断。

二、器材和设备

压路机、装载机、万用表、试灯、其他工具等。

三、项目及步骤

1. 识别电源系统各部件在工程机械上的安装位置及连线

① 先由指导教师在压路机、装载机等机械上指出发电机、调节器、电流表、蓄电池的安装位置及接线，对照电源系统基本电路图讲解相互之间的连线。

② 再由学生分组认识。

2. 测量电源系统正常情况下的基本参数（如各接线柱的电位、各接线柱之间的电阻）

发动机中高速运转，如果蓄电池亏电而又不打开灯光、空调等用电设备，充电电流一般不低于20A，如果蓄电池充足电，充电电流一般不大于10A，电压表指示应在调节电压范围内（12V供电系统为13.5~14.5V；24V供电系统为27.0~29.0V）。

3. 指导教师介绍电源系统常见故障分析思路

① 明确故障现象；
② 对照所学知识，判断故障类型；
③ 先直观检查皮带是否打滑、接线是否松脱；
④ 用万用表测量或用试灯测试、判断故障位置；

⑤ 根据具体情况进行修理或更换。

4. 学生操作

学生先回避,指导教师在一台机械上设置故障,然后由学生诊断并排除故障。

项目小结

本项目在介绍了工程机械电源系统的结构、组成和工作原理的基础上,系统地分析了车载交流发电机的技术控制方案,并且以 VOLVO 挖掘机为例,论述了工程机械电源系统的工作过程,最后提出了工程机械电源系统的常见故障诊断方法。

项目二　工程机械启动系统的应用与检修

教学前言

1. 教学目标

掌握工程机械启动系统的特点、系统组成和基本工作原理；能够结合工程机械的技术特点分析工程机械启动系统的控制过程；能对工程机械启动系统进行故障诊断与检修。

2. 教学要求

熟悉发动机的启动方式、启动机的作用、组成及对启动机的要求；掌握直流串励启动机的构造、工作原理、特性及基本检修技术。

3. 引入案例

① Bosch TB 型齿轮移动式启动机；
② VOLVO EC210B 型挖掘机启动系统。

系统知识

单元一　启动系统概述

一、概述

启动机的作用就是启动发动机，发动机启动之后，启动机便立即停止工作。

发动机常用的启动方式，有人力启动、辅助汽油机启动和电动机启动。目前工程机械通常采用电动机启动。电动机启动方式是由直流电动机通过传动机构将发动机启动，它具有操作简单、体积小、重量轻、安全可靠、启动迅速并可重复启动等优点，一般将这种电动机称为启动机。

启动机安装在发动机飞轮壳前端的座孔上，如图 2-1 所示。

电力启动系统简称启动系，它由蓄电池、启动机、启动开关、启动继电器等组成，如图 2-2所示。

启动机在钥匙开关或启动按钮控制下，将蓄电池的电能转化为机械能，通过飞轮齿圈带动发动机曲轴转动。为增大转矩、便于启动，启动机与发动机曲轴的传动比：柴油机一般为 8～10，汽油机一般为 13～17。启动机驱动齿轮的齿数一般为 5～13 齿。

二、启动机的型号与分类

1. 启动机的型号规格

根据中华人民共和国行业标准 QC/T 73—93《汽车电气设备产品型号编制方法》规定，

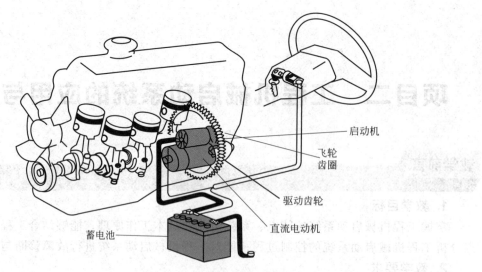

图 2-1　启动机在发动机上的安装位置

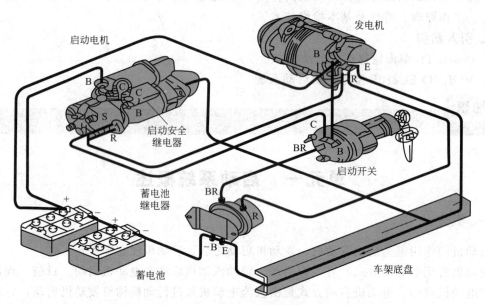

图 2-2　电力启动系统

启动机的型号如下：

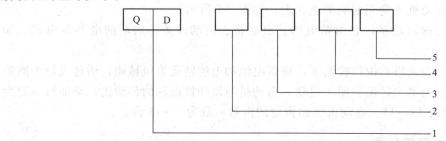

第 1 部分为产品代号：启动机的产品代号 QD、QDJ、QDY 分别表示启动机、减速启动机及永磁启动机。

第 2 部分为电压等级代号：1—12V；2—24V；3—6V。

第 3 部分为功率等级代号：其含义见表 2-1。

第 4 部分为设计序号。

第 5 部分为变形代号。

例如，QD124 表示额定电压为 12V、功率为 1～2kW、第 4 次设计的启动机。启动机所对应的功率等级代号和功率大小如表 2-1 所示。

表 2-1　启动机所对应的功率等级代号和功率

功率等级代号	1	2	3	4	5	6	7	8	9
功率/kW	0～1	1～2	2～3	3～4	4～5	5～6	6～7	7～8	大于 8

2. 启动机的分类

（1）按操纵机构分类

① 直接操纵式启动机　它是由脚踏或手拉杠杆联动机构直接控制启动机的主电路开关来接通或切断主电路，也称机械式启动机。这种方式虽然结构简单、工作可靠，但由于要求启动机、蓄电池靠近驾驶室，而受安装布局的限制，因而操作不便，已很少采用。

② 电磁操纵式启动机　它是由按钮或点火开关控制继电器，再由继电器控制启动机的主开关来接通或切断主电路，也称电磁控制式启动机。这种方式可实现远距离控制，操作方便，在现代工程机械上广泛采用。

（2）按传动机构的啮合方式分类

① 惯性啮合式启动机　启动机旋转时，其啮合小齿轮靠惯性力自动啮入飞轮齿圈。启动后，小齿轮又借惯性力自动与飞轮齿圈脱离。这种啮合机构结构简单，但不能传递较大的转矩，而且可靠性较差，已很少采用。

② 强制啮合式启动机　它是靠人力或电磁力拉动杠杆强制小齿轮啮入飞轮齿圈的。这种啮合机构结构简单、动作可靠、操作方便，仍被现代工程机械所采用。

③ 电枢移动式启动机　它是靠启动机磁极磁通的吸力，使电枢沿轴向移动而使小齿轮啮入飞轮齿圈的，启动后再由回位弹簧使电枢回位，让驱动齿轮退出飞轮齿圈。这种啮合机构多用于大功率的柴油发动机上。

④ 齿轮移动式启动机　它是靠电磁开关推动安装在电枢轴孔内的啮合杆，使小齿轮啮入飞轮齿圈的。

⑤ 减速式启动机　它也是靠电磁吸力推动单向离合器，使小齿轮啮入飞轮齿圈的。减速启动机的结构特点是在电枢和驱动齿轮之间装有一级减速齿轮（一般减速比为 3～4），它的优点是：可采用小型高速低转矩的电动机，使启动机的体积减小、质量约减少 35%，并便于安装；提高了启动机的启动转矩，有利于发动机的启动；电枢轴较短，不易弯曲；减速齿轮的结构简单、效率高，保证了良好的力学性能，同时拆装修理方便。

减速式启动机减速机构根据结构可分为外啮合式、内啮合式和行星齿轮啮合式三种类型。

外啮合式减速机构在电枢轴和启动机驱动齿轮之间利用惰轮作中间传动，且电磁开关铁芯与驱动齿轮同轴心，直接推动驱动齿轮进入啮合，无需拨叉。因此，启动机的外形与普通的启动机有较大的差别。

图 2-3 是小功率柴油发动机用的外啮合式减速启动机。但有些外啮合式减速机构中间不

加惰轮，驱动齿轮必须通过拨叉拨动才能进行啮合。

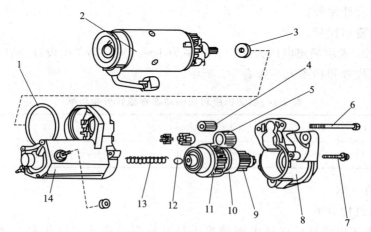

图 2-3　小功率柴油发动机用的外啮合式减速启动机
1—O 形橡胶圈；2—电动机；3—毡垫圈；4—主动齿轮；5—惰轮；6—拉紧螺栓；7—螺栓；
8—传动外壳；9—驱动齿轮；10—单向离合器；11—从动齿轮；12—钢球；
13—回位弹簧；14—电磁开关

外啮合式减速机构的传动中心距较大，因此受启动机结构的限制，其减速比不能太大，一般用在小功率的启动机上。

内啮合式减速机构传动中心距小，可有较大的减速比，故适用于较大功率的启动机。但内啮合式减速机构的驱动齿轮仍需拨叉拨动进行啮合，因此，启动机的外形与普通启动机相似。图 2-4 是国产 QD254 型减速启动机原理图。

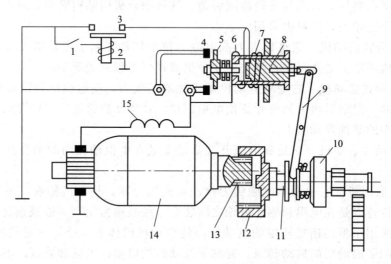

图 2-4　国产 QD254 型内啮合式减速启动机原理图
1—启动开关；2—启动继电器；3—启动继电器触点；4—主触点；5—接触盘；
6—吸拉线圈；7—保持线圈；8—活动铁芯；9—拨叉；10—单向离合器；
11—螺旋花键轴；12—内啮合减速齿轮；13—主动齿轮；
14—电枢绕组；15—励磁绕组

行星齿轮啮合式减速机构结构紧凑、传动比大、效率高。由于输出轴与电枢轴同心、同旋向，电枢轴无径向载荷，可使整机尺寸减小。除了结构上增加行星齿轮减速机构之外，由于行星齿轮啮合式减速启动机的轴向位置结构与普通启动机相同，因此配件可通用。行星齿轮啮合式减速机构如图 2-5 所示。

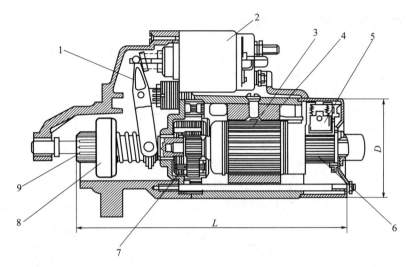

图 2-5　行星齿轮啮合式减速机构

1—拨叉；2—电磁开关；3—电枢；4—磁铁；5—电刷；6—换向器；
7—行星齿轮减速机构；8—单向离合器；9—驱动齿轮

三、启动机的组成

启动机由串励式直流电动机、传动机构和操纵机构三个部分组成，如图 2-6 所示。

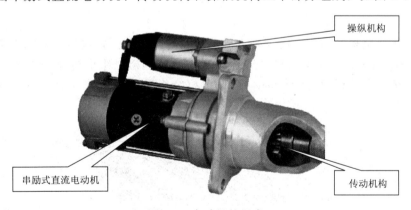

图 2-6　启动机的组成

（1）串励式直流电动机

电动机的作用是将蓄电池输入的电能转换为机械能，产生电磁转矩。

（2）传动机构

传动机构又称启动机离合器、啮合器。传动机构的作用是在发动机启动时使启动机轴上的小齿轮啮入飞轮齿圈，将启动机的转矩传递给发动机曲轴；在发动机启动后又能使启动机小齿轮与飞轮齿圈自动脱开。

（3）操纵机构

操纵机构的作用是用来接通和断开电动机与蓄电池之间的电路，同时还能接入和切断点火线圈的附加电阻电路。

单元二　启动机的工作原理及结构

一、直流电动机的构造及工作原理

启动机均采用直流电动机。串励式直流电动机是启动机最主要的组成部件，它的工作原理和特性决定了启动机的工作原理和特性。

1. 串励式直流电动机的结构

串励式直流电动机由电枢、磁极等主要部件构成如图 2-7 所示。

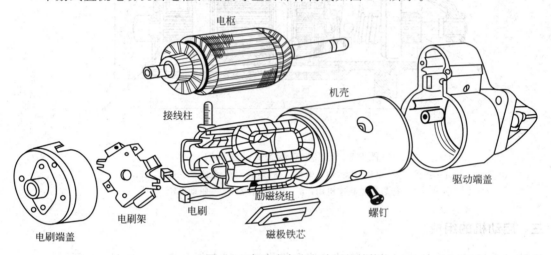

图 2-7　串励式直流电动机的结构

（1）电枢

图 2-8 所示为电枢的结构。电枢是直流电动机的旋转部分，包括电枢轴、换向器、电枢铁芯、电枢绕组等部分。为了获得足够的转矩，通过电枢绕组的电流一般为：汽油发动机 200~600A，柴油发动机 300~1000A，因此电枢绕组采用较粗的矩形截面的铜线绕制出成型绕组。

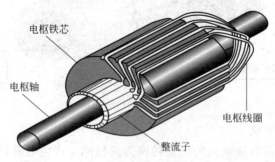

图 2-8　电枢的结构

电枢绕组一般采用单波绕组，图 2-9 为 QD124 型启动机电枢绕组的展开图，其中，铁芯 27 槽，换向片 27 片，槽节距 1~8mm，换向器节距 1~14mm，线圈数 27 个，铜线截面积 $2.0 \times 4.4 mm^2$。

电枢绕组各线圈的端头均焊接在换向器片上，通过换向器和电刷将蓄电池的电流引进来。换向片和云母叠压成换向器，为了避免电刷磨损的粉末落入换向片之间造成短路，启动机换向片间的云母一般不必割低，如图 2-10 所示。

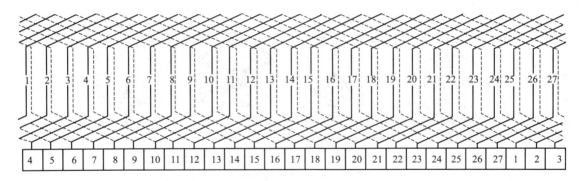

图 2-9 QD124 型启动机电枢绕组的展开图

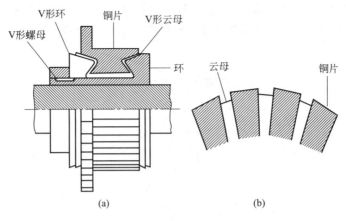

图 2-10 换向器的构造

（2）磁极

磁极由铁芯和励磁绕组构成，其作用是在电动机中产生磁场，磁极一般是四个，两对磁极相对交错安装在电动机外壳的内壁上（见图 2-11）。定子与转子铁芯形成的磁回路见图 2-12，低碳钢板制成的外壳也是磁路的一部分。

4 个励磁线圈可互相串联后再与电枢绕组串联，也可两两串联后并联再与电枢绕组串联，见图 2-13。

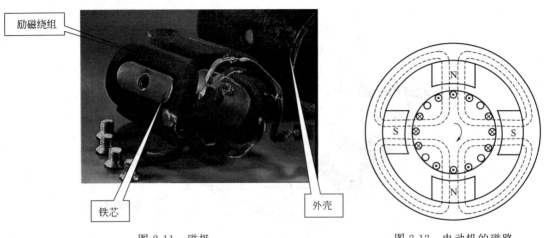

图 2-11 磁极　　　　　　　　　图 2-12 电动机的磁路

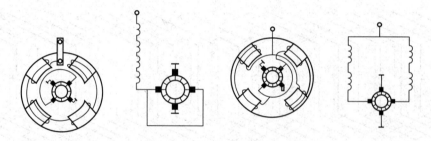

(a) 4励磁绕组串联　　　　　(b) 励磁绕组两两串联后并联

图 2-13　励磁绕组的接法

启动机内部接线见图 2-14，励磁绕组一端接在外壳的绝缘接线柱 1 上，另一端与两个非搭铁电刷相连。当启动开关接通时，启动机的电路为：蓄电池正极→接线柱 1→励磁绕组 4→非搭铁电刷 6→电枢绕组→搭铁电刷 5→搭铁→蓄电池负极。

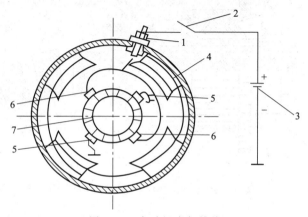

图 2-14　启动机内部接线

1—接线柱；2—启动开关；3—蓄电池；4—励磁绕组；5—搭铁电刷；6—非搭铁电刷；7—换向器

（3）电刷架与机壳

电刷架一般为框式结构，其中正极电刷架与端盖绝缘，负极电刷架则直接搭铁。电刷置于电刷架中，电刷由铜粉与石墨粉压制而成，呈棕红色。电刷架上装有弹性较强的盘形弹簧。电刷与电刷架的组合，如图 2-15 所示。

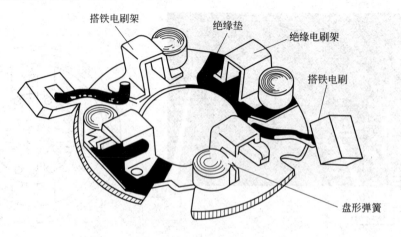

图 2-15　电刷与电刷架

启动机机壳的一端有 4 个检查窗口，中部只有一个电流输入接线柱，并在内部与励磁绕组的一端相连。端盖分前、后两个，前端盖由钢板压制而成，后端盖由灰口铸铁浇制而成，是缺口杯状。它们的中心均压装着青铜石墨轴承套或铁基含油轴承套，外围有 2 个或 4 个组装螺孔。电刷装在前端盖内，后端盖上有拨叉座，盖口有凸缘和安装螺孔，还有拧紧中间轴承板的螺钉孔。如图 2-16 所示。

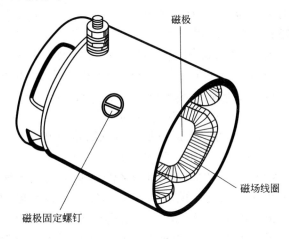

图 2-16　外壳构造

2. 串励式直流电动机的工作原理

（1）电磁转矩的产生

它是根据带电导体在磁场中受到电磁力作用的原理而制成的。其工作原理如图 2-17 所示。

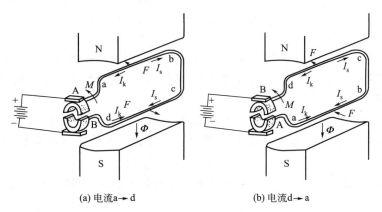

(a) 电流 a→d　　　　　(b) 电流 d→a

图 2-17　串励式直流电动机的工作原理

电动机工作时，电流通过电刷和换向片流入电枢绕组。如图 2-17(a) 所示，换向片 A 与正电刷接触，换向片 B 与负电刷接触，绕组中的电流从 a→d，根据左手定则判定绕组匝边 ab、cd 均受到电磁力矩的作用，由此产生逆时针方向的电磁转矩 M 使电枢转动；当电枢转动至换向片 A 与负电刷接触，换向片 B 与正电刷接触时，电流改由 d→a，见图 2-17(b)，但电磁转矩的方向仍保持不变，使电枢按逆时针方向继续转动。

由此可见，直流电动机的换向器可将电源提供的直流电转换成电枢绕组所需的交流电，以保证电枢所产生的电磁力矩的方向保持不变，使其产生定向转动。但实际的直流电动机为了产生足够大且转速稳定的电磁力矩，其电枢上绕有很多组线圈，换向器的铜片也随其相应增加。

根据安培定律，可以推导出直流电动机通电后所产生的电磁转矩 M 与磁极的磁通量 Φ 及电枢电流 I_s 之间的关系为

$$M = C_m \Phi I_s \tag{2-1}$$

式中，C_m 为电动机的转矩常数，它与电动机磁极对数、电枢绕组导线总根数 Z 及电枢绕组电路的支路对数 a 有关，即 $C_m = PZ/(2\pi a)$。

(2) 直流电动机转矩自动调节原理

根据上述原理分析，电枢在电磁转矩 M 作用下产生转动。由于绕组在转动时切割磁力线而产生感应电动势，并根据右手规则判定其方向与电枢电流 I_s 的方向相反，故称反电动势 E_f。反电动势 E_f 与磁极的磁通量 Φ 和电枢的转速 n 成正比，即

$$E_f = C_e \Phi n \tag{2-2}$$

式中的 C_e 为电机的电动势常数。由此可推出电枢回路的电压平衡方程式，即

$$U = E_f + I_s R_s \tag{2-3}$$

式中的 R_s 为电枢回路电阻，其中包括电枢绕组的电阻和电刷与换向器的接触电阻。

在直流电动机刚接通电源的瞬间，电枢转速 n 为零，电枢反电动势也为零。此时，电枢绕组中的电流达到最大值，即 $I_{am} = U/R_s$，将相应产生最大电磁转矩，即 M_{max}，若此时的电磁转矩大于电动机的阻力矩 M_s，电枢就开始加速转动起来。随着电枢转速的上升，E_f 增大，I_s 下降，电磁转矩 M 也就随之下降。当 M 下降至与 M_s 相平衡（$M=M_s$）时，电枢就以此转速运转。如果直流电动机在工作过程中负载发生变化，就会出现如下的变化。

工作负载增大时，$M < M_s \to n \downarrow \to E_f \downarrow \to I_s \uparrow \to M \uparrow \to M = M_s$，达到新的稳定；

工作负载减小时，$M > M_s \to n \uparrow \to E_f \uparrow \to I_s \downarrow \to M \downarrow \to M = M_s$，达到新的稳定。

可见，当负载变化时，电动机能通过转速、电流和转矩的自动变化来满足负载的需要，使之能在新的转速下稳定工作。因此直流电动机具有自动调节转矩功能。

3. 启动机的工作特性

启动机的转矩、转速、功率与电流的关系称为启动机的特性曲线。启动机的特性取决于直流电动机的特性，而串励直流电动机特性有转矩特性、转速特性、功率特性。

(1) 转矩特性

对于串励直流电动机，其磁场电流 I_j 与电枢电流 I_s 相同，并且磁极未饱和时，磁路磁通量 Φ 与电枢电流成正比，即 $\Phi = C_1 I_s$。所以，串励直流电动机的转矩可表示为

$$M = C_m I_s \Phi = C_1 C_m I_s^2 \tag{2-4}$$

可见，在磁极未饱和的情况下，串励直流电动机的电磁转矩 M 与电枢电流 I_s 的平方成正比。

由直流电动机的转矩特性（图 2-18）可知，只有在磁场饱和后，串励直流电动机的电磁转矩才与电枢电流成正比。而当电枢电流相同时，串励电动机产生的电磁转矩要比并励电动机大得多，这是启动机采用串励直流电动机的原因之一。

(2) 转速特性（也就是机械特性）

串励直流电动机转速 n 与电枢电流 I_s 的关系式为

$$n = \frac{U - I_s(R_s + R_j)}{C_1 \Phi} \quad (\text{r/min}) \tag{2-5}$$

式中 U——蓄电池输出电压，V；

I_s——电枢电流，A；

R_s——电枢绕组电阻，Ω；

R_j——励磁绕组电阻，Ω；

C_1——与电动机结构有关的常数；

Φ——磁极磁通量，Wb。

相比而言，串励电动机在磁极未饱和时，由于磁路磁通量 Φ 不是常数，当电枢电流 I_s 增加，即电磁转矩增大时，由于磁极磁通量 Φ 与电动势 $I_s(R_s+R_j)$ 同时随之增大，因此，电枢转速 n 随 $I_s(M)$ 的增大下降较快，故具有较软的机械特性，如图 2-19 所示。

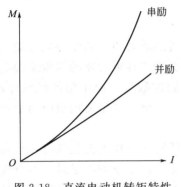

图 2-18 直流电动机转矩特性

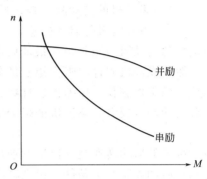

图 2-19 直流电动机转速特性

从转速特性同样可以看出，串励直流电动机具有轻载转速高、重载转速低的特点。重载转速低，可以保证电动机在启动时（重载）不会超出限定值而烧毁，使启动安全可靠。这是工程机械采用串励直流电动机的又一原因。但由于其轻载或空载时转速很高，容易造成超速运转（俗称"飞车"）事故而损坏电动机，故对于功率较大的串励直流电动机，不允许在轻载或空载下运行。

（3）功率特性

启动机功率由电动机电枢转矩 M 和电枢的转速 n 来确定，即

$$P=\frac{Mn}{9550}(\text{kW}) \tag{2-6}$$

式中 M——电枢轴输出转矩，N·m；

n——电枢轴转速，r/min。

由转矩特性、转速特性及上式可得到启动机特性曲线，见图 2-20。

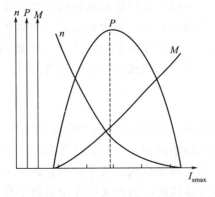

图 2-20 启动机特性曲线

在完全制动状态（即 $n=0$）和空载（即 $M=0$）时，启动机的功率等于零。当电枢电流

I_s 接近制动电流的 1/2 时，电动机能产生最大输出功率。由于启动机启动时间很短，允许启动机在最大功率下运转，因此将其最大输出功率称为启动机的额定功率。

启动机功率必须保证发动机能够迅速可靠地启动。若功率不够将会增加启动次数，缩短蓄电池的寿命，增加燃料消耗，增加低温下发动机零件的磨损。启动发动机所必需的功率，取决于发动机的最低启动转速和启动阻力矩，即

$$P = \frac{M_Q n_Q}{9550} \tag{2-7}$$

式中 M_Q——发动机的启动阻力矩，N·m；
      n_Q——发动机最低启动转速，r/min。

发动机的启动阻力矩是指在最低启动转速时的发动机的阻力矩。由摩擦阻力矩、压缩损失力矩、驱动发动机附件的阻力矩三部分组成。而影响上述三种阻力矩的因素主要有润滑油黏度、汽缸的工作容积、压缩比、缸数、转速、温度及附件数等。由于柴油机压缩比较大，驱动附件的功率也较大，柴油机的阻力矩一般比汽油机大一倍，各型发动机阻力矩由实验方法确定。

发动机最低启动转速是指保证发动机可靠启动的最低转速。在点火装置可靠点火的情况下，发动机启动尚需两个条件：①汽缸中吸入可燃的混合气；②压缩终了时，混合气具有一定的压力和温度。转速过低进气管中气流速度低，不利于油的雾化，压缩行程时间长，热量损失大，不能形成可燃混合气，压缩终了的压力、温度也会降低。对柴油机而言，是利用压燃着火，转速低时，由于压缩时间长，散热漏气增加，压缩终了温度压力降低，更不利于启动。一般汽油机最低启动转速是 50～70r/min，柴油机是 100～200r/min。

根据以上分析，启动机所需功率（kW）一般为

汽油机：$P = (0.184 \sim 0.21)L$

柴油机：$P = (0.736 \sim 1.05)L$

式中，L 为发动机的排量。

在实际使用中，启动机的输出功率受许多因素的影响，主要影响因素如下。

①接触电阻和导线电阻的影响。电刷与换向器接触不良、电刷弹簧张力减弱以及导线与蓄电池接线柱连接不牢，都会使接触电阻增加；导线过长以及导线截面积过小也会造成较大的电压降。由于启动机工作时电流特别大，这些都会使启动机功率减小。因此必须保证电刷与换向器接触良好，导线接头牢固，并尽可能缩短蓄电池接至启动机的导线以及蓄电池搭铁线的长度，选用截面积足够大的导线，以保证启动机的正常工作。②蓄电池容量的影响。蓄电池容量越小，其内阻越大，内阻上的电压降也越大，因而供给启动机的电压降低，也会使启动机功率减小。③温度的影响。当温度降低时，由于蓄电池电解液黏度增大，内阻增加，会使蓄电池容量和端电压急剧下降，启动机功率将会显著降低。

二、启动机的传动机构

启动机的传动机构是启动机的主要组成部件，它包括单向离合器和拨叉两个部分。单向离合器的作用是将电动机的电磁转矩传递给发动机使之启动，同时又能在发动机启动后自动打滑，保护启动机不致飞散损坏。传动机构中的单向离合器分为滚柱式单向离合器、摩擦片式单向离合器、弹簧式单向离合器几种。而拨叉的作用是使单向离合器作轴向移动，将驱动齿轮啮入和脱离飞轮齿圈。

发动机启动时，按下按钮或启动开关，线圈通电产生电磁力将铁芯吸入，于是带动拨叉

转动，由拨叉头推出单向离合器，使驱动齿轮啮入飞轮齿圈。发动机启动后，只要松开按钮或开关，线圈即断电，电磁力消失，在回位弹簧的作用下，铁芯退出，拨叉返回，拨叉头将打滑工况下的离合器拨回，驱动齿轮脱离飞轮齿圈。

1. 滚柱式单向离合器

滚柱式离合器的结构如图 2-21 所示。

驱动齿轮 7 采用 40 号中碳钢经加工淬火而成，与外壳 1 连成一体。外壳内装有十字块 10 和四套滚柱 6 及弹簧 9，十字块与花键套筒 2 固定连接，壳底与外壳相互折合密封。在花键套筒的外面套有缓冲弹簧 5 及移动衬套，为防止移动衬套脱出，在花键套筒的端部装有拨环 4 与卡圈 3。整个单向离合器总成利用花键套筒套在启动机轴的花键部位上，可以作轴向移动，并随轴移动。

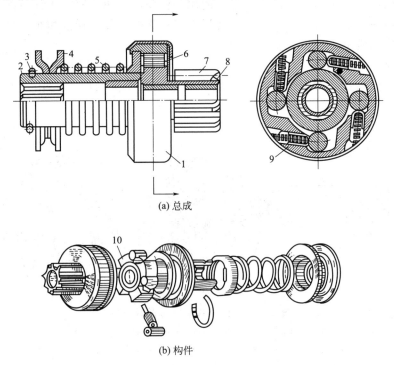

图 2-21 滚柱式离合器的结构
1—外壳；2—花键套筒；3—卡圈；4—拨环；
5—缓冲弹簧；6—滚柱；7—驱动齿轮；
8—铜套；9—弹簧；10—十字块

滚柱式单向离合器的工作原理如下。

在图 2-22(a) 中，发动机启动时，经拨叉将离合器沿花键推出，驱动齿轮啮入发动机飞轮齿圈。由于十字块处于主动状态，随电动机电枢一起旋转，促使四套滚柱进入槽的窄端，将花键套筒与外壳挤紧，于是电动机电枢的转矩就可由十字块经滚柱式离合器外壳传给驱动齿轮，从而达到驱动发动机飞轮齿圈旋转、启动发动机运转的目的。

在图 2-22(b) 中，发动机启动后，飞轮齿圈的转速高于驱动齿轮，十字块处于被动状态，促使滚柱进入槽的宽端而自由滚动，只有驱动齿轮随飞轮齿圈作高速旋转，启动机转速并不升高。这种离合器的打滑功能，防止了电枢超速飞散的危险。启动完毕，由于拨叉回位弹簧的作用，经拨环使离合器退回，驱动齿轮完全脱离飞轮齿圈。

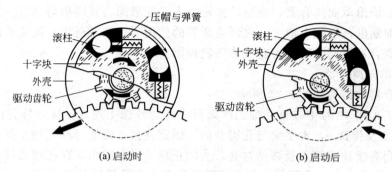

(a) 启动时　　　　　　　(b) 启动后

图 2-22　滚柱式单向离合器的工作原理

这种滚柱式离合器具有结构简单、坚固耐用、体积小、重量轻、工作可靠等优点，一般不需要调整。但在传递大扭矩时，滚柱易变形而卡死失效，使传递的扭矩受到限制，故不能用于大功率的启动机上。

2. 摩擦片式单向离合器

摩擦片式单向离合器多用于启动功率较大的柴油发动机的启动机上。其结构如图 2-23 所示。

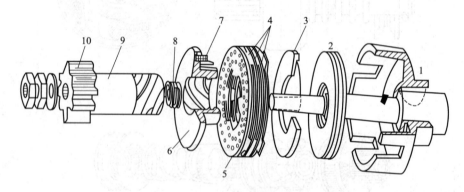

图 2-23　摩擦片式单向离合器结构

1—外接合鼓；2—弹性圈；3—压环；4—主动片；5—从动片；
6—内接合鼓；7—小弹簧；8—缓冲弹簧；9—花键套筒；10—驱动齿轮

该离合器的驱动齿轮 10 与外接合鼓 1 做成一个整体。在外接合鼓的内壁有四道轴向槽沟，钢质从动摩擦片 5 利用外围四个齿插装其中。在花键套筒 9 的一端表面亦有三条螺旋花键，其上套着内接合鼓 6。内接合鼓的表面也有四条轴向槽沟，用钢或青铜制造的主动摩擦片 4 利用内圆四个齿套装在沟槽内。主动摩擦片和从动摩擦片彼此相间地排列组装。内接合鼓的外面装有缓冲弹簧 8，端部固装着拨环。

摩擦片式单向离合器总成在启动机不工作时，主、从动摩擦片之间处于放松无摩擦力状态。

如图 2-24 所示，发动机启动时，通过拨叉推动拨环使内接合鼓 6 沿三条螺旋花键向外移动，主动摩擦片 4 和从动摩擦片 5 相互压紧，具有了摩擦力。当驱动齿轮 10 啮入飞轮齿圈时，就能利用启动机转矩驱动曲轴旋转。

如图 2-25 所示，发动机启动后，驱动齿轮 10 被飞轮齿圈带动高速旋转，在惯性力和拨叉返回的作用下，内接合鼓 6 沿三条螺旋花键向内移动，于是主动摩擦片 4 和从动摩擦片 5 之间的摩擦力消失而打滑，防止了电枢超速飞车的危险。

项目二 工程机械启动系统的应用与检修

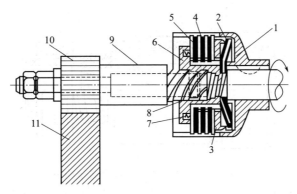

图 2-24 摩擦片式单向离合器压紧时
1—外接合鼓；2—压紧弹簧；3—压盘；4—主动摩擦片；5—从动摩擦片；
6—内接合鼓；7—缓冲弹簧；8—电枢轴；9—花键套筒；10—驱动齿轮；11—从动齿轮

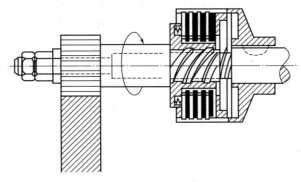

图 2-25 摩擦片式单向离合器放松时

摩擦片式单向离合器具有传递大转矩，防止超载损坏启动机的优点，多用在大功率启动机上。但由于摩擦片容易磨损而影响启动性能，需要经常检查、调整或更换摩擦片。此外，这种离合器结构比较复杂，耗用材料较多，加工费时，而且不便于维修。

3. 弹簧式单向离合器（见图 2-26）

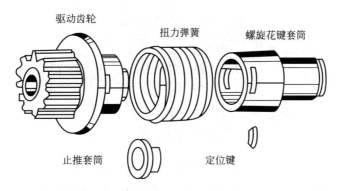

图 2-26 弹簧式单向离合器组件图

某些大功率启动机采用弹簧式单向离合器，其结构如图 2-27 所示。

弹簧式单向离合器的传动套筒（花键套筒）8 和驱动齿轮的衬套 1 分别套装在电枢轴的螺纹花键和光滑段上，两者之间用两个月形圈 4 连接。月形圈使驱动齿轮与传动套筒之间不能作轴向相对移动，但可以相对转动。在驱动齿轮的衬套 1 与传动套筒 8 外圆上装有扭力弹

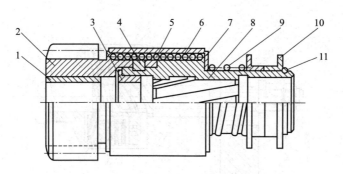

图 2-27 弹簧式单向离合器结构
1—衬套；2—驱动齿轮；3—挡圈；4—月形圈；5—扭力弹簧；
6—护套；7—垫圈；8—传动套筒；9—缓冲弹簧；10—移动被套；11—卡簧

簧 5，扭力弹簧内径略大于两套筒的外径。

启动发动机时，传动叉拨动滑环，并压缩弹簧，推动离合器移向飞轮齿圈一端，使小齿轮啮入飞轮齿圈。电枢旋转时带动传动套筒，在摩擦力的作用下，扭力弹簧被扭紧，将两个套筒抱死，启动机转矩便由此传给飞轮。

启动机启动后，驱动齿轮和飞轮齿圈的主动与从动关系改变，啮合器因扭力弹簧被放松而打滑，从而使电枢轴避免了超速运转的危险。

弹簧式离合器具有结构简单、制造工艺简单、成本低等优点，但由于扭力弹簧所需圈数较多，使其轴向尺寸增大，因此，在小型启动机上应用受到一定的限制。

三、启动机的控制装置

启动机的控制装置为一开关，它通常固定在启动机的上方，有机械式和电磁式两种形式。

1. 机械式开关

机械式开关的结构，如图 2-28 所示。

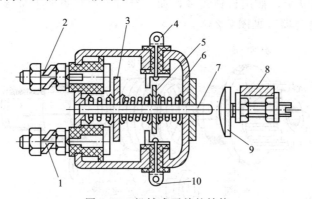

图 2-28 机械式开关的结构
1,2—主接线柱；3—主接触盘；4,10—辅助接线柱；5—辅助接触盘；6—外壳；
7—推杆；8—拨叉；9—顶压螺钉

开关上有四个接线柱：主接线柱 1、2 分别接蓄电池的正极和启动机的磁场绕组的一端；辅助接线柱 4、10 分别接点火线圈附加电阻的两端。开关内装有一个可在外壳 6 上轴向滑动的推杆 7，其上绝缘地套有主辅接触盘 3、5，两接触盘的两侧内均装有弹簧。开关不工作时在推杆上的回位弹簧的作用下，两对触点均处于分开状态。

启动发动机时下启动踏板，通过杆系传动而推动拨叉，拨叉上的顶尖，拨叉上的顶压螺钉 9 顶动开关的推杆移动，使两接触盘先后将辅助接线柱和主接线柱接触，启动机通电、电枢轴旋转而带动发动机运转。辅助接线柱被接通时点火线圈的附加电阻被隔除，克服启动时由于蓄电池端电压急剧下降对点火装置工作的影响，改善发动机的启动性能。

发动机启动后放松启动踏板，拨叉在回位弹簧的弹力作用下复位，顶压螺钉离开推杆，两接触盘在回位弹簧的推动下与触点脱开，启动机因主电路被切断而停止运转。与此同时，点火线圈的附加电阻也串联到点火线圈的电路中。

2．电磁式开关

电磁式开关的结构，如图 2-29 所示。

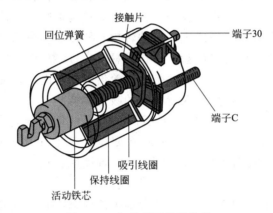

图 2-29 电磁式开关的结构

现结合电磁式开关在启动机电路中的布置（虚框内）介绍其工作原理如下（见图 2-30）。

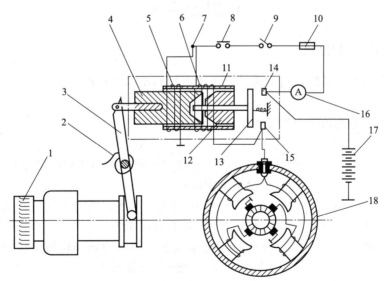

图 2-30 电磁式开关在启动机电路中的（虚框内）工作原理

1—驱动齿轮；2—回位弹簧；3—拨叉；4—活动铁芯；5—保持线圈；6—吸引线圈；
7，14，15—接线柱；8—启动按钮；9—启动总开关；
10—熔断器；11—黄铜套；12—挡铁；13—接触盘；
16—电流表；17—蓄电池；18—启动机

在黄铜套 11 上绕有方向相同的吸引线圈 6 和保持线圈 5。其中的吸引线圈和电枢绕组串联（主电路未接通时），保持线圈的一端搭铁，另一端与吸引线圈接在同一接线柱 7 上。在黄铜套内装有活动铁芯 4，其后端与传动拨叉相连接。挡铁 12 是固定不动的，其中心孔内装有推杆，推杆端部的接触盘 13 用来接通启动机的主电路。

启动发动机时接通启动总开关 9、按下启动按钮 8，吸引线圈和保持线圈的电路被接通，其电流通路为：蓄电池正极 17→接线柱 14→电流表 16→启动总开关→启动按钮→接线柱 7，此后分为两路：一路为保持线圈→搭铁→蓄电池负极；另一路为吸引线圈→接线柱 15→磁场和电枢绕组→搭铁→蓄电池负极。

活动铁芯在两个线圈产生的同向电磁力的吸引下克服回位弹簧的推力而右行，一方面带动拨叉将单向离合器推出，使驱动齿轮与飞轮齿圈无冲击地啮合，这是因为吸引线圈的电流经过电动机的磁场绕组和电枢绕组产生一定的转矩，所以驱动齿轮是在缓慢旋转的过程中与飞轮齿圈啮合的；另一方面推动接触盘，将接线柱 14、15 接通，于是蓄电池的大电流流过启动机的电枢绕组和磁场绕组产生转矩并带动飞轮齿圈旋转而启动发动机。与此同时，吸引线圈被短接，电磁开关的工作位置靠保持线圈的吸力维持。

发动机启动后在松开启动开关按钮的瞬间，吸引线圈和保持线圈因串联关系所产生的磁通方向相反，互相抵消，于是活动铁芯在回位弹簧的作用下迅速回位，迫使驱动齿轮退出啮合。接触盘在其右端小弹簧的作用下脱离接触，启动机因切断了主电路而停止运转。

电磁式开关操作方便、工作可靠，并适合远距离操纵，故目前被广泛应用。

知识拓展

典型启动机

一、电枢移动式启动机

工程机械大功率柴油机的启动系统多采用电枢移动式启动机。

1. 结构

电枢移动式启动机的结构如图 2-31 所示。

其特点如下。

① 启动机不工作时电枢在弹簧的作用下，停留在磁极中心轴靠前错开的位置。

② 换向器较长，以便移动后仍能与电刷接触。

③ 驱动齿轮与飞轮齿圈的啮合是由电枢在磁场作用下，进行轴向移动来实现的。发动机启动后靠回位弹簧的拉力，使驱动齿轮脱离啮合并回至原位。

④ 有主、辅两种磁场绕组：串联的主磁场绕组和串联的辅助磁场绕组以及并联的辅助磁场绕组。由于扣爪和挡片的作用，辅助磁场绕组首先接通。

⑤ 电磁开关：励磁绕组由启动开关控制，活动触点为一接触桥，其上端较长、下端较短，以使启动机电路分为两个阶段接通。

⑥ 采用摩擦式单向离合器。

2. 工作过程

该启动机不工作时如图 2-32(a) 所示状态，其工作过程大致分三个阶段。

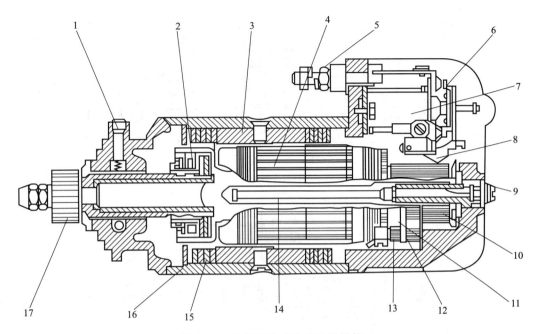

图 2-31 电枢移动式启动机的结构
1—油塞；2—摩擦片式单向离合器；3—磁极；4—电枢；5—接线柱；6—接触桥；
7—电磁开关；8—扣爪；9—换向器；10—圆盘；11—电刷弹簧；12—电刷；13—电刷架；
14—复位弹簧；15—磁场绕组；16—机壳；17—驱动齿轮

（1）啮合

发动机启动时按下启动按钮，电磁铁 4 产生吸力并吸引接触桥 6，但由于扣爪 8 顶住了挡片 7，接触盘仅能上端闭合（见图 2-33），此时辅助磁场绕组电路接通，并联辅助磁场绕组 3 和串联辅助磁场绕组 2 产生的电磁力克服回位弹簧的拉力，吸引电枢向后移动使启动机驱动齿轮啮入飞轮齿圈。由于辅助磁场绕组用细铜线绕制，电阻大、流过的电流小，启动机仅以较低的转速旋转，使驱动齿轮柔和地啮入飞轮齿圈。

（2）启动

当电枢移动使驱动齿轮与飞轮齿圈完全啮合后，固定在换向器端面的圆盘 10 顶动扣爪 8 而使挡片 7 脱扣，于是接触桥 6 的下端也闭合（见图 2-34），接通主磁场绕组 1 的电路。启动机便以正常的转矩启动发动机［见图 2-32(c)］。在启动过程中，摩擦片式离合器 13 压紧并传递扭矩。

（3）脱开

发动机启动后，驱动齿轮因飞轮高速转动旋转而其转速迅速升高，单向摩擦片式离合器被旋松，曲轴转矩便不能传到电枢上，启动机处于空转状态。启动机因空载而转速增高，电枢中反电动势增大，串联辅助磁场绕组中的电流减小。当电流减小到磁力不能克服回位弹簧的拉力时，电枢又移回原位，驱动齿轮与飞轮齿圈脱开，扣爪也回到锁止位置，直到松开启动按钮启动机才停止运转（见图 2-35）。

二、齿轮移动式启动机

齿轮移动式启动机是在电枢移动式启动机的基础上发展起来的，它依靠电磁开关推动啮合杆，进而带着驱动齿轮与飞轮齿圈啮合。

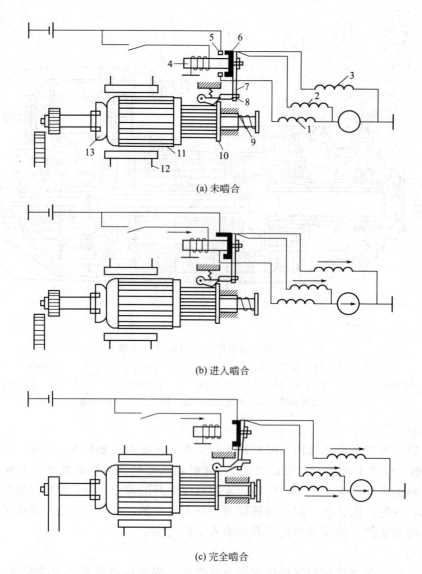

(a) 未啮合

(b) 进入啮合

(c) 完全啮合

图 2-32 电枢移动式启动机工作原理
1—主磁场绕组；2—串联辅助磁场绕组；3—并联辅助磁场绕组；4—电磁铁；
5—静触点；6—接触桥；7—挡片；8—扣爪；9—复位弹簧；10—圆盘；
11—电枢；12—磁极；13—摩擦片式离合器

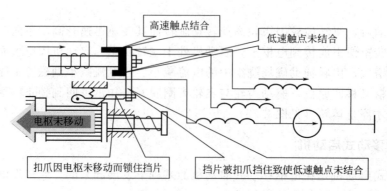

图 2-33 啮合过程

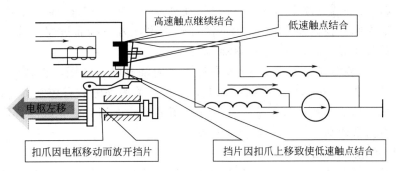

图 2-34 启动过程

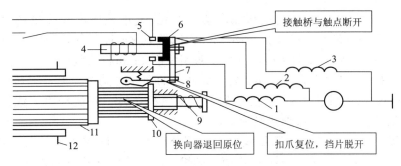

图 2-35 驱动齿轮脱开过程

1. 齿轮移动式启动机的结构

图 2-36 是德国波许（Bosch）公司生产的 TB 型齿轮移动式启动机的结构，其电枢轴是空心的，其内装有一啮合杆 3，杆上套有花键套筒 27，此套筒的螺纹上套装摩擦片式单向离合器 5，启动机驱动齿轮轮毂 2 套在啮合杆上，并用锁止垫片使其固定。驱动齿轮轮毂用键与螺纹花键套筒连接，并用螺母锁紧，以防脱出。螺纹花键套筒的一端支撑在电枢轴内孔的

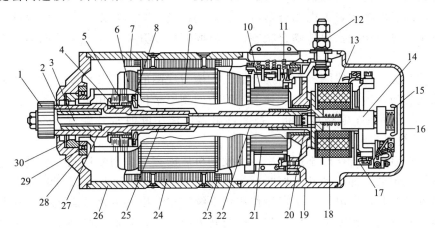

图 2-36 TB 型齿轮移动式启动机结构

1—驱动齿轮；2—驱动齿轮轮毂；3—啮合杆；4—内接合毂；5—摩擦片式单向离合器；
6—压环；7—外接合毂；8—弹性圈；9—电枢；10—电刷；11—电刷架；12—接线柱；
13—电磁开关；14—活动铁芯；15—开关闭合弹簧；16—前端盖；17—控制继电器；
18—开关切断弹簧；19—换向器端盖；20、25、29、30—轴承；
21—换向器；22—回位弹簧；23—磁场绕组；24—磁极；26—外壳；
27—螺旋花键套筒；28—后端盖

滚柱轴承 25 内，另一端支撑在后端盖 28 内滚柱轴承 30 中，使其既能转动又能移动。

电枢轴一端支撑在换向器端盖 19 内的滚针轴承中，另一端通过摩擦片式单向离合器外接合毂 7 上的盖板支撑在后端盖 28 的球轴承 29 内。

电磁开关 13 安装在换向器端盖 19 的右侧，其内绕有吸引线圈、保持线圈和阻尼线圈。电磁开关的活动铁芯 14 和啮合杆在同一轴上，电磁开关的外侧装有控制继电器和锁止装置。锁止装置由扣爪、挡片和释放杆组成。控制继电器的铁芯上绕有磁化线圈，用来控制两对触点的开闭，一对为常闭触点，另一对为常开触点。

2. 齿轮移动式启动机的工作过程

发动机启动前［见图 2-37(a)］为使启动机的驱动齿轮与飞轮齿圈啮合柔和，启动机的接入分为两个阶段。

① 第一阶段［见图 2-37(b)］。接通启动开关 6，蓄电池电流经接线柱"50"、控制继电器 5 的磁力线圈和电磁开关的保持线圈 12。常闭触点 K_1 被分开，切断了制动绕组 16 的电路。常开触点 K_2 闭合，接通了电磁开关中吸引线圈 14 和阻尼线圈 13 的电路。电流流经蓄电池正极接线柱"30"、常开触点 K_2 后分成并联的两路，其中一路流经吸引线圈 14、磁场绕组 17、电枢 2、接线柱"31"、搭铁到蓄电池负极，另一路流经阻尼线圈 13、磁场绕组、电枢、接线柱"31"、搭铁到蓄电池负极。

在保持线圈 12、吸引线圈、阻尼线圈等三部分磁力的共同作用下，电磁开关中的活动铁芯 11 被吸向左移动，推开啮合杆 15，使发动机驱动齿轮向飞轮方向移动。与此同时，由于吸引线圈和阻尼线圈、电枢绕组串联，相当于串联了一个电阻，使流向启动机的电流很小，所以电枢缓慢转动，驱动齿轮低速旋转并向左移动，从而柔和地啮入飞轮齿圈。

② 第二阶段［见图 2-37(c)］，当驱动齿轮与飞轮齿圈完全啮合后，释放杆 8 立即将扣爪 10 顶开，使挡片 9 脱扣。于是电磁开关的主触点 K_3 闭合，启动机主电路接通。启动机产生的转矩通过摩擦片式单向离合器启动飞轮齿圈，此时吸引线圈和阻尼线圈被短路，驱动齿轮靠保持线圈的吸力保持在啮合位置。

发动机启动后摩擦片式单向离合器打滑，启动机处于空转状态，但只要启动开关保持接通，驱动齿轮与飞轮齿圈仍保持啮合状态，只有断开启动开关、驱动齿轮退回，启动机才停止转动。

断开启动开关后保持线圈和控制继电器 5 的磁力线圈的电路被切断，磁力消失，电磁开关中的活动铁芯与驱动齿轮均靠回位弹簧的弹力回到原来位置，扣爪也回到原位，电磁开关触点 K_3 打开，启动机主电路被切断。控制继电器电流中断时常开触点 K_2 打开、常闭触点 K_1 闭合，制动绕组与电枢绕组并联。

制动绕组在启动机工作时不起作用，但发动机启动完毕、切断启动开关时，能使启动机很快制动而停止转动，即启动开关切断后常闭触点 K_1 闭合，制动绕组与电枢绕组并联，启动机主电路虽已断开，但电枢由于惯性作用仍继续转动，以发电机状态运行，其电磁转矩方向因电枢内电流方向的改变而改变，与电枢旋转方向相反，起能耗制动作用，使启动机迅速停止转动。

3. 齿轮减速式启动机

齿轮减速式启动机是靠电磁吸力推动单向离合器，使小齿轮啮入飞轮齿圈的。齿轮减速式启动机的结构特点是在电枢和驱动齿轮之间装有一级减速齿轮（一般减速比为 3~4），它的优点是：可采用小型高速低转矩的电动机，使启动机的体积减小、质量约减少 35%，并便于安装；提高了启动机的启动转矩，有利于发动机的启动；电枢轴较短，不易弯曲；减速

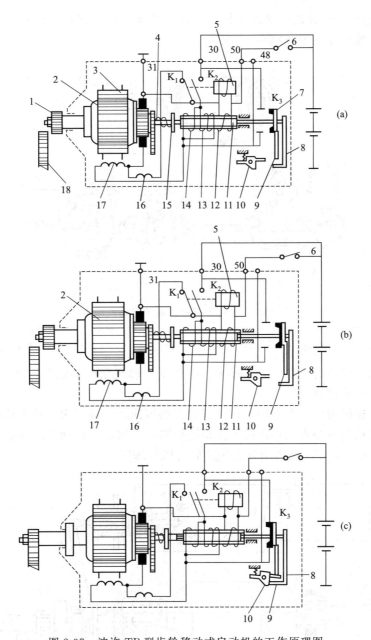

图 2-37 波许 TB 型齿轮移动式启动机的工作原理图

1—驱动齿轮;2—电枢;3—磁极;4—回位弹簧;5—控制继电器;6—启动开关;7—接触盘;
8—释放杆;9—挡片;10—扣爪;11—活动铁芯;12—保持线圈;13—阻尼线圈;14—吸引线圈;
15—啮合杆;16—制动绕组;17—磁场绕组;18—飞轮;K_1—常闭触点;
K_2—常开触点;K_3—电磁开关触点

齿轮的结构简单、效率高,保证了良好的力学性能,同时拆装修理方便。

齿轮减速式启动机减速机构根据结构可分为外啮合式、内啮合式和行星齿轮啮合式三种类型。

外啮合式齿轮减速机构在电枢轴和启动机驱动齿轮之间利用惰轮作中间传动,且电磁开关铁芯与驱动齿轮同轴心,直接推动驱动齿轮进入啮合,无需拨叉,因此,启动机的外形与普通的启动机有较大的差别。

图 2-38 是车用外啮合式减速启动机。但有些外啮合式减速机构中间不加惰轮，驱动齿轮必须通过拨叉拨动才能进行啮合。

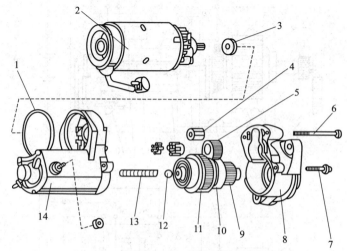

图 2-38　车用外啮合式减速启动机结构
1—O形橡胶圈；2—电动机；3—毡垫圈；4—主动齿轮；5—惰轮；6—拉紧螺栓；7—螺栓；
8—传动外壳；9—驱动齿轮；10—单向离合器；11—从动齿轮；12—钢球；13—回位弹簧；14—电磁开关

外啮合式减速机构的传动中心距较大，因此受启动机结构的限制，其减速比不能太大，一般用在小功率的启动机上。

内啮合式减速机构传动中心距小，可有较大的减速比，故适用于较大功率的启动机。但内啮合式减速机构的驱动齿轮仍需拨叉拨动进行啮合，因此，启动机的外形与普通启动机相似。图 2-39 是国产 QD254 型内啮合式减速启动机原理图。

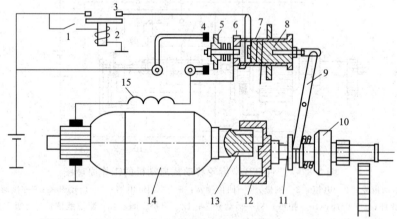

图 2-39　国产 QD254 型内啮合式减速启动机原理图
1—启动开关；2—启动继电器；3—启动继电器触点；4—主触点；5—接触盘；
6—吸拉线圈；7—保持线圈；8—活动铁芯；9—拨叉；10—单向离合器；
11—螺旋花键轴；12—内啮合减速齿轮；13—主动齿轮；14—电枢绕组；15—励磁绕组

行星齿轮啮合式减速启动机结构紧凑、传动比大、效率高。由于输出轴与电枢轴同心、同旋向，电枢轴无径向载荷，可使整机尺寸减小。除了结构上增加行星齿轮减速机构之外，由于行星齿轮啮合式减速启动机的轴向位置结构与普通启动机相同，因此配件可通用。行星齿轮啮合式减速启动机结构见图 2-40。

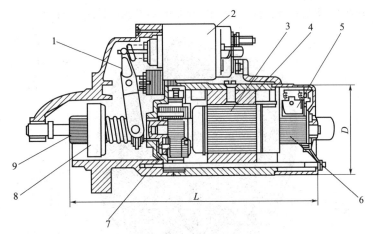

图 2-40 行星齿轮啮合式减速启动机结构

1—拨叉；2—电磁开关；3—电枢；4—磁铁；5—电刷；6—换向器；
7—行星齿轮减速机构；8—单向离合器；9—驱动齿轮

行星齿轮式减速启动机的拨叉位置如图 2-41 所示。

行星齿轮式减速启动机的减速装置结构如图 2-42 所示。

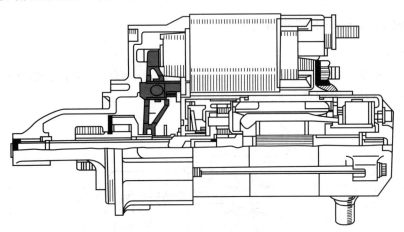

图 2-41 行星齿轮式减速启动机的拨叉位置

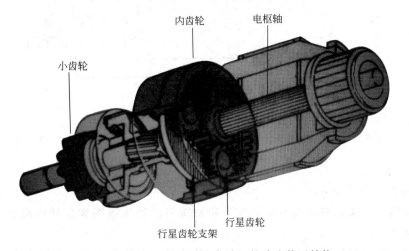

图 2-42 行星齿轮式减速启动机的减速装置结构

行星齿轮式减速启动机的减速装置中内齿圈的结构如图 2-43 所示。

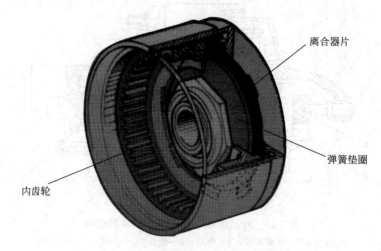

图 2-43　减速装置中内齿圈的结构

几种启动机的控制电路分析

一、直接由启动开关控制的启动电路

1. 电路组成

3Y12/15 型压路机的启动电路如图 2-44 所示，启动电路由蓄电池、启动机、启动按钮、连接导线组成，启动机由钥匙开关或启动按钮直接控制。

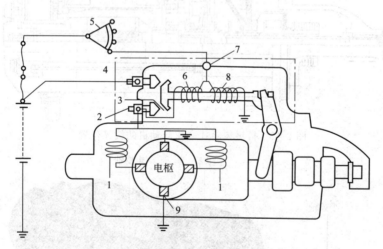

图 2-44　3Y12/15 型压路机的启动电路
1—励磁线圈；2—C 接线柱；3—旁通接柱；4—30 接线柱；5—点火开关；6—吸拉线圈；
7—50 接线柱；8—保持线圈；9—磁极

2. 工作电路（见图 2-44）

启动发动机时，接通电源总开关，按下启动按钮，吸拉线圈和保持线圈的电路被接通，此时电流通路为：

蓄电池"+"→主接线柱→电流表→电源总开关→启动按钮→启动接线柱。

此后分为两条支路，一路为保持线圈→搭铁→蓄电池"－"；另一路为吸拉线圈→主接线柱→串励式直流电动机→搭铁→蓄电池"－"。

这时活动铁芯在两个线圈产生的同向电磁力的作用下，克服复位弹簧的推力而右行，一方面带动拨叉将单向离合器向左推出，使驱动齿轮与飞轮齿圈可以无冲击地啮合，这是因为吸拉线圈与电动机的磁场绕组、电枢绕组相串联，电流较小，产生的转矩也较小，所以驱动齿轮是在缓慢旋转的过程中与发动机飞轮齿圈啮合的；另一方面活动铁芯推动接触盘向右移动，当接线柱被接触盘接通后，吸拉线圈被短路，于是蓄电池的大电流经过启动机的电枢绕组和励磁绕组，产生较大的转矩，带动曲轴旋转而启动发动机。此时，电磁开关的工作位置靠保持线圈的吸力维持。

发动机启动后，在松开启动按钮的瞬间，吸拉线圈和保持线圈是串联关系，电流通路为蓄电池"＋"→主接线柱7→接触盘→主接线柱4→吸拉线圈→保持线圈→搭铁→蓄电池"－"，两个线圈所产生的磁通方向相反，互相抵消。于是活动铁芯在回位弹簧的作用下迅速回到原位，使得驱动齿轮退出啮合，接触盘在其右端弹簧的作用下脱离接触回位，启动机的主电路被切断，启动机停止工作。

二、带启动继电器的启动电路

1. 电路组成

带启动继电器的启动电路如图2-45所示。启动继电器由一对常开触点1、一个线圈2和四个接线柱等组成。四个接线柱的标记分别是"启动机"、"电源"、"搭铁"、"点火开关"（或"S"、"B"、"E"、"SW"），常开触点1通过"启动机"和"电源"接线柱分别与启动机电磁开关接线柱9和蓄电池正极连接，控制电磁开关线圈电路的通断。继电器线圈2一端通过"搭铁"接线柱搭铁，另一端通过"点火开关"接线柱接点火开关3，由点火开关控制线圈电路的通断。

2. 工作电路

启动时，将点火开关3置于启动位置，启动继电器的线圈通电，启动继电器线圈电流路径为：

蓄电池"＋"→主接线柱4→电流表→点火开关→启动继电器"点火开关"接线柱→继电器线圈2→启动继电器"搭铁"接线柱→搭铁→蓄电池"－"。

启动继电器的线圈通电后产生的电磁吸力使触点1接通，蓄电池经过启动继电器触点1为启动机电磁开关线圈供电。启动机电磁开关线圈的电路电流路径分别为：

蓄电池"＋"→主接线柱4→启动继电器"电源"接线柱→触点1→启动继电器"启动机"接线柱→接线柱9→吸拉线圈13→接线柱8→导电片7→主接线柱5→电动机→搭铁→蓄电池"－"。

蓄电池"＋"→主接线柱4→启动继电器"电源"接线柱→触点1→启动继电器"启动机"接线柱→接线柱9→保持线圈14→搭铁→蓄电池"－"。

吸拉线圈13和保持线圈14通电后，两线圈产生方向相同的磁通，使活动铁芯15在磁力的作用下向左移动，一方面通过调节螺钉17和连接片18拉动拨叉19绕支点转动，拨叉下端拨动单向离合器21向右移动，当驱动齿轮与飞轮齿圈接近完全啮合时，接触盘10与主接线柱4、5接触，启动机主电路接通，电流路径为：

电池"＋"→主接线柱4→接触盘10→主接线柱5→励磁线圈→绝缘电刷→电枢绕组→搭铁电刷→搭铁→蓄电池"－"。

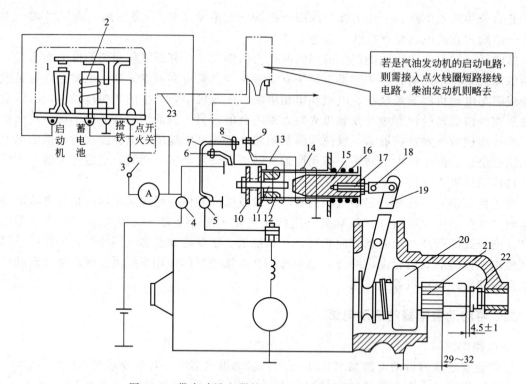

图 2-45 带启动继电器的 QD124 型启动机启动电路

1—启动继电器触点；2—启动继电器线圈；3—点火开关；4,5—主接线柱；
6—点火线圈附加电阻短路接线柱；7—导电片；8,9—接线柱；10—接触盘；
11—推杆；12—固定铁芯；13—吸拉线圈；14—保持线圈；15—活动铁芯；16—回位弹簧；
17—调节螺钉；18—连接片；19—拨叉；20—定位螺钉；
21—单向离合器；22—驱动齿轮；23—限位环

启动机主电路接通后，吸拉位置线圈被短接，电磁开关的工作靠保持线圈的电磁力来维持，同时电枢轴产生足够的电磁力矩，带动曲轴旋转而启动启动机。

发动机启动后，放松点火开关，点火开关将自动转回一个角度（至点火位置），切断启动继电器线圈电流，启动继电器触点打开，吸拉线圈和保持线圈变为串联关系，产生的电磁力相互抵消。在回位弹簧 16 的作用下，活动铁芯右移复位，启动机主电路切断；与此同时，拨叉带动单向离合器向左移动，使驱动齿轮与飞轮齿圈分离，启动过程结束。

三、带安全驱动保护功能的启动电路

1. 电路特点

① 发动机启动后，能使启动机自动停止工作。
② 发动机工作时，即使错误地接通了启动开关，启动机也不会工作。

2. 电路组成

带组合继电器的启动机控制电路如图 2-46 所示。组合继电器由启动继电器和保护继电器两部分组成，启动继电器的触点 K1 是常开的，用来控制启动机电磁开关工作。保护继电器的触点 K2 是常闭的，用来保护启动机并控制充电指示灯。它的磁化线圈一端搭铁，另一端接至发电机三相定子绕组的中性点，承受硅整流发电机中性点电压。保护继电器的作用是保护启动机并控制充电指示灯。

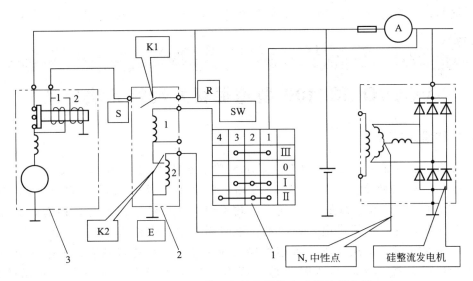

图 2-46 JD136 型带组合继电器的启动机控制电路
1—点火开关；2—组合继电器；3—启动机；K1—启动继电器触点；K2—保护继电器触点

组合继电器共有六个接线柱，标记分别是"S"、"B"、"E"、"SW"、"N"、"L"（或"启动机"、"蓄电池"、"搭铁"、"点火开关"、"中性点"、"指示灯"），其中"S"与启动机电磁开关连接，"B"与蓄电池正极连接，"E"接线柱搭铁；"SW"与点火开关连接；"L"接线柱可以与充电指示灯（图中未画出）连接，通过保护继电器触点控制充电指示灯。

在组合继电器中，启动继电器线圈的一端接"SW"接线柱，由点火开关控制与蓄电池正极连接，另一端经过保护继电器和"E"接线柱搭铁；保护继电器的线圈由发电机中性点电压直接控制。

3．工作电路

启动时，将点火开关置于启动位置，组合继电器的启动继电器线圈电路接通，电流路径为：

蓄电池"+"→主接线柱→熔断器→电流表→点火开关→组合继电器"SW"接线柱→启动继电器线圈→保护继电器触点→组合继电器"E"接线柱→搭铁→蓄电池"-"。

在电磁力作用下启动继电器触点闭合，于是接通电磁开关中吸拉线圈和保持线圈的电路，使电磁开关动作，启动机带动发动机运转。

发动机启动后，放松点火开关，点火开关将自动退出启动位置，切断启动继电器线圈电流，启动机主电路切断，在复位弹簧的作用下拨叉带动单向离合器复位，使驱动齿轮与飞轮齿圈分离，启动过程结束。

发动机启动后，若点火开关仍处于启动挡位置，则启动机将会自动停止运转。这是因为发动机正常运转后，交流发电机电压已经建立起来，发电机中性点加在保护继电器的线圈上，其电路为：发电机中性点→组合继电器接线柱"N"→保护继电器线圈→组合继电器接线柱"E"→搭铁→发电机"-"。保护继电器线圈产生的电磁吸力使常闭触点打开，切断了启动继电器线圈的电路，于是启动继电器的触点打开，电磁开关的线圈断电，启动机停止工作。

发动机正常工作过程中，由于保护继电器的触点已经打开，使启动继电器无法搭铁。所以，即使由于误操作而将点火开关转至启动位置，启动机电磁开关也不会通电，启动机主电路就不能接通，从而防止了启动机齿轮和飞轮齿圈的撞击，对启动机起到保护作用。

校企链接

VOLVO EC210B 型挖掘机发动机无法启动

一、启动机无反应

故障现象：仪表显示单元（I-ECU）显示正常、无报警，但启动机无反应。

故障检修：这种现象一般是由启动线路、启动继电器和启动机故障引起。沃尔沃 EC210B 型挖掘机启动电路如图 2-47 所示。排查时先从启动线路查起，钥匙开关 SW3301 在 START 位置时由 C 端子供电，在启动位置时用万用电表检查 SW3301 B+端子与 C 端子通、断。如果正常，继续往下检查连线接头 MR03.2 针脚连接到启动继电器 RE3301 的供电，如果供电正常，看启动继电器是否吸合。如果不吸合，应检查其他元件是否有故障。

先查看安全手柄是否在开启位置，如手柄开启，图 2-47 中的 SCH12 18A 端子就向启动继电器供电，使继电器不能正常吸合。再看发电机 D+端子是否向启动继电器供电，此时发动机未运转，D+端子应不带电。如带电，应检查发电机电路及相关回路。

如果启动继电器正常吸合，可查其后控制启动机的吸拉线圈是否带电，如无供电，就检查启动继电器 MA26 针脚到蓄电池继电器及到蓄电池连线的供电情况。如果吸拉线圈供电正常但启动机不运转，则是启动机内部故障或启动机主供电（蓄电池到 B+端子）线路有故障。

如果设备安装了 GPS 出现启动无反应现象，出现此故障则还有两种可能：一是 GPS 硬件故障；二是主机制造厂家进行了远程锁车。

二、启动机转动但不着车

故障现象：仪表显示单元（I-ECU）显示正常无报警，启动机运转但不着车。

故障检修：此故障一般是由发动机燃油系统供油路故障引起，其可分为低压油路故障和高压油路故障。若吸油管路和供油管路连接不紧固，会造成管路进气而不能启动机器。高压油路故障一般是喷油泵或喷油器早期磨损造成。

如果启动时冒黑烟但不着车，这说明启动控制与供油路正常，在排除柴油管路进气、堵塞的前提下，可能是启动负载比较大，其原因包括：机油黏度过高或外界温度比较低；液压系统控制阀阀芯卡滞没有回到中位等。

单体泵的供电不正常也会导致不着车，此时可用沃尔沃的专用工具跳线盒连接 E-ECU（发动机控制单元）测量单体泵线圈阻值、供电电压，并检查连接接头是否连接牢固。

三、E-ECU 故障

故障现象：仪表显示单元 I-ECU 显示故障报警信息，出现故障代码 128 SID 250 9/128 SID 231 9，启动电机运转但不着车。这是由于 E-ECU 供电线路、通信线路、E-ECU 硬件和 E-ECU 程序故障所致。

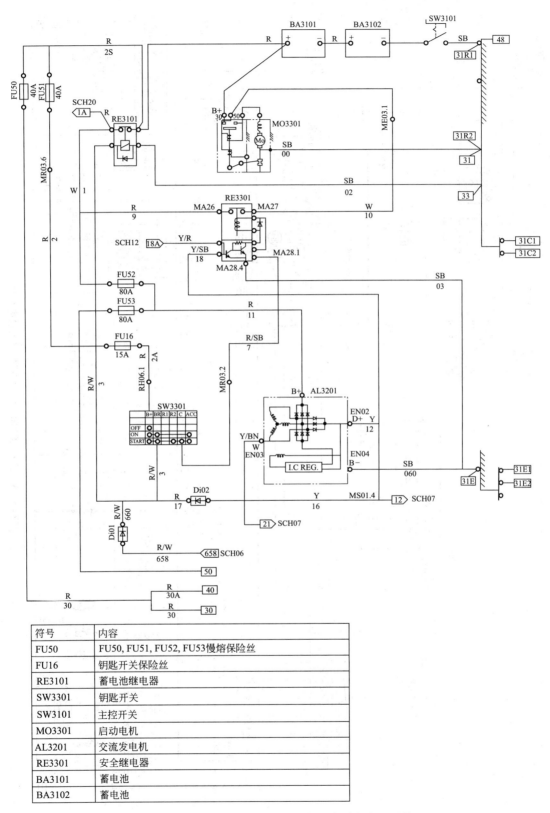

图 2-47 VOLVO EC210B 型挖掘机启动与充电系统

符号	内容
FU50	FU50、FU51、FU52、FU53慢熔保险丝
FU16	钥匙开关保险丝
RE3101	蓄电池继电器
SW3301	钥匙开关
SW3101	主控开关
MO3301	启动电机
AL3201	交流发电机
RE3301	安全继电器
BA3101	蓄电池
BA3102	蓄电池

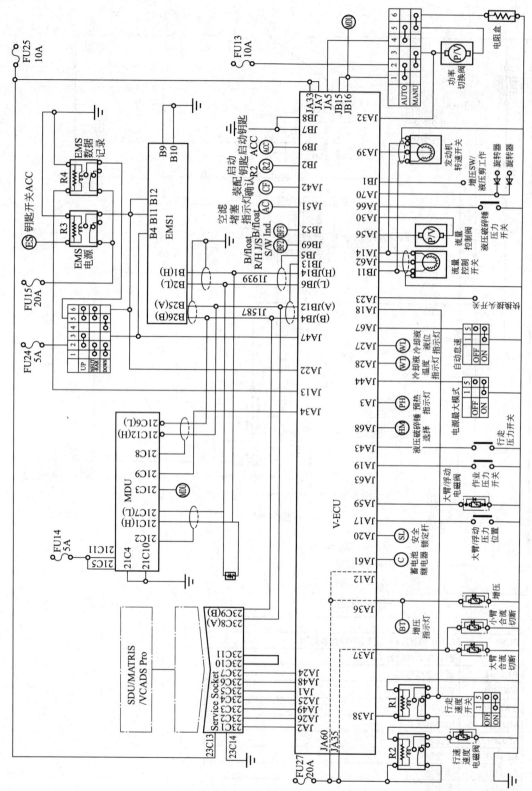

图2-48 VOLVO EC210B型挖掘机V-ECU供电系统示意图

VOLVO EC210B 型挖掘机控制电路如图 2-48 所示，故障排除由易到难。先检查 E-ECU 供电 FU15（20 A）保险丝，并用万用电表在此测量电压。若没电，就查该保险丝到配电箱慢熔保险丝之间的线路，然后再检查慢熔保险丝到蓄电池继电器和蓄电池之间的连接线路。

如果保险丝有电，则查配电箱内的 R3、R4 继电器是否损坏，如损坏，可以用喇叭、空调、大灯等继电器代换，然后再用沃尔沃专用工具跳线盒连接 E-ECU，测试 E-ECU 的供电电压和接地状况。

如果供电、接地均正常，则可判断 E-ECU 有故障，此时应先用沃尔沃专用诊断设备 VCADSPro 对 E-ECU 进行程序编程，如果程序刷新后故障依旧，可更换硬件排除故障。但是特别要注意的是，在没有排除线路故障之前千万不可以互换硬件，以防烧毁 E-ECU。

若出现故障代码 187 SID 251 1 时机器无法启动，应是蓄电池电压过低导致电脑版得电不足。此时应检查蓄电池连接线是否牢固，蓄电池是否严重亏电，并及时充电或更换新的蓄电池。更换时建议成组更换，不可单一更换，否则蓄电池损坏频率更高。

表 2-2 为 VOLVO EC210B 型挖掘机 V-ECU 供电系统符号说明。

表 2-2　VOLVO EC210B 型挖掘机 V-ECU 供电系统符号说明

符　　号	说　　明	符　　号	说　　明
FU15	EMS 电源继电器保险丝	SW3301	钥匙开关
SW2704	紧急控制开关	FU24	保险丝-紧急手动开关
RE3701	继电器-EMS 电源	V-ECU	车辆控制单元
RE3702	继电器-EMS 数据储存		

故障诊断

启动系统常见故障与诊断

各型工程机械启动系统常见故障有启动机不转、启动机运转无力、启动机空转和驱动齿轮与飞轮齿圈不能啮合而发出撞击声。

一、启动机不转

1. 现象

当钥匙开关打到启动位置（START 挡）时，启动机不转。

2. 常见原因

① 蓄电池严重亏电或蓄电池正、负极柱上的电缆接头松动或接触不良，甚至脱落。

② 启动继电器的触点不能闭合或烧蚀、沾污而接触不良或线圈断路。

③ 电动机电磁开关的吸拉线圈和保持线圈有搭铁、断路、短路现象；主触点严重烧蚀或触点表面不在同一平面内，使接触盘不能将两个触点有效地接通。

④ 直流电动机内部的励磁绕组或电枢绕组有断路、短路或搭铁故障；换向器严重烧蚀或电刷弹簧压力过小或电刷在电刷架中卡死而导致电刷与换向器接触不良；电刷引线断路或绝缘电刷（即正电刷）搭铁。

⑤ 外部线路有短路、断路或接线端子松脱。

3. 故障诊断与排除方法

各型工程机械启动系统故障的诊断与排除方法基本相同。出现启动机不转故障时，检查与判断方法如下。

① 接通工程机械前照灯或喇叭，若前照灯发亮或喇叭响，说明蓄电池存电较足，故障不在蓄电池；若前照灯灯光变暗或喇叭声音变小，说明蓄电池亏电，应拆下充电或更换一个电量充足的蓄电池；若灯不亮或喇叭不响，说明蓄电池或电源线路有故障，应检查蓄电池搭铁电缆和正极电缆的连接有无松动脱落，如电缆松动脱落拧紧即可；如蓄电池有故障，需要更换或修理。

② 如蓄电池正常，故障可能在启动机、电磁开关或外部电路中。可用螺钉旋具将启动机的两个主接线柱接通，使启动机空转。若启动机不转，则确定电动机有故障；若启动机空转正常，说明电磁开关或控制电路有故障。

③ 如确定电动机存在故障时，可根据螺钉旋具搭接两个主接线柱时火花的强弱来进一步判别电动机的故障情况。若搭接时无火花，说明励磁绕组、电枢绕组或电刷引线等有断路故障；若搭接时有强火花而启动机不转，说明启动机内部有短路或搭铁故障。一般要将启动机从车上拆下后，将其解体再进一步检修。

④ 诊断是电磁开关还是外部电路故障时，可用导线将蓄电池正极与电磁开关的输入接线柱接通（时间不超过 3～5s），如接通时启动机不运转，说明电磁开关有故障，应拆下检修或更换电磁开关；如接通时启动机转动，说明电磁开关的输入接线柱至蓄电池正极之间外部线路或点火开关有故障。这部分故障可用外用表或试灯逐段进行诊断，找到故障后，更换相应的导线或开关。

二、启动机运转无力

1. 现象

将点火开关置于启动挡或启动按钮接通，启动机转速太慢而不能使发动机启动。

2. 常见原因

① 蓄电池存电不足或有短路故障使其供电能力降低或蓄电池正负极柱松动、氧化或腐蚀使其供电电路不能正常导通。

② 电磁开关故障，如接触盘与主接线柱烧蚀或有油垢造成接触不良。

③ 直流电动机内部故障，如换向器脏污或烧蚀，电刷磨损严重造成接触不良；励磁绕组或电枢绕组局部短路使启动机输出的功率降低。

3. 故障诊断与排除方法

① 检查蓄电池的技术状况是否良好。如果存电不足，应及时充电；如内部故障，更换或进一步检修。

② 检查蓄电池正负极柱是否松动、氧化或腐蚀。如正负极柱氧化或腐蚀，拆下清除干净后重新拧紧。

③ 如果蓄电池和主电路连接正常而启动机仍转动无力，用线径较大的导线将启动机的

两个主接线柱短接,如果启动机运转正常,说明主接线柱与接触盘接触不良,应进行除垢、打磨、调整或更换直至排除故障;如果启动机仍转动无力,说明故障在启动机内部,应对启动机总成进行拆解检修或更换。

三、启动机空转

1. 现象

将点火开关置于启动位置后,启动机高速转动,而发动机不转动。

2. 常见原因

① 单向离合器打滑;

② 飞轮齿圈或驱动齿轮损坏;

③ 拨叉折断或连接处脱开。

3. 故障诊断与排除方法

① 检查拨叉连接处是否脱开或折断。如果拨叉连接处脱开,装复即可;如果拨叉折断,更换拨叉。如果拨叉正常,进行下一步检查。

② 将发动机飞轮转过一个角度,重新进行启动。如果空转现象消失,说明飞轮齿圈有缺齿,应该更换飞轮齿圈或将飞轮齿圈拆下,然后将其翻转180°再重新装复即可。如果空转现象仍在,说明是单向离合器打滑,应更换单向离合器或拆解修理。

四、启动机异响

1. 现象

启动机工作时发出不正常的响声。

2. 常见原因

① 主电路接通过早。当驱动齿轮与飞轮齿圈尚未啮合或刚刚啮合时,电动机主电路就已接通,由于驱动齿轮在高速旋转过程中与静止的飞轮齿圈撞击,因此会发出强烈的打齿声。

② 飞轮齿圈或驱动齿轮损坏。

③ 蓄电池严重亏电或内部短路。

④ 电磁开关中的保护线圈短路或搭铁或断路。

3. 故障诊断与排除方法

接通启动开关,仔细辨别启动时的声响。根据不同声响,再作进一步检查,查出故障原因后采取相应措施。

① 如果启动时发动机不转,而启动机发出"哒哒哒"的响声,可用万用表检测蓄电池电压。如电压过低(低于9.6V),说明蓄电池严重亏电或内部短路,应予以更换新蓄电池。如蓄电池技术状况良好,则说明电磁开关保持线圈搭铁不良而断路或启动继电器断开电压过高,应分别检修或更换电磁开关、启动继电器即可排除故障。

② 如果启动时发出强烈的打齿声,可能是主电路接通过早或飞轮齿圈、驱动齿轮损坏。首先检查和调整电磁开关的接通时间,若故障无法消除,说明飞轮齿圈或驱动齿轮损坏,更换飞轮齿圈或驱动齿轮。

实验实训

实训一 启动机的拆装与检测

一、实验目的

学会正确拆装启动机,认识启动机的结构;学习使用万用表、百分表、游标卡尺等常用量具,会进行简单的测量。

二、实验设备

启动机、常用拆装工具、万用表、百分表及圆跳动测试仪、游标卡尺、弹簧秤等。

三、实验步骤

1. 启动机的拆卸

启动机解体前应清洁外部的油污和灰尘,然后按照下列步骤进行解体。

① 选择合适尺寸的扳手,旋出防尘盖固定螺钉,取下防尘盖,用专用钢丝钩取出电刷;拆下电枢上止推圈处的卡簧(见图2-49)。

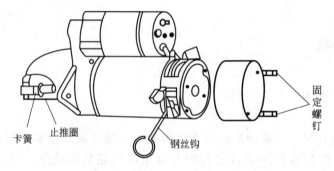

图2-49 启动机结构

② 选择合适尺寸的扳手,旋出两个紧固穿心螺栓,取下前端盖,抽出电枢(见图2-50)。

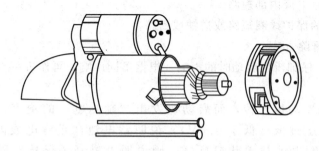

图2-50 启动机穿心螺栓

③ 拆下电磁开关主接线柱与电动机接线柱之间的导电片,旋出后端盖上的电磁开关紧固螺钉,使电磁开关后端盖与中间壳体分离(见图2-51)。

④ 从后端盖上旋出中间支承板紧固螺钉,取下中间支承板,旋出拨叉轴销螺钉,抽出拨叉,取出离合器(见图2-52)。

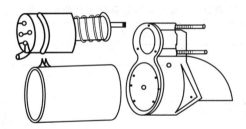

图 2-51 启动机中间壳体和后端盖

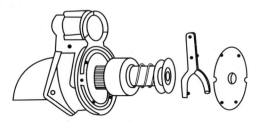

图 2-52 启动机离合器

2. 启动机部件的检测

（1）检查直流电动机定子（磁场部分）（见图 2-53 和表 2-3）

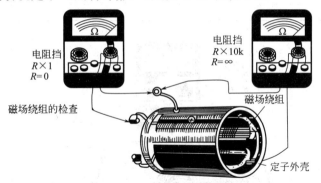

图 2-53 启动机定子检测原理图

表 2-3 用万用表测量磁场绕组的电阻

万用表挡位	测量值	规定值

用螺钉旋具测量磁场绕组是否有匝间短路（见图 2-54）。

测量结果：_____。

（2）检查直流电动机转子（电枢部分）（见图 2-55~图 2-57 和表 2-4、表 2-5）

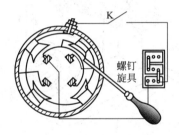

图 2-54 用螺钉旋具测量磁场绕组示意图

表 2-4　用万用表检查电枢绕组的电阻

万用表挡位	测量值	规定值

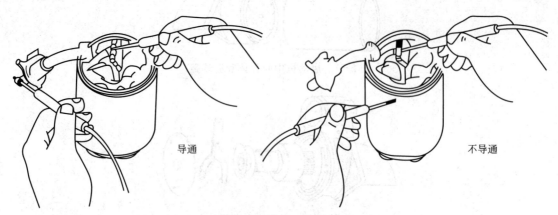

图 2-55　用万用表检查电枢绕组的电阻示意图

表 2-5　用万用表检查电枢绕组与转子轴之间的电阻

万用表挡位	测量值	规定值

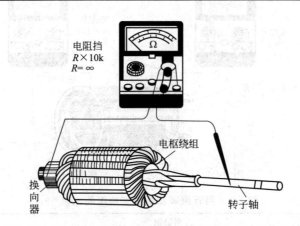

图 2-56　用万用表检查电枢绕组与转子轴之间的电阻示意图

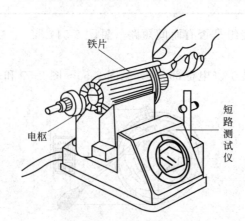

图 2-57　用测试仪检查电枢绕组是否短路示意图

用测试仪检查电枢绕组是否短路。

测量结果：_____。

（3）检查电刷架及电刷弹簧（见图2-58、图2-59和表2-6、表2-7）

表2-6 用弹簧秤检查电刷弹簧压力

测量值	规定值

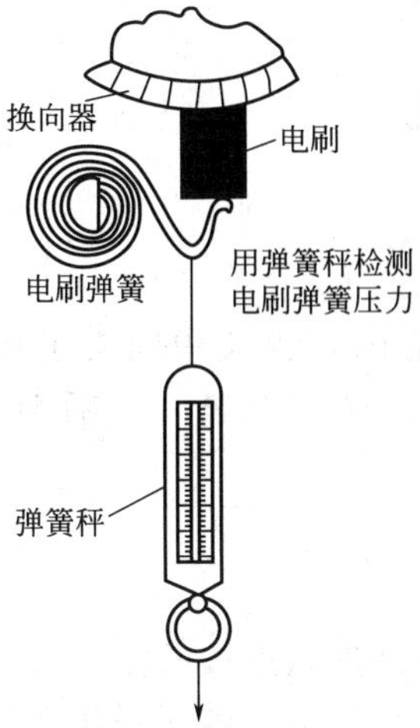

图2-58 用弹簧秤检查电刷弹簧压力示意图

表2-7 用万用表检查两组电刷的电阻值

万用表挡位	测量值	规定值

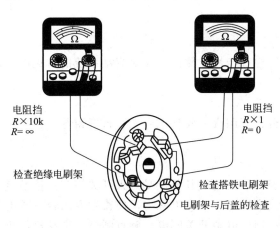

图2-59 用万用表检查两组电刷的电阻值示意图

（4）检查单向离合器

将单向离合器及驱动齿轮总成装到电枢轴上，握住电枢，当转动单向离合器外座圈时，驱动齿轮总成应能沿电枢轴自如滑动。

确保驱动齿轮无损坏的情况下，握住外座圈，转动驱动齿轮，应能自由转动，反转时不应转动，否则就有故障，应更换单向离合器（见图2-60、图2-61）。

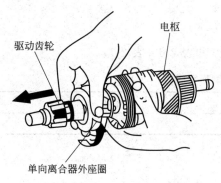
图 2-60　正向旋转离合器示意图

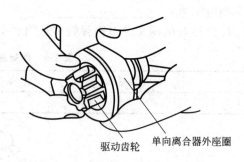
图 2-61　反向旋转离合器示意图

3. 启动机的装配

基本上可按拆卸时的相反步骤进行。

先将离合器和拨叉装入后端盖内，再装中间支承板，将电枢轴插入后端盖内，装上电动机外壳和前端盖，并用穿心螺栓结合紧，然后装入电刷和防尘盖，最后装上电磁开关。

四、思考题

1. 启动机磁场绕组的四块磁极是怎么连接的？
2. 启动机电磁开关内部有哪几个线圈？各起到什么作用？
3. 单向离合器采用什么形式？是如何工作的？

实训二　启动系统的检查与性能测试

一、实验目的

学会对启动系统进行检查与性能测试，能对启动系统的常见故障进行分析和诊断。

二、实验设备

启动机、万能实验台、万用表、发动机台架、台虎钳等。

三、实验步骤

启动机由电磁开关控制，而电磁开关又受点火开关控制。接通点火开关启动挡，电磁开关内的吸引线圈和保持线圈通电，产生电磁力，使得触点闭合，蓄电池直接向启动机提供大电流。点火开关退出启动挡，电磁开关断电，触点断开，启动机停止工作。

启动机的性能直接影响到汽车能否正常启动，因此有必要对启动机进行一系列的性能测试，测试项目主要包括空转试验和全制动试验。

1. 空转试验

该试验的目的是检查启动机内部是否有电路故障和机械故障。

① 将启动机固定在万能实验台上，连接好工作电路和测试电路。

② 接通开关，启动机转动应均匀、无抖动，电刷与换向器之间应无火花。

③ 记录实验台上电流表和电压表的读数，并测量转速值，试验时间不得超过 1min。
④ 将记录的数值与启动机铭牌上的标准数据进行比较。
⑤ 如果电流大、转速低，则说明存在装配过紧等机械故障，或电枢、磁场绕组搭铁、短路等电路故障。
⑥ 如果电流和转速都很小，则说明电路中有接触不良的故障存在。

2. 全制动试验

该试验的目的是检查启动机主电路是否正常，单向离合器是否打滑。

① 将启动机夹紧在实验架上，在驱动齿轮一侧装好扭力杠杆和弹簧秤，连接好工作电路和测试电路。
② 接通开关，在 5s 之内，观察启动机单向离合器是否打滑，并立即记录电流表、电压表和弹簧秤的读数，与启动机铭牌上的标准数据进行比较。
③ 如果转矩小、电流大，说明电枢、磁场绕组搭铁、短路。
④ 如果转矩和电流都小，则说明电路中有接触不良的故障存在。
⑤ 如果驱动齿轮锁止而电枢轴有缓慢转动，则说明单向离合器打滑。

除了以上性能测试之外，还可利用下列试验测试电磁开关的性能。

3. 吸引动作试验

① 将启动机固定到台虎钳上。
② 拆下启动机"C"端子上的导电铜片，用电缆将启动机"C"端子和电磁开关壳体分别与蓄电池负极连接（见图 2-62）。
③ 用电缆将启动机"50"端子与蓄电池正极连接，此时，驱动齿轮应向外移出。
④ 如果驱动齿轮不动，则说明电磁开关故障，应予以修理或更换。

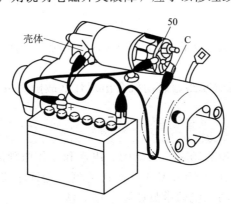

图 2-62　吸引动作试验方法示意图

4. 保持动作试验

① 在吸引动作试验的基础上，当驱动齿轮在伸出位置时，拆下电磁开关"C"端子上的电缆。此时，驱动齿轮应保持在伸出位置不动。
② 如驱动齿轮复位，则说明保持线圈断路，应予以检修或更换电磁开关（见图 2-63）。

5. 复位动作试验

① 在保持动作试验的基础上，再拆下启动机壳体上的电缆。此时，驱动齿轮应迅速复位。
② 如驱动齿轮不能复位，则说明复位弹簧失效，应更换弹簧或电磁开关总成（见图 2-64）。

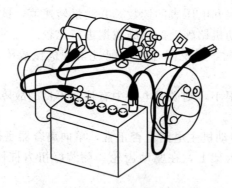

图 2-63 保持动作试验方法示意图

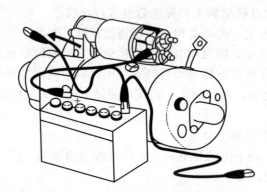

图 2-64 复位动作试验方法示意图

四、思考题

1. 如果一辆 ZL50 装载机无法正常启动，从启动系统的方面考虑，可能是什么原因？如何进行检查？
2. 如果电磁开关保持线圈断路，启动机会出现什么故障现象？

项目小结

本项目在介绍了工程机械启动系统的结构、组成和工作原理的基础上，系统地分析了启动系统的技术控制方案，并且以 VOLVO 挖掘机为例，论述了工程机械启动系统的工作过程，最后提出了工程机械启动系统的常见故障诊断方法。

项目三　工程机械空调系统的应用与检修

教学前言

1. 教学目标

掌握工程机械空调系统的特点、系统组成和基本工作原理；能够熟练使用工程机械空调系统的检修仪器设备和调试方法；能运用工程机械空调系统的相应知识分析工程机械空调系统常见故障的原因，并掌握排除故障的方法。

2. 教学要求

熟悉工程机械空调系统的作用、组成和工作原理；掌握工程机械空调系统的日常维护方法及常见故障的排除。

3. 引入案例

① CCOT 孔管式制冷系统；
② VOLVO EC210B 空调制冷系统。

系统知识

单元一　空调系统概述

一、空调系统的作用

工程机械空调系统的基本功能是用人为的方法在驾驶室中造成使人感到舒适的气候环境，改善工作条件，减轻疲劳，从而提高工作效率和安全性。

二、空调系统的组成及分类

工程机械空调系统一般包括制冷装置、采暖装置和通风换气装置三部分，有些豪华型空调还配有专门的空气净化装置。为适应不同需要，有些车型则只设制冷装置或采暖通风装置。制冷装置主要用于夏季车内空气降温除湿；采暖装置主要用于冬季为车内提供暖气以及挡风玻璃的除霜除雾；通风换气装置则可对车内进行强制性换气并使车内空气保持循环流动。

现代工程机械使用的空调系统，一般是将上述各装置有机地结合起来，组成同时具有采暖、通风、降温除湿、挡风玻璃除霜除雾等功能的冷、暖一体化空调系统，也称全空调系统。这种空调系统冷、暖、通风合用一个鼓风机和一套统一的操纵机构，采用冷暖混合式调温方式和多种功能的送风口，使得整个空调系统总成数量减少，占用空间小，安装布置方便，且操作和调控简单，温度湿度调节精度高，出风分布均匀且容易实现空调系统的自动化控制。

单元二 采暖装置与制冷装置

一、采暖装置

空调采暖系统的功用是在寒冷的气候下为驾驶室内提供暖气及风窗玻璃除霜除雾。根据获取热源的方法不同,采暖装置可分为独立式和非独立式两种类型。

独立式采暖装置:是利用柴油或煤油等燃料在专门的燃烧器内燃烧所产生的热量为车内提供暖气的,特点是供暖充分,不受工程机械运行状态的影响,但结构复杂,耗能多,除极端寒冷工作环境中工作的机械,其他较少采用。一般由燃油泵、燃油雾化器、燃烧室、电热塞、风扇、鼓风机、电动机等部件组成。

非独立式采暖装置:是利用发动机工作时冷却液的余热(温度约 80~95℃)为车内提供暖气的,也称水暖式采暖装置,具有结构简单,成本低,不耗能,操作维修方便等优点,但其采暖量受发动机运转工况的影响较大,适用于中、小型工程机械上。一般由加热器芯、鼓风机、热水阀、通风道与发动机冷却系统等组成,如图 3-1 所示。

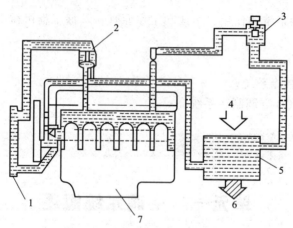

图 3-1 水暖式采暖装置结构
1—冷却水箱;2—节温器;3—热水阀;4—冷空气;
5—采暖用热交换器(加热器芯);6—暖气;7—发动机

(一)基本结构

现代工程机械上一般均采用水暖式采暖系统,该采暖系统组成部件中水阀、加热器芯和鼓风机的结构较为复杂,其余部件结构则较为简单。

1. 水阀

水阀安装在发动机冷却液通道中,用于控制进入加热器芯的发动机冷却液流量。最简单的水阀,可通过移动控制面板上的温度调节杆带动线缆便可操纵,如图 3-2 所示。也有通过电信号进行控制的电磁式水阀。但有些最新机型没有水阀,发动机冷却液经常直接流过加热器芯,暖风装置出风口温度由驾驶员打开和关闭位于加热器芯壳体内的风挡来调节。

2. 加热器芯

如图 3-3 所示,传统的加热器芯由管子和散热片等零件构成。新式的加热器芯,管子上增加了大量凹坑,用于改善其热量输出性能。

3. 鼓风机

常用的鼓风机一般由铁氧体永磁电动机和笼型离心式风扇组成。鼓风机电动机主要有单

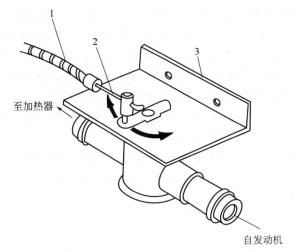

图 3-2 水阀结构（拉线式）
1—拉索套；2—钢丝绳；3—固定板

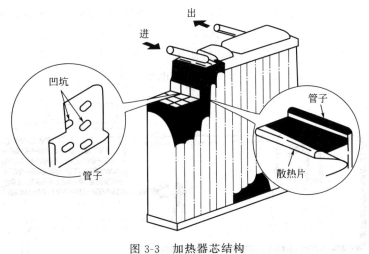

图 3-3 加热器芯结构

轴和双轴两种形式，靠连接键固定，采用内部冷却装置，通过驱动一个或两个笼型离心式风扇来推动空气穿过蒸发器或加热器芯，其结构如图3-4所示。

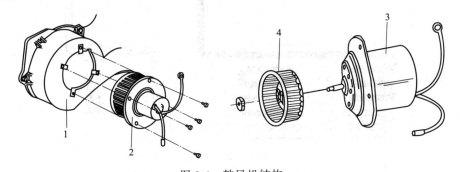

图 3-4 鼓风机结构
1—鼓风机罩；2—鼓风机及电动机组件；3—电动机；4—离心式风扇叶轮

（二）工作原理

当发动机的冷却液温度达80℃时，节温器开始分流部分冷却液进入加热器芯，此时冷空气被鼓风机强迫通过加热器芯，经热交换加热后送进驾驶室进行取暖和风窗除霜、除湿。在加热器芯中经热交换温度下降的冷却液离开加热器，被发动机水泵抽回发动机，完成一次热交换循环。在发动机缸体的出水口上由水阀控制出水量大小，从而调节了暖风机的产热量。也可通过调节鼓风机的风量，完成对取暖温度的调控。由于发动机冷却水起到热源的作用，因此在发动机处于冷态时，加热器芯不会变热，流经加热器芯的空气的温度也不会升高。

进入暖风机的空气有三种方式：第一种是吸入车内的空气，称为内循环；第二种是吸入车外新鲜空气，称为外循环；第三种是同时吸入车内外两种空气，称为混合循环。内循环的优点是被加热的空气吸热量较少，即采暖效果较好，但空气不新鲜。外循环的优缺点正好与内循环的相反，吸入的空气新鲜，但降低了出风温度，采暖效果受到影响。因此，大多采用可以人工选择混合循环或外循环的进气形式。

二、制冷装置

（一）制冷系统的组成及基本原理

工程机械空调制冷系统是通过制冷介质在系统内循环流动，由制冷介质的液态和气态转换过程，将车内的热量传递到车外，达到车内降温的目的。制冷介质在此称作制冷剂，目前，使用的制冷剂主要是 R134a（四氟乙烷）。工程机械空调制冷系统一般由压缩机、冷凝器、膨胀阀、储液干燥器、蒸发器等零部件组成，如图 3-5 所示。空调制冷系统各部件安装好之后要先抽真空，再灌入一定量的制冷剂才能正常工作。

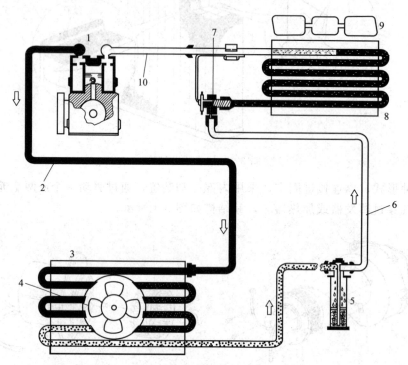

图 3-5　工程机械空调制冷系统工作原理
1—压缩机；2—高压气态管；3—冷凝器；4—冷凝风扇；5—储液干燥器；
6—高压液态管；7—膨胀阀；8—蒸发器；9—鼓风机；10—低压气态管

工程机械空调利用蒸发热制冷，即利用沸点很低的制冷介质在汽化过程中要吸收周围空气中的热量这一原理将车室内空气中的热量转移给制冷剂，最终带至车外大气中，达到驾驶室内降温的目的。图 3-6 为制冷介质在制冷过程中的变化。

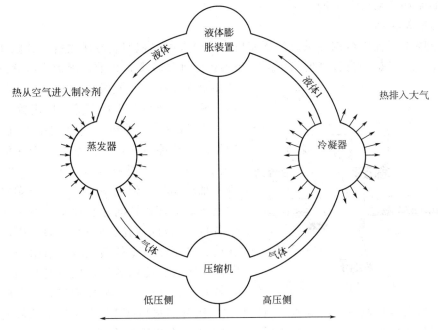

图 3-6　空调制冷系统的工质变化及热量传递

制冷过程及工质的变化过程如下。

发动机运转时接通空调 A/C 开关及鼓风机开关，制冷压缩机 1 的电磁离合器吸合，由发动机通过皮带传动带动压缩机运转。

从压缩机出来的高温（约 60～80℃）、高压（1.373～1.668MPa）制冷剂气体通过高压软管 2 被送到冷凝器 3 冷却，靠冷凝风扇 4 进行强制冷却。制冷剂气体被冷凝成高温（约 50℃）、高压（压力如前）的液体从冷凝器底部流向储液干燥器 5，由储液干燥器内的滤网及干燥剂进行过滤、脱水后，经高压软管 6 流至膨胀阀 7。膨胀阀既起到节流减压、雾化制冷剂的作用，又是流量控制装置。

按制冷量需要经计量减压后的低温低压雾状制冷剂介质在蒸发器 8 内因压力突然降低而沸腾蒸发，吸收了蒸发器芯子管壁上的大量热量汽化成气体。与此同时，从驾驶室内吸入的热空气被鼓风机 9 不断吹过蒸发器叶片表面而降低温度，空气被冷却后由管道输送吹向驾驶员，使人体感到舒适，达到使车内降温的目的。从蒸发器出来的低温（约 0～5℃），低压（0.147～0.192MPa）蒸发后的过热制冷剂气体通过低压气态管 10 又被压缩机吸入，压缩成高温高压气体继续后续的冷凝—蒸发过程而被重复使用。这样就完成了一个制冷循环。

（二）制冷装置各总成基本结构

1. 压缩机

（1）压缩机的作用

压缩机是空调制冷系统的心脏部件，其功用如下。

① 抽吸作用　压缩机的抽吸与膨胀阀节流作用相配合，使蒸发器内的制冷剂压力下降，实现制冷剂从液态向气态的转化过程，通过吸热，带走驾驶室内的热量。

② 压缩作用　压缩机将低压气态制冷剂压缩，使其压力和温度升高，实现制冷剂从气态向液态的冷凝转化过程，并通过冷凝器释放热量，将热量排放到车外。

③ 循环泵作用 压缩机的不断抽吸和压缩，实现了制冷剂的循环流动，因此，压缩机也是制冷剂循环流动的动力源。

（2）压缩机类型

目前应用于工程机械制冷系统的压缩机，主要采用容积型制冷压缩机。其原理与普通空气压缩机相似，只是密封程度要求更高。压缩机的种类较多，目前，斜盘式压缩机（又称双向斜盘压缩机）和翘板式压缩机（又称单向斜盘压缩机）以及可变排量压缩机应用较广。

① 斜盘式压缩机 斜盘式压缩机结构紧凑，效率高，性能可靠，采用往复式双头活塞。斜盘式压缩机工作原理和结构如图3-7、图3-8所示，当主轴转动时，带动斜盘转动，依靠斜盘的旋转运动驱动活塞作轴向往复运动。双头活塞的两活塞各自在相对的汽缸（一前一后）中，活塞一头在前缸中压缩制冷剂蒸气时，活塞的另一头就在后缸中吸入制冷剂蒸气，反向时互相对调。各缸均备有高、低压单向簧片式气阀，完成气体压缩机的功能。前后汽缸通过高、低压单向簧片式气阀分别跟高低压腔相通。斜板转动一周，前后两个活塞各完成吸气、压缩、排气循环，相当于两个汽缸的作用。

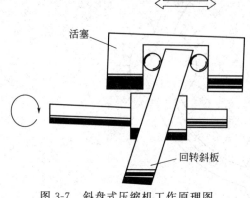

图 3-7 斜盘式压缩机工作原理图

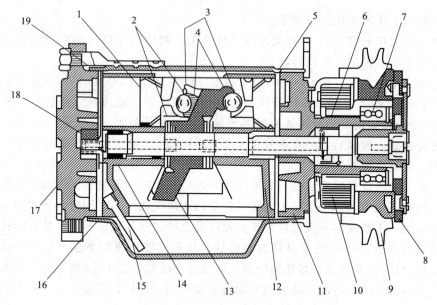

图 3-8 斜盘式压缩机结构

1—活塞；2—止推轴承；3—驱动球；4—滑履；5—前阀板；6—轴封；7—离合器轴承；
8—衔铁板；9—带轮；10—线圈；11—前缸头；12—前轴承；13—斜盘；
14—后轴承；15—吸油管；16—后阀板；17—后缸头；18—油泵；19—"O"形环

斜盘式压缩机的润滑现倾向于采用飞溅润滑方式，即利用斜盘回转时使润滑油在离心力作用下飞溅到缸壁，然后落到轴上，在轴上及缸壁上设有导油孔道或挡油导槽。也有少数压缩机仍采用油泵强制性润滑，或利用吸排气压力差，进行差压式供油的方式。

② 翘板式压缩机 翘板式空调压缩机原理如图3-9所示，结构如图3-10所示。

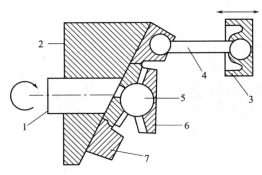

图 3-9　翘板式空调压缩机工作原理
1—主轴；2—转子（断面凸轮）；3—活塞；4—连杆；
5—支承钢球；6—防旋齿轮；7—翘板

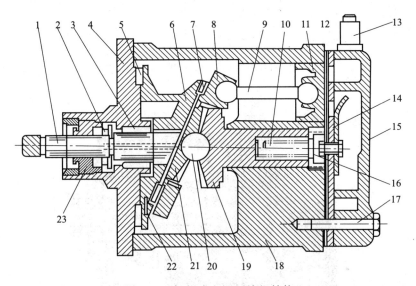

图 3-10　翘板式空调压缩机结构
1—主轴；2—毡圈；3—轴承；4—前缸盖；5,7—止推轴承；6—斜盘；8—摇板；9—连杆；
10—弹簧；11—活塞；12—密封垫；13—进气管接头；14—阀板；15—后缸盖；
16—压紧螺塞；17—螺栓；18—缸体；19—防旋齿轮；20—支承钢球；
21—摇板齿轮；22—平衡重；23—轴承

当主轴1旋转，带动斜盘一起旋转，通过止推轴承7推动摇板8绕支承钢球20摇摆，摇板时通过连杆9带动活塞11在汽缸中作往复直线运动，改变了汽缸的容积，从而把制冷剂气体从低压侧经进气单向阀吸入汽缸，再经排气单向阀排出至高压侧。

制冷剂气体经进、排气单向阀从低压侧排向高压侧的运动情形如图3-11所示。

③ 可变排量压缩机　随着节能与环保概念的推广，以及现代工程机械对驾驶舒适性要求的提高，可变排量压缩机的应用开始越来越广泛。

所谓可变排量压缩机，结构是基于传统的斜盘式或摇板式压缩机。传统的斜盘式或摇板式压缩机中，斜盘或摇板的偏转角度是固定不变的，即活塞的最大行程是固定的，而可变排量压缩机斜盘或摇板的角度可调节，从而调节活塞的最大行程，改变压缩机的排气量。某种7缸可变排量压缩机的结构如图3-12所示。

需要改变压缩机制冷功率时，空调控制单元就会控制排量调节电磁阀4，使调节电磁阀

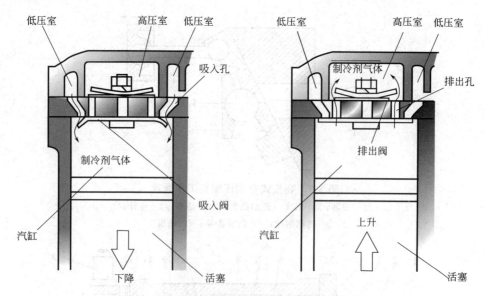

图 3-11 制冷剂气体在压缩机内的运动情形

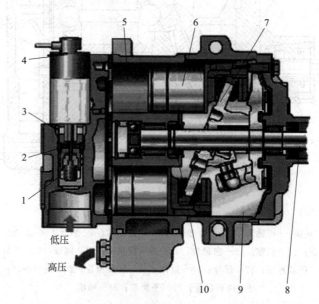

图 3-12 7缸可变排量压缩机的结构
1—低压压力；2—高压压力；3—曲轴箱压力；4—压缩机排量调节电磁阀；5—压缩室；
6—空心活塞；7—斜盘；8—驱动轴；9—曲轴箱；10—回位弹簧

内的阀芯移动，通过改变曲柄箱内压力来改变各个活塞两端的压力差，使作用在斜盘 7 上的合力发生改变，从而调节了斜盘的角度，进而改变了活塞的有效行程来调节排量。可以在最小 3%～5% 至最大 100% 之间调节压缩机的排量。

如图 3-13 所示，当热负荷较低时，吸气压力 (p_s) 减小，调节阀向右开启。因此，作用在斜盘腔上的高压压力 (p_d) 使斜盘腔内的内部压力 (p_c) 升高。

斜盘腔内压力 (p_c)×7个缸＋弹簧 A 的作用力（斜盘左侧）＋作用在 7 个缸内活塞左侧的驱动盘反作用力之和，大于作用在 7 个活塞右侧的压力 p_1-p_7，因此下部活塞向右移动，从而减小斜盘的倾斜角度。因此活塞行程减小，压缩机以最小排量运行。

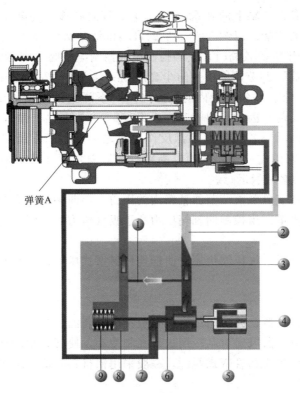

图 3-13 热负荷较低时压缩机的调节（减小排量）

1—曲轴箱与进气低压室之间的节流孔；2—曲轴箱压力 p_c；3—气流；4—弹簧 2；5—电磁阀线圈；6—阀芯；7—高压压力 p_d；8—吸气压力 p_s；9—弹簧 1 及橡胶防尘套

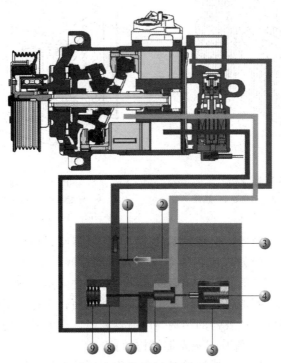

图 3-14 热负荷较高时压缩机的调节（增大排量）
（图注见图 3-13）

在图中斜盘左侧套在主轴上的弹簧 A 使 7 个活塞向右移动并减小斜盘角度。因此这个弹簧还具有启动弹簧的功能。以约 3%～5% 的最小排量开始启动。

如图 3-14 所示,热负荷较高时,空调控制单元控制电磁阀,阀芯向左移动,阀门关闭。抽吸压力(p_s)也较高,调节阀的橡胶防尘套压到一起并使阀体向左移动,从而关闭阀门。因此会减小高压压力(p_d),斜盘腔内的压力(p_c)下降到接近抽吸压力(p_s)。压力平衡通过一个孔(气流)实现。因此,斜盘腔内压力(p_c)×7 个缸+弹簧 A 的作用力(斜盘左侧)+作用在 7 个缸内活塞左侧的驱动盘反作用力之和,小于作用在 7 个活塞右侧的压力 p_1-p_7。因此下部活塞向左移动,从而提高斜盘的倾斜角度。其结果是活塞行程提高,压缩机以最高 100% 的功率一起运行。

总之,通过排量调节电磁阀调节曲轴箱内的压力,当曲轴箱压力等于压缩机的吸气压力时,压缩机处于最大排量;当控制曲轴箱压力高于吸气压力后,斜盘或摇板角度减小,压缩机的排量减小。

此外,工程机械空调系统压缩机还有曲柄连杆活塞式压缩机、旋叶式压缩机、以及涡旋式压缩机等多种结构。

2. 冷凝器与蒸发器

冷凝器是一种热交换器,其功用是将压缩机排出的高温、高压气态制冷剂的热量吸收并散发到车外,并通过散热器风扇对制冷剂进行强制冷却,使气态制冷剂变为高温、高压的液态制冷剂。冷凝器有管片式和管带式两种,一般采用铝材料制造,结构如图 3-15 所示。

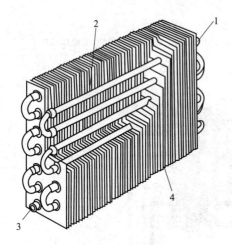

图 3-15 冷凝器结构

1—入口;2—盘管;3—出口;4—翘片

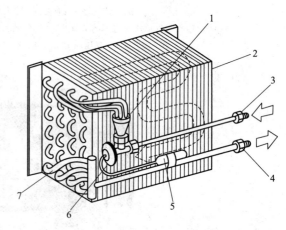

图 3-16 管片式蒸发器结构

1—分配器;2—散热片;3—储液干燥器接口;
4—压缩机接口;5—感温包;6—膨胀阀;7—管子

蒸发器也是一种热交换器,但蒸发器的作用与冷凝器刚好相反,它将其接触表面空气的热量吸收,形成冷空气,经鼓风机将冷空气吹入车厢,就可实现对车厢内空气的降温和除湿。蒸发器的工作过程:经膨胀阀节流后的制冷剂雾状进入蒸发器后,吸收热量而沸腾,并成为饱和蒸汽;鼓风机不断地将热空气送至蒸发器外表面,而将温度较低的冷空气吹入车厢内,使车厢内的温度降低。蒸发器的结构与冷凝器相似,目前采用的蒸发器有管片式、管带式及层叠式三种,图 3-16 为管片式蒸发器结构示意。

冷凝器与蒸发器的进出口位置根据对流及热膨胀原理进行布置。

3. 储液干燥器

储液干燥器的功用是过滤、除湿、气液分离及临时性地储存一些液态制冷剂。储液干燥器主要由滤网、干燥剂、储液罐、玻璃观察孔、引出管等部件组成，如图 3-17 所示。

如果制冷剂中含有水分，水分便会腐蚀功能部件，这些水分还可能在膨胀阀的节流小孔处冻结成冰，堵住节流小孔而使制冷剂通道堵塞，造成"冰堵"故障；或在蒸发器中冻结，阻碍制冷剂流动。为防止此类故障，储液干燥器中放置了干燥剂。由冷凝器流来的液态制冷剂进入储液干燥器，经滤网过滤、干燥剂除湿后，再经引出管流出到膨胀阀。在储液干燥器顶端设有观察窗，以观察制冷系统运转时制冷剂的流动情况，判断制冷剂的量是否足够。

为避免维修安装时把干燥瓶的进出口装反，一般会在干燥瓶上标有制冷剂流动方向的标记。

4．膨胀阀

(1) 膨胀阀的作用

空调制冷系统中，膨胀阀主要具有节流降压、调节流量、防止液击和异常过热的控制作用三种功能，是制冷系统中的重要部件。

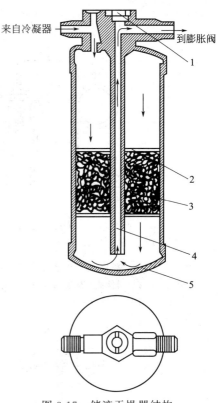

图 3-17 储液干燥器结构
1—玻璃观察孔；2—滤网；
3—干燥剂；4—引出管；5—储液罐

① 节流降压　使从冷凝器来的高温高压液态制冷剂节流降压成为容易蒸发的低温低压雾状物进入蒸发器，即分隔制冷剂的高压侧与低压侧，但制冷工质的液体状态没有变。

② 调节流量　由于制冷负荷的改变以及压缩机转速的改变，要求流量作相应调整，以保持车内温度稳定，制冷系统正常工作。膨胀阀起到了自动调节流量适应制冷循环的作用。

③ 控制流量、防止液击和异常过热发生　膨胀阀工作时以感温包作为感温元件控制流量大小，保证蒸发器尾部有一定量的过热度，从而保证蒸发器总容积的有效利用，避免液态制冷剂进入压缩机而造成液击现象；同时，又能控制过热度在一定范围内，防止异常过热现象的发生。空调系统工作时，制冷剂流经膨胀阀的管口后被节流，使制冷剂由高压变为低压，制冷剂雾化，温度下降，以便于制冷剂在流至蒸发器时吸热膨胀完成制冷。

(2) 内平衡式膨胀阀与外平衡式膨胀阀

汽车空调系统中使用的膨胀阀有内平衡式、外平衡式等不同的结构形式，如图 3-18 所示。

(3) 膨胀阀工作原理

内平衡式膨胀阀工作原理如图 3-19 所示，设膜片上方压力为 p_f（由感温包内灌注的工质气体压力产生），弹簧预紧压力为 p_d，膜片下方工质压力为 p_e（蒸发器入口压力）。

在平衡状态 $p_f = p_e + p_d$，当阀处于某一开度状态，制冷剂流量保持一定。由于设计时膨胀阀保证蒸发器有一定过热度，因此蒸发器出口部分一般都是过热蒸汽。

若蒸发器制冷剂不足，则制冷剂提前全部蒸发，过热部分加长，过热度增大，则蒸发器出口处 C 点温度升高，感温包内压力升高，$p_f > p_e + p_d$，p_f 作用在膜片的力通过推杆把阀芯朝下推，阀开度增大，进入蒸发器的制冷剂流量增加。

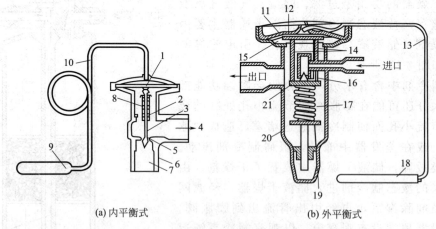

(a) 内平衡式　　　　　(b) 外平衡式

图 3-18　膨胀阀结构

1—膜片；2—内平衡口；3,21—针阀；4—蒸发器出口；5,16—阀座；6,20—阀体；
7—通储液干燥器的进口；8—弹簧；9,18—遥控感温包；10,13—毛细管；11—膜片；
12—感温包压力；14—推杆；15—蒸发器出口压力；17—过热弹簧；19—弹簧压力板

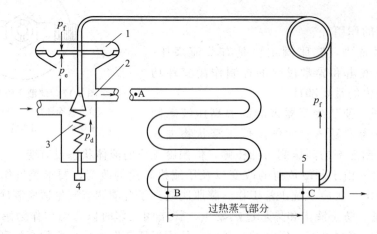

图 3-19　内平衡式膨胀阀工作原理

1—膜片盒；2—阀芯；3—弹簧；4—调整螺钉；5—感温包

反之，若蒸发器内制冷剂过量，则蒸发器出口处 C 点温度过低，过热度减小，感温包内压力下降，$p_f < p_e + p_d$，弹簧把阀芯朝上推，阀开度减小，流量减小。

外平衡式膨胀阀工作原理与内平衡式膨胀阀相类似。内平衡式膨胀阀膜片下方工质压力从蒸发器入口处导入，但从蒸发器进口到蒸发器出口（感温包安装部位）有压力损失，调整精度受影响，适用于小型简易空调。外平衡式膨胀阀则可以克服这一缺点。外平衡式膨胀阀的膜片的平衡压力从外部（蒸发器出口处）导入，反映出蒸发器出口处的实际压力，弥补了蒸发器内部压力损失的影响。这两种膨胀阀外形像字母"F"，所以叫"F"型膨胀阀。

在现代空调中正越来越多地使用另一种膨胀阀——"H"型膨胀阀，结构如图 3-20 所示。"H"型膨胀阀实质是紧凑型的外平衡式膨胀阀，又称块阀，这种膨胀阀安装在蒸发器的进出管之间。

它有四个接口通往空调系统，其中两个接口和普通膨胀阀一样，一个接储液干燥器出口，一个接蒸发器入口。另外两个接口，一个接蒸发器出口，一个接压缩机进口。感温元件

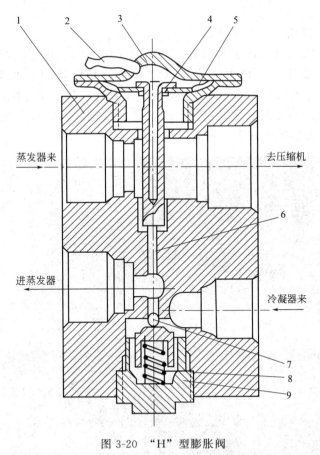

图 3-20 "H"型膨胀阀
1—阀体;2—充注管;3—膜片盒;4—顶杆(兼感温包);5—膜片;6—传动杆;7—球阀;8—弹簧;9—弹簧座

处在进入压缩机的制冷剂气流中。其优点是:省去了易受颠簸影响的外平衡管和感温管;蒸发器出口处制冷剂的参数的变化能更及时反映到阀芯的开度上。所以,"H"型膨胀阀的调节精度更高,工作更可靠,故障更少。

三、制冷剂及冷冻油

(一) 制冷剂

制冷系统的蒸发器内蒸发并从被冷却物体中吸取热量而汽化,然后在冷凝器内将热量传递给周围的介质(水或空气)而本身液化的工作物质叫工质,又称为制冷剂。

1. 制冷剂的代号

在国际上通常用英文单词 Refrigerant 的首字母"R"及后面的一组数字作为缩写符号表示制冷剂,如 R12、R134a 等;但近年来为了识别制冷剂中是否含有破坏大气臭氧层的物质,而改用元素符号加数字来表示制冷剂,如 CFC-12(R12)、HFC-134a(R134a)。

制冷剂 R12(CFC-12),学名二氟二氯甲烷,早期的汽车空调基本上都以 R12 为制冷剂。但因其分子中含有氯离子,当其被排放并升入大气同温层后,在太阳光强烈照射下会分离出氯原子,氯原子与臭氧发生化学反应,从而破坏大气臭氧层。臭氧层的主要作用是吸收来自太阳的紫外线,而其一旦变薄或被彻底破坏,则紫外线将直射地面,给地球生物造成巨大的伤害。因此,1987 年在联合国协调下各国签署了"蒙特利尔议定书",限制并最终停止使用 R12 等具有对大气臭氧层破坏性的制冷剂。基于此原因,从 1990 年起 R12 逐步被新型环保制冷剂 R134a 所替代。

2. 制冷剂的基本性质

制冷剂 Rl34a(HFC-134a)，学名四氟乙烷，分子中不含氯离子，对大气臭氧层无破坏作用，有一定的温室效应，且热力性质与 R12 接近，是公认的空调系统首选替代工质。R134a 在常温常压下为无色、无味气体，不燃烧、不爆炸，基本无毒性，化学性质稳定。

维修用 R134a 空调制冷剂的常见包装形式如图 3-21 所示，一般为钢瓶包装和小罐包装，使用时应注意符合压力容器的规定，避免碰撞或从高处掉落。

图 3-21　维修用空调制冷剂的常见包装形式

R12 与 R134a 的温度-压力特性曲线如图 3-22 所示。

从 R134a/R12 特性曲线可以看出，在压力保持相同时，通过降低温度，蒸气可变为液体（在冷凝器中）或者通过降低压力，使制冷剂从液态变为蒸气状态（蒸发器）。曲线同时表明，存储在罐中的液态制冷剂，其压力会随环境温度的升高而升高，相应的值可从曲线对应的坐标轴确定。

3. 制冷剂与制冷系统材料的相容性

（1）与压缩机冷冻润滑油的相容性

R134a 分子中不含氯离子，而含有两个氢离子，它与 R12 用的矿物质冷冻润滑油几乎不相容，因而从制冷压缩机排出的冷冻润滑油将滞留在热交换器和软管中而不能回到压缩机中。压缩机润滑不良，会造成轴承及其他摩擦副烧损。因此，R134a 制冷剂需选用润滑性及相容性更好的聚烃基乙二醇合成油（PAG）或聚酯油（ESTER）。

（2）与金属的相容性

R134a 与钢、铝是相容的，而对铜则会产生镀铜现象，即铜分子转换到钢铁材料表面，使运动部件间隙减小，轴承发卡，最终导致压缩机卡死。镀铜现象限制了铜在汽车空调系统中的应用，因此，R134a 汽车空调系统各部件多以钢、铝材料为主，如全铝蒸发器、全铝冷凝器等。

（3）与塑料、橡胶的相容性

由于 R134a 分子内没有增加溶解性的氯离子，不会使塑料高度膨胀，除了聚苯乙烯外，R134a 对其他塑料基本没有影响。而 R134 与常用的橡胶材料不相容，特别是对含氟橡胶。R134a 空调系统一般采用与之相容性好的丁腈橡胶（HNBR）、三聚乙丙烯橡胶（EP-DM）及尼龙等作密封材料，管接头的密封需使用专用密封圈。

4. 制冷剂使用注意事项

① 制冷剂的蒸发潜热大，碰到皮肤、眼睛会夺取大量热量而蒸发，从而冻伤人体有关部位。操作时一定要戴上护目镜，务必小心不要使制冷剂液体飞溅到眼睛或皮肤上。若制冷剂溅到眼睛或皮肤上不要搓揉，要马上用大量清水冲洗患处，在皮肤上涂抹干净的凡士林，然后立即去医院进行专业治疗。

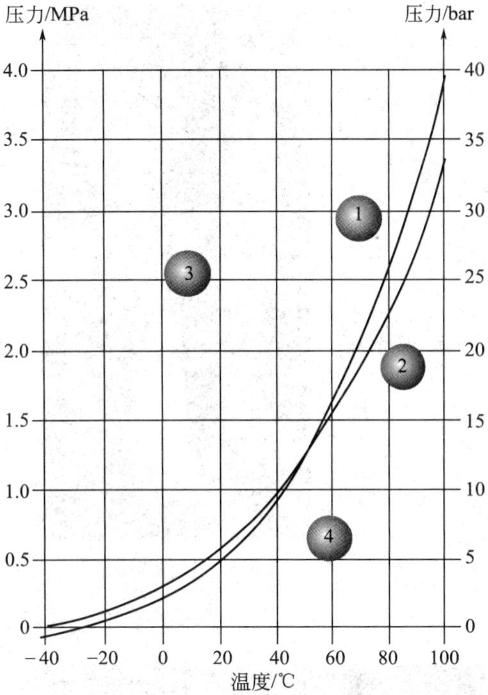

② 无色、无臭、无毒，不易被人察觉，但排到大气中会使大气中的氧气浓度下降，使人窒息，因此，避免在封闭空间维护空调系统，工作环境要注意通风。

图 3-22 R12 与 R134a 的温度-压力特性曲线
1—R134a；2—R12；3—液态形式；4—气态形式

③ 对水的溶解度极小，在制冷回路中若存在水分，极可能在膨胀阀节流孔处析出而冻结造成"冰堵"。所以，维修时需注意不能让水分进入空调系统，拆开的相关管路要注意密封。

④ 储存在罐内的制冷剂，其饱和蒸气压随温度升高而升高，所以应在 40℃ 下避光存放。也不能用热蒸汽清洗空调系统的有关部件。

⑤ R134a 蒸气与火和炽热的物体接触时，会产生具有高刺激性的分解产物，维修场所附近避免进行焊接操作。

⑥ 制冷剂不允许彼此混合使用，只允许使用该车辆规定的制冷剂。

⑦ 为区别于使用 R12 制冷剂的空调系统，R134a 空调系统的维修接口使用快速接头结构，在发动机舱内或压缩机等相关制冷系统部件上有制冷剂型号标签，使用时需注意区别。R134a 与 R12 制冷系统维修接口如图 3-23 所示，维修接口有防尘塞密封，维修后需拧紧。

（二）冷冻润滑油

空调压缩机使用的润滑油称为冷冻润滑油或冷冻机油，是一种在高、低温工况下均能正常工作的特殊润滑油。冷冻润滑油的品种、规格、数量是否合适对空调系统的制冷效果及压缩机寿命都有极大的影响。4L 塑料罐包装的冷冻机油如图 3-24 所示。

1. 冷冻润滑油的作用

(1) 润滑

冷冻润滑油可减少压缩机运动部件的摩擦和磨损，延长机组的使用寿命。

(2) 冷却

冷冻润滑油在制冷压缩机及制冷系统内不断循环，及时带走压缩机工作时产生的热量，使机械保持较低的温度，从而提高压缩效率和使用可靠性。

(a) R134a空调系统检修阀　　　　　　(b) 管路上的R12空调系统检修阀

图 3-23　R134a 与 R12 制冷系统维修接口

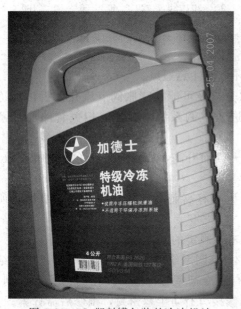

图 3-24　4L 塑料罐包装的冷冻机油

（3）密封

冷冻润滑油在各轴封及汽缸与活塞间形成油封，防止制冷剂泄漏，也可在管接头的结合面涂上冷冻润滑油，以提高管接头处的密封性。

（4）降低压缩机噪声

冷冻润滑油不断冲洗摩擦表面，带走磨屑，减少磨损，降低压缩机工作噪声。

2. 空调制冷系统对冷冻润滑油的性能要求

（1）与制冷剂要互溶

在汽车空调系统中，制冷剂与润滑油是混合在一起的。当制冷剂在系统管路中流动时，润滑油是随之流动的，这就要求冷冻润滑油与制冷剂是完全互溶的。否则，冷冻润滑油会从冷凝器的液态制冷剂中分离出来形成油塞，阻碍制冷剂流动，并在通过节流孔进入蒸发器时造成爆溅，增加噪声。分离出的冷冻润滑油部分或大部分无法返回压缩机，由此易造成压缩机缺乏润滑，磨损加剧，造成损坏。

（2）要有良好的低温流动性

若低温流动性差，则冷冻润滑油会沉积在蒸发器内影响制冷能力，或凝结在压缩机底部，失去润滑作用而造成运动部件损坏。

（3）要有适当的黏度

黏度越大压缩机克服阻力而消耗的功越多，需要的启动力矩也越大，压缩机相对启动困难，正常工作时还会产生更多的气泡；黏度过小时，则使压缩机轴承不能建立所需的油膜。此外，温度升高或降低时，其黏度也将随之变小或增大；制冷剂的存在也会导致冷冻润滑油变稀。所以，冷冻润滑油的黏度要依据情况适当选择。

（4）要有良好的化学稳定性和抗氧化稳定性

汽车空调系统的高压侧，有时温度会高达130℃，这就要求冷冻润滑油在高温下不氧化、不分解、不结胶、不积炭，即要有良好的热稳定性；对其他材料（如金属、橡胶、干燥剂等）不产生不良的化学作用。

（5）吸水性要小

若冷冻润滑油中的水分过多，则会在膨胀节流口处结冰，造成冰堵，影响制冷剂的流动及制冷效果。同时，冷冻润滑油中的水分还会促发镀铜现象及某些材料的腐蚀、变质。

（6）具有良好的电气绝缘性能

这是全封闭压缩机使用的冷冻润滑油所需的重要性能，一般纯粹的冷冻润滑油绝缘性能是良好的，但当油中含水分、灰尘、机械部件的磨屑等杂质时，其绝缘性能就会下降，使用中应注意预防。

与R134a相容的冷冻润滑油目前主要有聚烃基乙二醇（PAG）和聚酯油（ESTER）两类。

3. 冷冻润滑油使用注意事项

① 不同牌号的润滑油不能混用，否则会变质。维修手册中可以查找到冷冻润滑油型号以及添加量的相关信息。

② 不允许向系统添加过量的冷冻润滑油，否则会影响汽车空调制冷系统的制冷量。

③ 不能使用变质浑浊的冷冻润滑油，否则会影响压缩机的正常运转。

④ 冷冻润滑油易吸水，加注操作后应马上将封盖拧紧。

⑤ 在加注制冷剂时，应先加冷冻润滑油，然后再加注制冷剂。

⑥ 在排放制冷剂时要缓慢进行，以免冷冻润滑油和制冷剂一起喷出。

⑦ 更换制冷系统相关部件或管路时，会带走一部分冷冻润滑油，因此，应适当补充一定量的冷冻润滑油，补充量可参阅维修手册中的推荐值。

四、空气调节方式

工程机械空调配气，主要是解决车室内温度、风量控制的自动化和各类通风温调方式，以提高舒适性。

车室内配气，有各种用途的吹出口，如前席、后席、侧面、冷风、暖风、除霜、除雾等出风口。吹出口风温由风门切换，所以风门布置是配气优劣的重要因素。

工程机械空调典型配气方式有空气混合式和全热式，如图3-25所示。

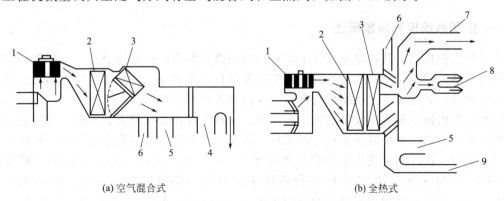

(a) 空气混合式　　(b) 全热式

图3-25　温度调节的典型配气形式

1—风机；2—蒸发器；3—加热芯；4—冷气出口；5—热风出口；6—除霜出口；7—中心出口；
8—侧风出口；9—后部出口

1. 空气混合式

外气＋内气→进入风机1→进入蒸发器2冷却→由风门调节进入加热芯3加热→进入各吹出口4、5、6。

风门顺时针旋转，进蒸发器2（冷空气）后再进加热芯3的空气量随着风门旋转而减少，即被加热的空气少，这时主要由冷气出口4吹冷风。反之，风门逆时针旋转，吹出的热风多，处理后的空气进入除霜出口6或热风出口5。

2. 全热式

外气＋内气→进入风机1→进入蒸发器2冷却→全部进入加热芯3→由风门调节风量后进入5、6、7、8、9各吹风口。

从图中可看出，全热式与空气混合式温度调节的最大区别是：由蒸发器出来的冷空气全部直接进入加热芯，两者之间不设风门进行冷热空气的混合和风量的调节。

经过配气、温度调节后上述两种方式都能达到各吹风口要求的风量和温度，绝不是全热式只出热风，而空气混合式出冷、热、温风。实质上无论哪种温调方式都要进行冷却和加热处理，都要按进入车室内空气状态要求对空气进行冷却和升温处理。

除了上面介绍的空气混合式和全热式温度调节方式外，工程机械空调中常用的配气温度调节方式还有几种，详见图3-26所示。

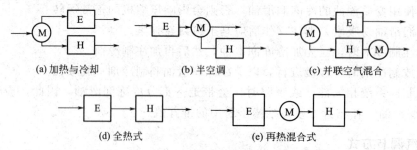

图3-26 空调系统常用的配气温度调节方式
E—蒸发器；H—加热芯；M—电动机

单元三 空调系统控制装置

一、空调系统控制装置概述

为了使工程机械空调系统能正常工作，车内能维持所需的舒适性条件，工程机械空调系统中设有一系列控制元件和执行机构。控制对象可按参数划分，如温度、压力和转速等；也可按部件划分，如蒸发器、压缩机离合器、风门以及风机、电机等。

控制工程机械空调制冷温度的方法有两种：一种是控制蒸发器表面温度，它是依靠压缩机电磁离合器的通、断控制压缩机是否工作，从而达到控制蒸发器温度的目的。其特点是压缩机间断运行。这种系统称作循环离合器系统（CC系统，CC：cycling clutch）。根据所用部件不同，这种系统又分有循环离合器膨胀阀系统（CCTXV：cycling clutch thermale xpand valve）和循环离合器孔管系统（CCOT：cycling clutch orifice tube）。

另一种控制制冷温度的方法是控制蒸发器压力，这种系统称作蒸发器压力控制系统，又称传统空调系统，它是根据制冷剂的饱和温度和压力相对应的性质，用控制蒸发器出口压力的方法来控制其表面温度。特点是压缩机持续不间断运行。

为保证带空调的工程机械正常工作，还需要对压缩机的运行及发动机供油系统采取相应的控制措施，如怠速继电器、怠速提升装置（TP）、超车停转继电器等。

对于压缩机的通断，一般是通过电磁离合器的控制来实现的。风门的控制依靠电气系统、真空系统的控制作用来实现。

现在很多高级车辆上采用了微型计算机控制，真正实现了空调的自动控制。全自动空调的实现（制冷、采暖、通风统一控制）使温度调节的内容和方法变得繁多了。由于对空调的要求越来越高，有些高级车辆还装备了空气净化、烟度控制等高质量空气调节装置。

工程机械空调控制系统的控制元件有：温度控制组件、压力控制组件、电磁离合器、车速调节装置、真空控制组件以及风机组件等。

二、温度控制组件

温度控制组件，又称恒温器、温度开关，它是工程机械空调系统中温度控制部件，感受的温度有蒸发器表面温度、车内温度、大气温度等。一般所指的恒温器是指感受蒸发器表面温度从而控制循环离合器系统（CC系统）中压缩机的开与停，起到调节车内温度及防止蒸发器表面结霜的电气开关装置。

1. 恒温器

恒温器用于CC系统中控制电磁离合器的通断时，恒温器的感温装置被放置在蒸发器的叶片内或靠近蒸发器的冷气控制板上。当蒸发器表面温度或车厢内温度低于设置温度时，恒温器断开，电磁离合器分离，压缩机停止工作；反之电磁离合器吸合，压缩机开始工作，由此而防止蒸发器表面结霜，也调节了车厢内的温度。

恒温器也可用来检测大气温度和车厢内温度，一般用于空气混合调节风门的控制，由风门开度的大小调节车厢内的温度。

恒温器有三种形式，即波纹管式、双金属片式和热敏电阻式。

（1）波纹管式恒温器

波纹管式恒温器由感温驱动机构、温度设定机构和触点三部分组成。感温驱动机构的组成见图3-27。

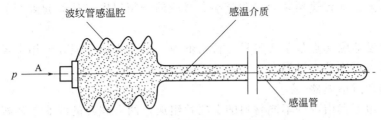

图3-27 感温驱动机构的组成

感温驱动机构本身是一个由波纹管、毛细管和感温包组成的封闭系统，内部装有制冷剂作为感温介质。感温包作为传感器放置在被测部位，温度的变化使得波纹管内压力发生变化，导致波纹管伸长或缩短，并将此位移信号通过顶端作用点A传递出去。在弹簧力的作用下，A点的位移与感温介质压力变化呈线性关系。

温度设定机构主要由凸轮、调节螺钉和调节弹簧等组成，见图3-28。其功能是使恒温器在一定温度范围内的任一设定温度起控制作用。温度的设定主要是通过调节凸轮改变主弹簧对波纹管内作用力的大小来决定，它的外部调节有刻度盘、控制杆和旋具调节等形式。当主弹簧被拉紧时，感温包内要有比较高的温度才能使触点闭合，即车厢内温度较高。恒温器内的另一个弹簧用于调节触点断开时的温度范围，此范围通常是 4～6℃，这样为蒸发器除霜提供了足够的时间。

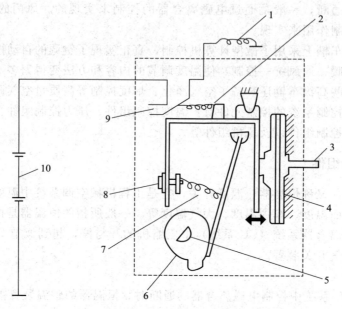

图 3-28　波纹管式恒温器

1—离合器电磁线圈；2—弹簧；3—毛细管；4—波纹管；5—转轴；6—调节凸轮；
7—调节弹簧；8—调节螺钉；9—触点；10—蓄电池

触点开闭机构主要由固定和活动触点副、弹簧、杠杆等组成。通过触点的开闭，控制压缩机上电磁离合器电路的通断。

图 3-28 中触点处于断开位置，压缩机也处于停止状态。当蒸发器表面温度逐渐升高时，感温包内温度也随着升高，同时压力增高使波纹管伸长。波纹管与摆动框架相连，框架上装有一动触点，而恒温器壳体上有一定触点。波纹管的伸长使得触点闭合，电磁离合器电路被接通，使压缩机工作。反之，温度下降后压缩机停止工作。

通过调节凸轮改变弹簧预紧力可调节触点对应的开闭温度，从而起到调节车厢内温度的作用。

波纹管式恒温器的特点是工作可靠，价格低廉，安装方便；但在使用中要注意，如果毛细管发生泄漏，应更换整个恒温器。

(2) 双金属片式恒温器

双金属片式恒温器由两种不同材料的金属片组成，两金属片的线胀系数相差较大，其结构如图 3-29 所示。在双金属片的端部有一动触点，而在壳体上有一定触点。这种恒温器没有毛细管和感温包，直接靠空气流过其表面感受温度而工作。它的温度设定方法与波纹管式恒温器相同。

双金属片式恒温器工作原理：在设定温度范围内，双金属片平伸，两触点闭合。此时，电磁离合器电路接通，压缩机工作。当流过恒温器的空气温度低于所设定温度时，由于两种金属片的线胀系数不同，线胀系数大的金属片收缩得多，这样就造成了双金属片弯曲，触点断开，电磁离合器分离，压缩机停止工作。当温度上升后，金属片受热后逐渐平伸，触点又闭合，从而接通电路。如此反复达到控温的目的。

双金属片式恒温器的特点是结构简单、不易损坏且价格便宜。但作为直接感受温度的部件，必须整体放置在蒸发器箱内，因此，为安装带来了不便。也正是这个原因，波纹管式恒温器的应用要比双金属片式恒温器广泛。

（3）热敏电阻式恒温器

热敏电阻是一种阻值随温度变化而改变的电阻元件。热敏电阻有两种：一种具有负温度特性，即随温度升高，电阻值减小；另一种具有正温度特性，即随温度升高，电阻值增大。热敏电阻式恒温器正是利用了热敏电阻的这种

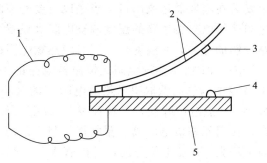

图 3-29 双金属片式恒温器结构
1—导线；2—双金属片；3—动触点；
4—定触点；5—壳体

特性，把它作为传感器放置在被测温度之处，如空调系统的风道内，它将温度变化转换成电阻值的变化，即转变成电压变化，通过放大器控制电磁离合器动作，由此达到控制温度的目的。温度调节是靠一个附加的调温可变电阻器调整的。其电路组成框图见图 3-30。

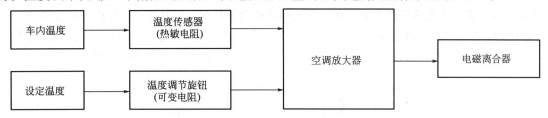

图 3-30 热敏电阻式恒温器的组成框图

现代空调制冷系统中，热敏电阻式温度控制器是空调放大器的一个重要部分，它是为了设定和精确地控制蒸发器出口的温度，它与其他电路共同控制压缩机电磁离合器电路的接通与切断，保证制冷系统正常工作并按照要求提供冷气。

典型的由热敏电阻组成的空调温度控制电路如图 3-31 所示，具有负温度系数的热敏电

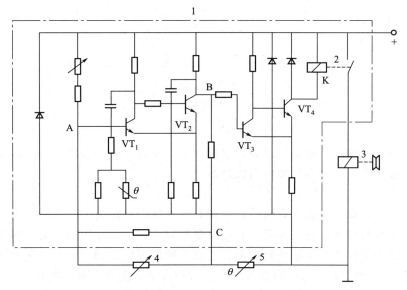

图 3-31 热敏电阻式恒温器电路原理
1—空调放大器；2—继电器；3—电磁离合器；4—温度调整电阻；5—热敏电阻

阻安装在蒸发器送风出口，当送风温度升高时，热敏电阻阻值减小；反之，阻值增大。可通过与热敏电阻相串联的温度调整电阻来设置空调系统的送风温度。空调放大器是一只电子电路控制的开关，对温度信号（对应热敏电阻的阻值）进行处理。

图 3-31 所示热敏电阻式恒温器电路的工作原理是：当温度调整电阻 4 设定后，放大器中 B 点的电位高低取决于热敏电阻 5 的大小。当车内温度高于设定温度时，热敏电阻阻值减小，B 点电位降低，三极管 VT_3 截止，而 VT_4 导通，于是继电器 2 线圈通电，其触点闭合，接通压缩机电磁离合器电路，制冷系统工作，从而温度下降。当温度降低后，热敏电阻阻值增大。B 点电位升高，三极管 VT_3 导通，而 VT_4 截止，继电器线圈断电，触点断开，切断压缩机电磁离合器电路，制冷系统停止工作。由此循环工作，使车内温度保持在设定的范围内。

调节温度调整电阻 4 可改变 A 点电位，当温度调整电阻阻值减小时，A 点电位降低，三极管 VT_1 截止，VT_2 导通，B 点电位发生相应变化，VT_3 截止，VT_4 导通，制冷系统工作，设定温度降低；反之温度调整电阻阻值增大时，设定温度升高。

目前电子电路空调放大器的温度控制部分与其他部分一样，都采用了空调放大器专用集成电路模块，其可靠性和电路已经大大简化，安装调试也简便得多，但其基本工作原理是相同的。

恒温器中使用的热敏电阻通常采用负特性电阻，由于热敏电阻性能的好坏直接影响到温度调节的精度，因此，在选用时要精心挑选。图 3-32 是热敏电阻的特性曲线。

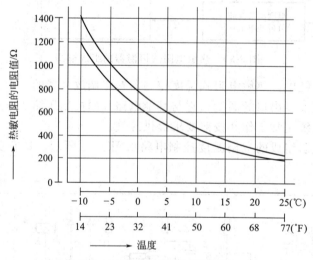

图 3-32　热敏电阻的特性曲线

2. 温度开关

空调上的温度开关有环境温度开关、水温开关、蒸发器表面温度开关、除霜开关等，现代的微机空调控制系统主要用热敏电阻代替。

（1）过热开关

过热开关（过热保护装置）有两种：一种是装在压缩机缸盖上，作用结果是使电磁离合器电源中断，压缩机停转；另一种是装在蒸发器出口管路上，作用结果是泄漏报警灯亮。这两种结构的目的都是防止由于缺少制冷剂，造成压缩机因缺乏润滑油而过热损坏。

过热开关是一种温度-压力感应开关。在正常情况下，此开关处于断开位置，见图 3-33。当系统处在高温高压或者低温低压状态时，此开关保持常开。当系统处于高温低压状态时，此开关闭路。系统的高温低压状态通常是在缺少制冷剂的时候出现的。此时若压缩机继

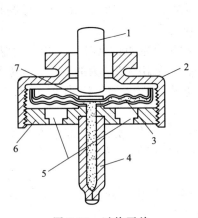
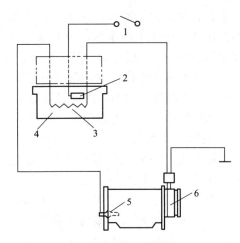

图 3-33 过热开关
1—接线柱；2—壳体；3—膜片总成；4—感温管；
5—底座孔；6—膜片底座；7—电触点

图 3-34 热力熔断器
1—环境温度开关；2—熔断器；3—加热器；
4—热力熔断器；5—过热开关；6—离合器线圈

续保持运转，将会因缺少润滑及过热而损坏。过热开关使压缩机停止转动，直到故障排除再恢复运转，起到自动保护作用。

（2）热力熔断器

热力熔断器是与过热开关配套工作的，由温度感应保险丝和线绕电阻器（加热器）组成（见图 3-34）。

当过热开关闭路时，通向电磁离合器的电流通过热力熔断器中的加热器，使加热器温度升高，直到把熔断器熔化。这样电磁离合器电路中断，压缩机停止转动。

因熔化保险丝需要一定的时间，对于短时间（例如 3min）内的高温低压现象是不起作用的。短时间异常现象未必会对系统工作产生影响。

（3）环境温度开关

环境温度开关也是串联在压缩机电磁离合器电路中的一只保护开关，或者直接串联在空调放大器电路中。通常当环境温度高于 4℃时，其触点闭合；而当环境温度低于 4℃时，其触点将断开而切断电磁离合器的电路或者空调放大器电源。也就是说，当环境温度低于 4℃时是不宜开动空调制冷系统的，其原因是当环境温度低于 4℃时，由于温度较低，压缩机内冷冻油黏度较大，流动性很差，如这时启动压缩机，润滑油还没来得及循环流动并起润滑作用时，压缩机就会因润滑不良而磨损加剧甚至损坏。汽车空调使用手册规定，在冬季不用制冷时，也要求定期开动空调制冷系统以使制冷剂能带动润滑油进行短时间的循环，以保证压缩机以及管路连接部位和阀类零件的密封元件不因缺油而干裂损坏，造成制冷剂的泄漏，膨胀阀、电磁旁通阀等卡死失灵。由此可见，这项保养工作应在环境温度高于 4℃时进行，冬季低于 4℃时最好不要启动压缩机。环境温度开关是为此而设置的，国产上海桑塔纳轿车的空调系统便装有这种保护开关。

三、压力控制组件

压力控制组件可分为两类：一类是通断型，也称压力开关，即对于所设定的压力执行通或断的指令，如高、低压开关等；另一类是调节型，也称压力调节器，对于所设定的压力执行的是一个调节过程。在蒸发器压力控制系统中，常常用到压力调节装置调节蒸发器压力，以防止其表面结冰。同时，调节装置中都有一个旁通管路，可保证少量制冷剂及冷冻润滑油的不断循环。用于工程机械空调系统的压力调节器有蒸发压力调节器（EPR）、导阀控制吸气节流阀（POA）、组合阀（VIR）等。下面主要介绍压力开关。

压力开关属于保护元件，是一种随压力变化而断开或闭合触点的元件，又称压力继电器。它由压力引入装置、动力器件和触点等组成，在系统中感受着制冷剂压力的变化，当系统中压力过高或过低时压力开关起作用，防止系统在异常压力情况下工作，起到了保护作用。

1. 高压压力开关

高压压力开关装在压缩机至冷凝器之间的高压管路上，其作用是防止系统在异常的高压压力下工作。当因冷凝器散热不良、散热气流堵塞和风扇损坏等，导致冷凝压力出现异常上升时，开关自动切断电磁离合器的电路，使压缩机停转，或接通冷却风扇高速挡电路，自动提高风扇转速，以降低冷凝温度和压力。在工程机械空调系统中，高压开关的压力控制范围为：2.82~3.10MPa时断开，1.03~1.73MPa时接通。

2. 低压压力开关

低压压力开关有两种。一种是安装在系统的高压回路中，防止压缩机在压力过低的情况下工作。因为，高压回路中压力过低，说明缺少制冷剂。缺少制冷剂将影响润滑效果，久而久之将损坏压缩机。另一种低压压力开关是设置在低压回路中，直接由吸气压力控制。当低压低于某一规定值时，接通高压旁通阀（电磁阀），让部分高压蒸气直接进入蒸发器，以达到除霜的目的。这种装置一般用于大、中型客车的空调制冷系统中。低压开关的工作范围一般为：80~110kPa时断开；230~290kPa时接通。

为了结构紧凑，减少接口，把高、低压力开关做成一体，形成了高、低压复合开关。这样就可以作为一体安装在储液干燥器上或空调制冷系统的高压侧相应管路上，起到保护作用。

3. 三位压力开关

为实现对冷凝风扇的二级转速控制，形成了高、中、低三位一体的压力开关。

三位压力开关的作用如下。

① 防止因制冷剂泄漏而损坏压缩机。

② 当系统内制冷剂高压异常时，保护系统不受损坏。

③ 在正常工作状况下，冷凝器风扇低速运转，实现低噪声，节省动力；当系统内压力升高后，风扇高速运转，以改善冷凝器的散热条件，实现了风扇的二级变速。

三位压力开关一般安装在储液干燥器上，感受制冷剂高压回路的压力信号，图3-35所示为三位压力开关示意图。某款三位压力开关控制参数如表3-1所示。

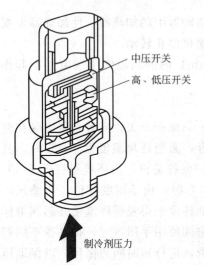

图 3-35 三位压力开关

表 3-1 三位压力开关控制参数及作用

压力开关性质	开关值	开关动作	作用
高压	压力≥3.14MPa	电路断开（关）	压缩机停转
中压	压力≥1.77MPa	电路接通（开）	冷凝风扇高速运转
中压	压力≤1.37MPa	电路又断开（关）	冷凝风扇回到低速运转
低压	压力≤0.196MPa	电路断开（关）	压缩机停转

4. 易熔塞与泄压阀

过去,在工程机械空调系统中,为了防止高压侧温度和压力异常升高造成系统损坏,常常用易熔合金做成易熔塞,当温度和压力异常升高时,易熔塞熔化,释放出制冷剂。但这种方法付出的代价是经济上的损失和对环境的污染,同时空气会进入空调系统。因此,目前大多采用泄压阀替代易熔塞,其结构见图3-36所示。

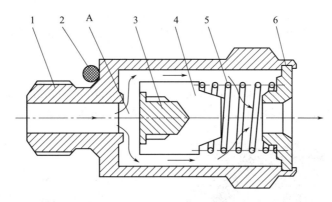

图 3-36 泄压阀
1—阀体;2—O形密封圈;3—密封塞;4—下弹簧座;5—弹簧;6—上弹簧

泄压阀一般安装在压缩机高压侧或储液干燥器上。正常情况下,弹簧力大于制冷剂压力,密封塞被压紧密封。当高压侧压力因故障而异常升高时,弹簧被压缩,密封塞被打开,制冷剂释放到大气中,压缩机压力立即下降。当压力低于设定值后,弹簧又立即将密封圈压紧。

四、电磁离合器

在非独立式工程机械空调系统中,压缩机的停、转都是靠电磁离合器与发动机联系的,电磁离合器的吸合或释放决定了空调制冷系统是否工作。然而,电磁离合器又是一个执行部件,受温度开关、压力开关、怠速调节装置、电源开关等元件的控制。

电磁离合器有定圈式及动圈式两种,前者电磁线圈固定在压缩机壳体上不转动,后者电磁线圈与皮带盘连在一起是转动的,目前已很少应用。两种电磁离合器的作用原理基本相同。

1. 电磁离合器的组成

电磁离合器由三大部件组成:带轮组件、衔铁组件、线圈组件,见图3-37所示。带轮由轴承支撑,可以绕主轴自由转动,其侧面平整,开有条形槽孔,表面粗糙,以便衔铁吸合后有较大的摩擦力。带槽有单槽、双槽和多楔齿形槽等。带轮以冲压件居多,以使它的另一侧有一定空间可嵌入线圈绕组。线圈绕组是用于产生电磁场的,有固定式和转动式两种。固定式线圈被固定在压缩机壳体上,有引线引出供接电源使用。衔铁组件由驱动盘、摩擦板、复位弹簧等组成,整个组件靠花键与压缩机主轴连接。

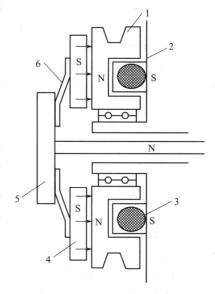

图 3-37 电磁离合器原理图
1—带轮;2—压缩机壳体;3—线圈;
4—摩擦板;5—驱动盘;6—弹簧爪

2. 电磁离合器的工作原理

当线圈绕组中有电流通过时，产生较强的电磁场，吸合衔铁与带轮组件紧密结合，这样，带轮的转动带动压缩机工作；当电流消失后，衔铁靠复位弹簧迅速与带轮分离，带轮仍在转动，但压缩机停止工作。

五、风机组件

工程机械空调制冷系统采用的风机按气体流向与风机主轴的相互关系，可分为轴流式风机和离心式风机两种。

1. 轴流式风机

冷凝器风机为轴流式风机，轴流式风机工作时气流沿风机的轴线方向流动，故名轴流式风机。它的特点是风量大，风压低，噪声较大。轴流式风机如图3-38所示。

图 3-38　轴流式风机

图 3-39　离心式风机

2. 离心式风机

蒸发器所用风机为离心式风机，靠电机带动风轮转动把空气离心甩出。它的特点是风压大，风量相对较小，噪声低。因其风压大，能把气流传到远处，所以适合用于车厢内管道送风，能把冷（暖）气送到远处乘客座位上方，故用于蒸发器鼓风。噪声小使乘员不至于感到不适而疲劳。离心式风机如图3-39所示。

3. 风机控制组件

（1）调速电阻及风机挡位开关

为了满足不同情况下乘员的乘凉需求，蒸发器风机应能实现不同转速。蒸发器风机转速的调节是靠风机挡位开关改变串联进风机电路的电阻大小进行控制的。

① 调速电阻　风机调速电阻常见有绕线式及陶瓷式两种形式。绕线式是把电阻丝按一定阻值绕成线圈的形状，通常把几个阻值的电阻线圈组合成一个调速电阻。陶瓷式调速电阻则是把各个阻值的电阻线圈烧结在陶瓷里，各电阻接线引脚连接至调速电阻的接线柱上。这种调速电阻由于有陶瓷作骨架，电阻不容易损坏。为避免电流过大，通常在调速电阻里串联过热保护器，当鼓风机电路的电流异常增大时，过热保护器内部烧断来保护电路的主要部件。过热保护器烧断后将不能恢复，必须更换。3挡的调速电阻通常带2个不同阻值的电阻，而4挡的调速电阻带3个不同阻值的电阻。

常见的陶瓷式风机调速电阻如图3-40所示。

图 3-40　陶瓷式风机调速电阻及过热保护器

② 风机挡位开关　风机挡位开关是一个带中心旋转动触头和几个定触头的机械开关，当旋转开关的旋钮时可把旋转触头与各个定触头分别接通，如图 3-41 中的 2 所示。为避免开空调制冷时无空气吹过蒸发器而导致蒸发器表面过冷而结冰，蒸发器风机挡位与制冷温控电路之间有联锁逻辑关系，即打开空调制冷时必须同时让风机运转，而风机运转时却不一定是制冷状态。

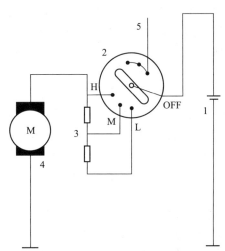

图 3-41　带联锁功能的三挡空调风机调速电路
1—电源；2—三挡风机开关；3—调速电阻；4—蒸发器风机；5—至压缩机控制电路

风机的控制开关挡位一般有二、三、四速等，通过改变风机开关与调速电阻的接通方式可令风机以不同转速工作。风机开关处于 L 位置时，至电动机的电流需经过两个电阻，风机低速运行；开关调至 M 位置，至电动机的电流需经一个电阻，风机按中速运转；开关拨至 H 位置时，线路中不串任何电阻，加至电动机的是电源电压，风机以最高速运转。

图 3-41 所示风机挡位开关内的 L、M、H 三个挡位的定触头的对面有另一长定触头连接至压缩机控制电路，风机必须在任一运转挡位，才会将电源接通。

至压缩机控制电路，压缩机才有运转制冷的可能，这样做保证了蒸发器鼓风机与制冷压缩机之间的联锁逻辑关系。

(2) 电控模块及大功率晶体管

现代空调为实现风速的无级调节及自动控制，风机的转速一般由电控模块通过大功率晶体管控制。

大功率晶体管组件通过控制风机的搭铁来控制其运转速度。它把来自程序机构的风机驱动信号放大，放大器的输出信号根据车内情况，按照指令提供不同的风机转速，实现风机的无级控制。

当冷却或加热需求大时，电控模块控制大功率晶体管的基极电压信号占空比大，单位时间内大功率晶体管的饱和导通时间长，风机将高速运转；而当车内温度达到设定温度时，风机速度又降为低速。

知识拓展

工程机械空调系统电路

工程机械空调系统电路是为了保证工程机械空调系统各装置之间的相互协调工作，正确完成工程机械空调系统的各种控制功能和各项操作，保护系统部件安全工作而设置的，是工程机械空调系统的重要组成部分。工程机械空调系统电路随着电子技术的应用，由普通机电控制、电子电路控制，逐步发展到微机智能控制，其功能、控制精度和保护措施得到了不断改进和完善。

空调种类繁多，电路形式各不相同，但其电气系统都有一定规律可循，分析电路时，只要分成风机控制、冷凝器风扇控制、温度控制（压缩机控制）、通风系统控制、保护电路等即可清楚了解其电路控制原理。

一、空调基本电路

1. 简单空调系统的电路

简单空调系统的电路如图 3-42 所示。

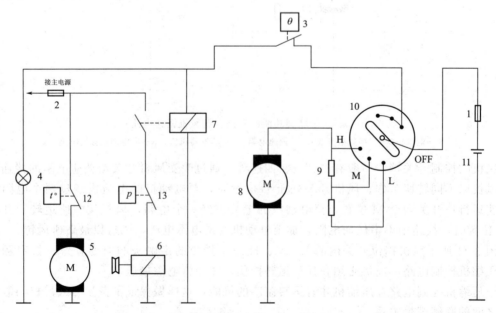

图 3-42　简单空调系统的电路

1,2—保险丝；3—温控器；4—空调工作指示灯；5—冷凝器风扇电机；6—电磁离合器；
7—空调继电器；8—蒸发器风扇电机；9—调速电阻；10—空调及风机开关；
11—蓄电池；12—温度开关；13—压力保护开关

其工作过程是：接通空调及风机开关，电流从蓄电池流经空调及风机开关后分为两路。一路通过调速电阻到蒸发器风扇电机。由两个调速电阻组成的调速电路使风机运转有三个速度，当开关旋转至 H（高速）时，电流不经电阻直接到电动机，因此这时电动机转速最高。当开关在 M（中速）时，电流只经一个调速电阻到风扇电机，因此电动机转速降低。在低位 L 时，两个电阻串入风机电路，这时电动机的转速最低。由于空调制冷系统工作时，要及时给蒸发器送风，防止其表面结冰，所以，空调系统电路的设计，必须保证只有在风机工作的前提下，制冷系统才可以启动，上述空调开关的结构和电路原理，也是各种空调电路所遵循的基本原则。

另一路经温控器 3 与空调继电器 7 和工作指示灯 4 构成回路。

温控器 3 的触点在高于蒸发器设定温度时是闭合的，如果由于空调的工作使蒸发器表面温度低于设定温度时，温控器触点断开，空调继电器 7 断电，电磁离合器 6 断电，压缩机停止工作，指示灯 4 熄灭，这时蒸发器风扇电机 8 仍可以继续工作。压缩机停止工作后，蒸发器温度上升，当高于设定温度时，温控器的触点又闭合，使压缩机再工作，使蒸发器温度控制在设定的温度范围内，保证了系统的正常工作。

为了加强冷凝器的冷却效果，空调系统都设置了专用的冷凝器冷却风扇，由电机 5 驱动，该风扇也是发动机冷却系统的组成部分。它的工作受温度开关 12 控制，当温度高于设定值时，自动接通散热风扇电机高速运转，使冷凝器强制冷却。注意：该电机的工作不受空调开关控制，只受温度开关控制，所以在空调停止运行时，它也可能启动运转，这在检修和测试系统时要格外小心。

电路中还设置了压力保护开关 13，其作用是防止系统超压工作，通常使用的是高低压组合开关，当系统压力异常时，自动切断压缩机电磁离合器，防止系统部件的损坏。

二、带各种功能的现代空调电路

一个功能完善的空调电路必须把各种控制因素，各种安全保护机制全部纳入电路中。以下以具有代表性的桑塔纳轿车空调电路作为例子，叙述带各种功能的现代空调电路。

桑塔纳空调控制系统主要由鼓风电动机（简称鼓风机）V_2；空调电磁离合器 N_{25}、空调继电器 J_{32}、温控开关 F_{33}、高压开关 F_{23}、低压开关 F_{73}、空调制冷开关 E_{30}、怠速电磁阀 N_{16} 以及电源等组成，如图 3-43 所示。

1. 各电器部件作用

① 电磁离合器用来控制空调压缩机和发动机之间的动力连接，只有电磁离合器通电时，带轮才带动压缩机运转。电磁离合器由空调制冷开关等控制。

② 鼓风电动机用来控制进风速度和进风量。为了调整速度，该机由鼓风机开关 E_0 控制，与鼓风机串联的调速电阻 N_{23} 使其有四种不同转速。鼓风机开关 E_0 电源来自 A 路电源，经过熔断器 S_{23}，并受空调继电器 J_{32} 控制，开关位于 1 挡时，N_{23} 的全部电阻都串入鼓风机电路，鼓风机转速最低；2、3 挡时，N_{23} 的部分电阻串入鼓风机电路，鼓风机转速较高；4 挡时，未串联电阻，此时鼓风机转速最高。为了便于散热，电阻器 N_{23} 位于鼓风机风箱内。

③ 空调制冷开关 E_{30}（A/C），位于仪表板上，控制制冷系统的工作。

④ 温控开关 F_{33} 位于蒸发器冷风进口，可以进行人工设定，一般低于 0℃ 时，F_{33} 断开，高于 2℃ 时，F_{33} 接通，防止蒸发器结霜，保证制冷系统正常工作。

⑤ 低压开关 F_{73} 位于储液器上，为了保证压缩机避免在缺乏制冷剂时工作而设置。当因

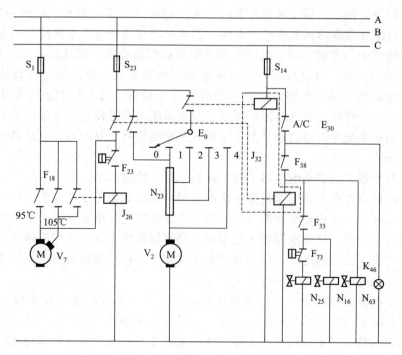

图 3-43 制冷系统的控制电路

S_1—冷却风扇熔断器；S_{14}—空调熔断器；S_{23}—鼓风机熔断器；K_{46}—空调指示灯；
J_{32}—空调继电器；J_{26}—冷却风扇继电器；E_{30}—空调制冷开关；E_0—鼓风机开关；
F_{73}—低压开关；F_{23}—高压开关；F_{18}—冷却风扇电机温控开关；F_{33}—温控开关；
F_{38}—环境温控开关；V_7—冷却风扇电机；V_2—鼓风机；N_{25}—空调电磁离合器；
N_{16}—怠速电磁阀；N_{63}—新鲜空气阀；N_{23}—调速电阻

制冷剂严重缺乏而压力低于200kPa时断开，高于200kPa时合上。

⑥ 高压开关 F_{23} 一般位于干燥过滤器上，当压力高于1500kPa时接通，冷却继电器 J_{26} 工作，接通冷却风扇电机高速接线端，加速冷却液和制冷剂的冷却。许多车辆还在电磁离合器的电路（或控制电路）中串联一个常闭的高压开关，当系统压力超过规定值时，高压开关断开，切断电路、保护压缩机。

⑦ 环境温控开关 F_{38} 位于新鲜空气进口处，当环境温度较低时，停止制冷系统的工作。一般当环境温度高于10℃时，环境温控开关 F_{38} 接通，此时可使用制冷系统；若环境温度低于2℃时，环境温控开关 F_{38} 断开，制冷系统不工作。

2. 空调控制系统工作原理

(1) 暖风和通风控制

点火开关接通使减荷继电器工作后，C路电源接通。如果只接通鼓风机开关（或当环境温度低于10℃时接通空调开关），由于新鲜空气电磁阀 N_{63} 断开，新鲜空气可以进入车厢，通过控制各风门的开闭，就可以实现强制通风和暖风。

(2) 制冷控制过程

当环境温度高于10℃时，环境温控开关 F_{38} 闭合。需要制冷时接通空调 A/C 开关 E_{30}，关闭新鲜空气通风口，鼓风机电路和冷凝器风扇电机电路接通运转，车内空气进入内循环，加强发动机冷却水的散热；并接通怠速电磁阀，提高发动机的怠速转速，同时控制系统根据设定温度通过空调压缩机的运转和停止，控制制冷循环的进行。

空调 A/C 开关 E_{30} 接通后，电流从电源正极经过减荷继电器触点、熔断器 S_{14} 到空调 A/C 开关 E_{30}，而后分三路：第一路经空调 A/C 指示灯 K_{46} 构成回路，指示灯 K_{46} 亮表示空调 A/C 开关接通；第二路经新鲜空气电磁阀 N_{63} 构成回路，使该阀动作以接通新鲜空气风门真空促动器的真空通路，鼓风机控制通过蒸发器总成的强制空气通道以降低空气温度、去除水分；第三路经环境温控开关 F_{38} 后又分为两路：一路到蒸发器温控开关 F_{33}，给电磁离合器 N_{25} 和控制怠速自调装置的电磁真空转换阀 N_{16} 供电，当蒸发器温度高于调定温度时，蒸发器温控开关 F_{33} 接通，电磁离合器电路接通吸合，压缩机才能运转制冷，同时电磁真空转换阀 N_{16} 动作而使发动机以较高的怠速转速运转以有足够的功率驱动压缩机工作；如果蒸发器温度低于调定温度，温控开关 F_{33} 断开，压缩机停止转动，同时电磁真空转换阀 N_{16} 断电，怠速自动调节装置不起作用。经环境温控开关 F_{38} 后的另一条电路是经空调继电器 J_{32} 构成回路，使其两对触点吸合，其中一对触点用于控制冷凝器冷却风扇电动机及其继电器 J_{26}，高压开关 F_{23} 和继电器 J_{26} 串联，当制冷系统高压侧压力低于 1.5MPa 时，高压开关 F_{23} 触点断开，冷却风扇低速运转，当制冷系统高压侧压力高于 1.5MPa 时，高压开关 F_{23} 触点接通，继电器 J_{26} 通电，触点闭合，冷却风扇高速运转以加强冷凝效果；另一对触点用于控制鼓风机 V_2，该触点在接通空调 A/C 开关 E_{30} 时，立即闭合，这时即使没有接通鼓风机电路，鼓风机 V_2 也将从该触点获得电流而低速旋转，以免开空调时接通空调 A/C 开关后忘记接通鼓风机电路使蒸发器表面不能获得强制通风而造成结冰现象。因此，在接通空调 A/C 开关 E_{30} 之前应先接通鼓风机开关 E_0。冷却风扇除了使冷凝器散热外，另一个作用是给发动机冷却水箱散热，其控制开关是 F_{18}，它不受空调系统开关的控制，当发动机水箱温度高 95℃时，温控开关 F_{18} 的低温开关闭合，冷凝器冷却风扇低速运转，当发动机水箱温度高于 105℃时，F_{18} 的高温开关闭合，冷却风扇高速运转。

低压开关 F_{73} 串联在蒸发器温控开关 F_{33} 和电磁离合器 N_{25} 之间，当制冷系统严重缺乏制冷剂而使系统压力过低时，F_{73} 的触点断开，使压缩机无法运转。

环境温控开关 F_{38} 的作用是在环境温度很低，空调器不需要工作时，切断压缩机电磁离合器的电路。

校企链接

微机控制空调系统在挖掘机中的应用

一、微机控制空调系统概述

上述的基本空调系统操作简便，基本上能使乘室内的温度保持在设定的温度范围之内。但需要人工调节风速、温度等参数，从气流循环模式、发动机工况变化以及空调系统的节能、运行状况的检测等各方面考虑还无法达到对乘室内环境的全季节、全方位多功能的最佳控制和调节。随着微型计算机的不断发展和在工程机械上的广泛应用，在一些中高档工程机械上相继出现了由微型计算机控制的自动空调系统。由微机控制的空调系统工作原理如图 3-44 所示。

这种自动空调系统以微型计算机为控制中心，结合各传感器对工程机械发动机的有关运行参数（如冷却液温度、转速等），乘室外的气候条件（如气温、空气湿度、日照强度等），

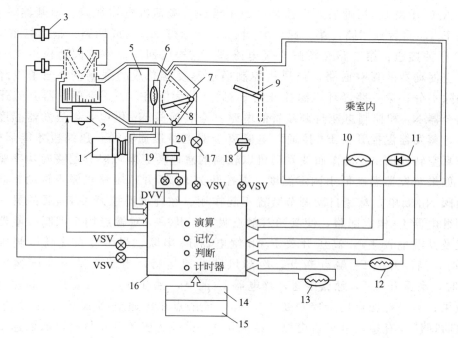

图 3-44 微机控制的空调系统工作原理

1—压缩机；2—鼓风机；3—真空驱动器；4—回风风门；5—蒸发器；6—蒸发器传感器；7—加热器；8—温度门；9—出风口转换风门；10—乘室内温度传感器；11—日照传感器；12—车外温度传感器；13—发动机冷却液温度传感器；14—运行方式开关；15—温度设定开关；16—微型计算机；17—热水阀；18—转换风门真空驱动器；19—反馈电位器；20—温度门控制电磁阀；DVV—降温、升温电磁阀；VSV—电磁真空转换阀

乘室内的平均温度、湿度、空调送风模式（送风温度、送风口的选择等）以及制冷压缩机的开、停状况，制冷循环有关部位的温度、制冷剂压力等多种参数进行检测，并与操作面板送来的信号（如设定温度信号、送风模式信号等）进行比较，通过计算处理后进行判断，然后输出相应的调节和控制信号，通过相应执行机构（如电磁真空转换阀和真空电磁阀、风门电机、继电器等），对压缩机的开、停状况、送风稳定、送风模式、热水阀开度等作及时的调整和修正，以实现对乘客室内空气环境进行全季节、全方位、多功能的最佳调节和控制。

以下以 VOLVO EC210B 挖掘机空调为例，介绍微机控制空调系统在挖掘机中的应用。

二、VOLVO EC210B 挖掘机空调制冷系统

VOLVO EC210B 挖掘机空调制冷系统的控制电路如图 3-45 所示。

1. VOLVO EC210B 挖掘机空调制冷原理

图 3-46 是 VOLVO EC210B 挖掘机的空调制冷系统。

鼓风机的吸气气流可通过循环风门选择室内还是室外空气。进气气流先经过蒸发器降温，由混合风门根据设定的温度要求控制流经加热器芯子的风量来调节温度。混合风门有多种气流混合状态，或处于最大制冷需求状态，气流不经加热器芯子；或处于暖风状态，压缩机不运转，全部气流经过加热器芯子；或根据设定的温度需要来调节出风温度，混合风门处于某一中间状态。

出风口的选择通过出风风门的开闭，可以让气流经上部风口吹向脸部；也可以经下部风口吹向脚部。另有一路出风口吹向前玻璃，可以除去玻璃上的冰霜。

寒冷地区需要制暖时，因气温低，靠发动机冷却系统的热源不足以让驾驶室快速暖起

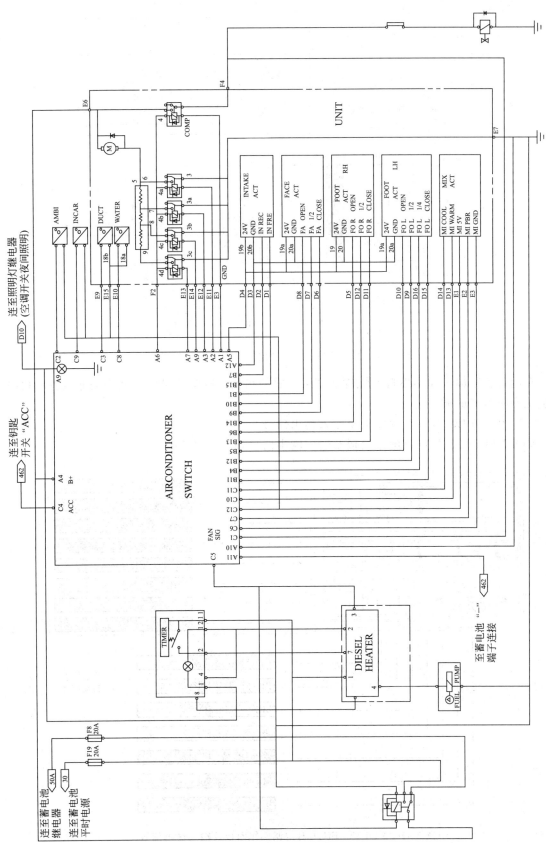

图 3-45 VOLVO EC210B 挖掘机空调制冷系统的控制电路

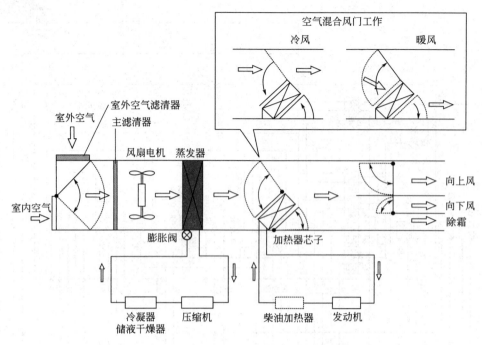

图 3-46　VOLVO EC210B 挖掘机空调制冷系统

来，专门设置了以柴油为燃料的燃烧器产生足够的热量，取暖热量的传递仍是通过发动机冷却系统的防冻液的循环进行。

2. VOLVO EC210B 空调面板及输入输出信号

VOLVO EC210B 空调操作面板及输入输出信号如图 3-47 所示。

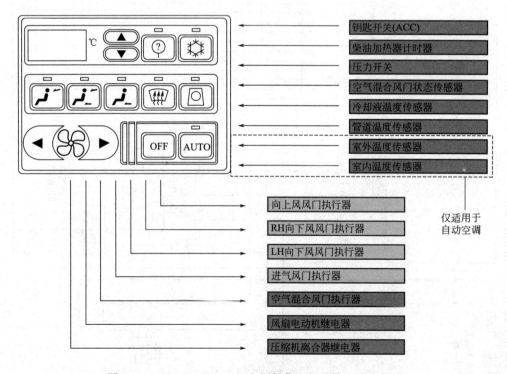

图 3-47　VOLVO EC210B 空调操作面板及输入输出信号

温度设定范围为 16~32℃，每按一次开关调整 1℃，所设定温度在显示屏上显示。当打开空调时，自动调整为以前设置的温度。新安装的空调控制器，所设定温度为 25℃。此外，空调具备查询功能，通过查询键可了解空调系统的各个运行参数、故障情况等。

3. VOLVO EC210B 挖掘机空调制冷系统自诊断故障码

自诊断故障码如表 3-2 所示。

表 3-2　VOLVO EC210B 挖掘机空调制冷系统自诊断故障码

故障码	部件	故障原因
E1	室内温度传感器值	输入值异常
E2	室外温度传感器值	输入值异常
E3	混合门位置传感器	输入值异常
E4	冷却液温度传感器	输入值异常
E5	管道温度传感器	输入值异常
E6	混合装置	空气混合执行器运转异常

检查出故障码 E5 时，压缩机离合器将被关闭。当检查出故障时，空调控制器自动转换为紧急模式。

故障诊断

空调系统的维修与故障诊断

空调系统作为现代工程机械的重要组成部分，正确地使用以及对其各组成部件定期进行系统的检查，便有可能检测出一些日常使用时无法察觉的故障。提早检测出故障，进行正确的修理，不仅可以使车辆免受不必要故障的困扰，而且还可以延长空调系统及其零部件的使用寿命。

一、工程机械空调系统的正确使用及常规检查

工程机械空调几乎全是非独立式结构，因此，空调系统的使用除了与空调本身的结构、原理和操作调节有关外，还应兼顾工程机械本身的行驶状况，才能使工程机械空调系统保持在最佳工作状态，并延长其使用寿命。

1. 工程机械空调的正确使用

使用工程机械空调时必须注意以下几点。

① 使用空调以前应首先了解空调操作控制板上各滑动拨钮开关和按键的功能。

② 使用空调时，最好在发动机怠速稳定运转几分钟后，打开鼓风机开关至某一挡位，然后再按下空调 A/C 开关以启动压缩机。需要注意的是当温度调节处于最大冷却位置时，应尽量使用鼓风机的高速挡，以免蒸发器过冷而结冰。避免出现温度调节处于最大冷却位置而鼓风机却在最低速挡的情况。

③ 在只需要换气而不需要冷气时，只需打开鼓风机开关则可，不要启动压缩机。

④ 工程机械行驶中，在长距离爬坡或需要超车时，应暂时停止压缩机工作，以免发动机动力不足或发动机超负荷运行而过热。

⑤ 工程机械在夜间行驶时，由于整车耗电量较大，不应长时间使用空调以免引起蓄电

池亏电。

⑥ 在工程机械停驶时,连续使用空调的时间不能太长,以免冷凝器和发动机因散热不良而过热,影响空调的制冷性能和发动机寿命。

⑦ 在工程机械发动机怠速状态使用空调时,应适当提高发动机转速至 $800\sim1000\text{r/min}$ 以上,以免发动机因驱动压缩机而熄火(有怠速提升装置的可自动提高发动机转速)。

⑧ 夏季停放车辆时,应尽量避免阳光直射,以减小空调的热负荷。

2. 工程机械空调系统的常规检查

为保证工程机械空调系统运行正常,平时应进行常规检查,检查时将工程机械停放在通风良好的场地上,使发动机转速维持在 1600r/min 左右,鼓风机风速调至最高挡,使车内空气处于外循环,让空调处于最大制冷状态,此时便可进行下列检查。

① 用手触摸制冷管路感受表面温度。当用手触摸制冷管路时,低压管路温度较低,高压管路温度较高,且由压缩机至膨胀阀入口段温度是逐渐下降的。

高压管路:从压缩机出口—冷凝器—储液罐—膨胀阀入口处。

低压管路:从膨胀阀出口—蒸发器—压缩机进口。在压缩机高、低压侧应该有明显温差。

② 用眼观察制冷系统渗漏部位。制冷系统中的所有连接部位或冷凝器表面一旦发现油渍,说明此处有制冷剂泄漏。也可用较浓的肥皂水涂抹在可疑之处,观察是否有气泡出现。

③ 从安装在储液干燥罐顶部的观察玻璃窗口判定工况。

a. 清晰、无气泡,若出风口是冷的,说明制冷系统工作正常;若出风口不冷,说明制冷剂已严重泄漏;若出风口冷气不足,关掉压缩机1min后仍有气泡慢慢流动,或在停止压缩机后的一瞬间就清晰、无气泡,说明制冷剂太多。

b. 偶尔出现气泡,若膨胀阀结霜,则说明有水分;若膨胀阀没有结霜,则可能是制冷剂缺少或有空气。

c. 观察窗口玻璃上有油纹,出风口不冷,则说明制冷系统中完全没有制冷剂。

d. 出现泡沫且很浑浊,可能是制冷系统中加入冷冻油过多,或干燥剂散开了。

④ 检查空调系统各部件的固定情况,是否有松动,对松动处进行加固。

⑤ 需定期检查压缩机传动皮带的张紧度,松弛的要张紧。

⑥ 空调系统的空气滤清器应定期用压缩空气进行清洗保养,一定的保养次数后必须更换。

二、工程机械空调系统的故障诊断与排除

由于工程机械空调系统大多习惯上作为制冷系统的代名词,因此空调系统的故障主要是指制冷系统的故障,其故障一般表现为:完全不制冷、制冷量不足、间断性制冷、空调工作噪声等。其故障原因可归纳为:制冷系统故障、电路及控制系统故障、机械系统故障及送风和操作调控系统故障。具体故障原因及排除方法见表3-3。

表3-3 空调系统的故障诊断与排除

故障现象	故障原因	排除方法
完全不制冷	(1)制冷系统故障 ①制冷系统内无制冷剂(完全泄漏) ②储液干燥器完全脏堵 ③膨胀阀进口滤网完全脏堵 ④膨胀阀阀门打不开 ⑤压缩机进排气阀片损坏,使压缩机失去吸气和排气能力	①检漏、修复并充注制冷剂 ②更换储液干燥器 ③清洗或更换进口滤网 ④更换膨胀阀 ⑤拆检压缩机进排气阀片组件或更换相同规格压缩机

续表

故障现象	故障原因	排除方法
完全不制冷	(2)电路及控制系统故障 ①电磁离合器线圈搭铁不牢或脱焊断路 ②电路保险烧断 ③控制开关失效 ④鼓风机不运转	①拧紧搭铁端部,检查线圈及有关电路 ②检查、更换 ③更换控制开关 ④检修鼓风机及有关电路
	(3)机械系统故障 ①压缩机传动带松弛或折断 ②压缩机机件损坏、卡死不转动 ③鼓风机机件损坏、卡死不转动	①紧定传动带或更换新品 ②检查或更换 ③检查或更换
	(4)风道及调控系统故障 ①热水阀不能关闭 ②空气混合门位于取暖位置	①维修或更换热水阀控制器件 ②调整空气混合门使其位于制冷位置
制冷量不足	(1)制冷系统故障 ①制冷剂充注量不足或制冷剂部分泄漏(检测压力:低压侧压力低于78kPa,高压侧压力低于883kPa) ②制冷剂过量(检测压力:低压侧压力高于245kPa,高压侧压力高于1962kPa) ③冷凝器散热不良 ④膨胀阀阀门开启量过大或过小 ⑤膨胀阀进口滤网部分"脏堵" ⑥制冷系统内有空气 ⑦冷冻油加注量过多 ⑧制冷管路部分堵塞	①补充制冷剂量或检漏修复并充注制冷剂 ②从低压侧缓慢放出多余制冷剂 ③检查散热风扇皮带及控制转速高压开关,改善散热效果 ④检查调整或更换膨胀阀 ⑤清洗或更换膨胀阀进口滤网 ⑥放出系统内制冷剂,反复抽真空后再重新充注制冷剂 ⑦快速放出制冷剂,并重新补充 ⑧制冷剂更换或疏通堵塞管路
	(2)电路及控制系统故障 ①鼓风机转速过低 ②电磁离合器打滑 ③温控器失调或控制温度调整过高 ④冷凝器冷却风扇不转或转速过低	①检查鼓风机及控制电路 ②检查调整其间隙及检修线圈电路 ③检查温控器及对其控制温度重新调整 ④检查冷却风扇及控制电路
	(3)机械系统故障 压缩机驱动带过松、打滑	紧定驱动带或更换新品
	(4)风道及调控系统故障 ①蒸发器空气进口滤网脏堵 ②风道连接处或风道外壳破裂漏气 ③热水阀开度过大 ④空气混合门位置不当	①清洁滤网杂质 ②紧定修复风道连接、外壳破裂处 ③检查调整热水阀开度 ④调整空气混合门位置
间断制冷	(1)制冷压缩机运转正常时 ①制冷系统中有"冰堵" ②温控开关热敏电阻或感温包失灵 ③鼓风机损坏或控制开关损坏	①放出制冷剂、抽真空后重新充注制冷剂 ②检查、调整温控开关或更换 ③检查修复或更换
	(2)制冷压缩机有时转有时不转时 ①电磁离合器打滑 ②电磁离合器线圈松脱或搭铁不良 ③空调继电器开、闭失控 ④压缩机传动带严重打滑	①检查、调整电磁离合器 ②检查、紧定电磁离合器线圈 ③检查、调整或更换空调继电器 ④调整皮带张力或更换皮带

续表

故障现象	故障原因	排除方法
制冷系统噪声	(1)制冷系统外部噪声 ①压缩机传动带过松或过度磨损 ②压缩机安装支架、固定螺钉松动 ③压缩机进排气阀片破损或轴承损坏 ④鼓风机风扇叶片振动或安装松动 ⑤电磁离合器间隙调整不当 ⑥电磁离合器轴承缺油或损坏	①将传动带紧定或更换 ②紧定压缩机固定螺钉 ③拆修或更换压缩机 ④检修、固装鼓风机 ⑤调整电磁离合器间隙 ⑥对轴承注油或更换
	(2)制冷系统内部噪声 ①系统制冷剂过多,工作噪声 ②系统制冷剂过少,膨胀阀产生噪声 ③系统有水分,引起膨胀阀产生噪声 ④系统高压管路压力过高,引起压缩机振动	①放出适当多余制冷剂 ②充注适当制冷剂 ③放出制冷剂、抽真空、重新充注制冷剂 ④检查高压限压阀,调整或更换

实验实训

实训　挖掘机空调维护

一、实验目的

掌握工程机械空调日常的维护及检修方法。

二、实验设备

VOLVO EC210B 挖掘机一台,常用工具一套。

三、实训操作步骤

1. 空调滤清器的清洁

如果空调滤清器堵塞,空气流、制冷和制暖能力将减少,因此要定期清洁。
每 250h 清洁一次预滤器,每 500h 清洁一次主滤清器,每 1000h 更换一次。
VOLVO EC210B 挖掘机滤清器位置如图 3-48 所示,操作步骤如下。
① 松开螺栓（A）。
② 拉动预滤器（C）上的滤清器杆（B）。
③ 打开 4 个栓销,打开盖子（D）并取出主滤清器。
④ 使用最高压力为 500kPa（5bar）清洁干燥的压缩空气清洁滤清器,清洁时注意气流应从滤芯干净的一面吹向肮脏面。喷嘴与滤清器的距离不小于 3~5cm。
⑤ 如果该滤清器已经损坏,或严重污染,就用新的更换。
⑥ 安装滤清器时,按相反顺序组装。

2. 空调的皮带张力检查

每 500h 需检查一次皮带。在正确的皮带张力下,可以压下皮带大约 110mm±10mm。如果必要,进行调节。
如图 3-49 所示,操作步骤如下。
① 松开螺母（C）。
② 用调节螺母（B）调节张力。
③ 拧紧螺母（C）。

项目三 工程机械空调系统的应用与检修

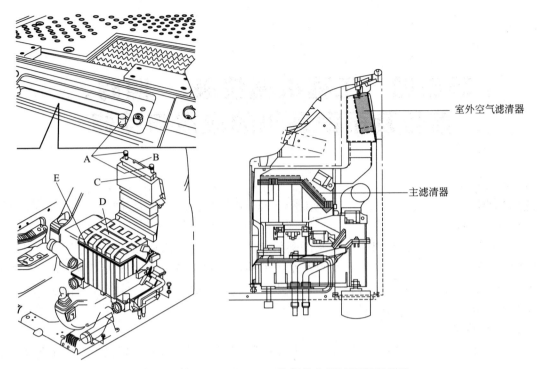

图 3-48 VOLVO EC210B 挖掘机空调滤清器的位置

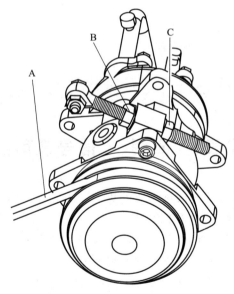

图 3-49 空调压缩机皮带张紧度调节
A—空调皮带；B—调节螺母；C—螺母

项目小结

本项目在介绍了工程机械空调系统的结构、组成和工作原理的基础上，系统地分析了空调系统的技术控制方案，并且以 VOLVO 挖掘机为例，论述了工程机械空调系统的工作过程，最后提出了工程机械空调系统的常见故障诊断方法。

项目四　工程机械仪表、照明、信号及雨刮系统的应用与检修

教学前言

1. 教学目标

掌握工程机械仪表、照明、信号及雨刮系统的特点、系统组成和基本工作原理；能够熟练使用工程机械仪表、照明、信号及雨刮系统的检修仪器设备和调试方法；能运用工程机械仪表、照明、信号及雨刮系统的相应知识分析工程机械仪表、照明、信号及雨刮系统的常见故障原因，并掌握排除故障的方法。

2. 教学要求

熟悉工程机械仪表、照明、信号及雨刮系统的作用、组成和工作原理；掌握工程机械仪表、照明、信号及雨刮系统的日常维护方法及常见故障的排除。

3. 引入案例

① VOLVO EC210B 电子仪表；
② U243B 型集成电路式电子闪光器。

系统知识

单元一　仪表、照明、信号及雨刮系统概述

1. 工程机械仪表的作用

仪表是驾驶员与工程机械进行信息交流的界面，为驾驶员提供必要的机械运行信息，同时也是维修人员发现和排除故障的重要工具。

工程机械仪表应结构简单，耐振动，抗冲击性好，工作可靠。在电源电压允许的变化范围内，仪表示值应准确，且不随环境温度的变化而变化。

仪表板（instrument panel）总成一般由面罩、表框、表芯、表座、底板、印制线路板、插接器、报警灯及指示灯等部件组成。有些仪表还带有仪表供电稳压器及报警蜂鸣器。不同类型工程机械装用的仪表个数及结构类型不同。

组合式仪表板可方便地进行分解，单独更换。照明、报警或指示用灯泡损坏则从仪表板外面就可将灯泡更换。

2. 工程机械仪表的发展趋势

传统的工程机械仪表多为机电式模拟仪表，只能给驾驶员提供工程机械运行中必要而又少量的数据信息，已远远不能满足现代工程机械的要求。

随着电子技术的发展，多功能、高精度、高灵敏度、读数直观的电子数字显示及图像显

示的仪表不断在汽车上应用。

工程机械仪表正向综合信息系统的方向发展，其功能不局限于现在的车速、里程、发动机转速、油量、水温、方向灯指示等，还增添了一些新功能，比如带 ECU 的智能化挖掘机仪表，能提供泵阀系统运行状态和参数，以及故障码读取、车辆定位动态显示等功能等。

3．工程机械雨刮装置的作用

工程机械雨刮装置用于除去挡风玻璃上的雨水、雪及沙尘，保证在不良天气时驾驶员仍具有良好的视线。

4．工程机械照明信号灯的种类、特点及用途

工程机械照明灯是工程机械夜间行驶必不可少的照明设备，为了提高工程机械的行驶速度确保夜间行车的安全，工程机械上装有多种照明设备。工程机械照明灯根据安装位置和用途不同，一般可分为外部照明装置、内部照明装置。工程机械照明灯的种类、特点及用途见表 4-1。

表 4-1　工程机械照明灯的种类、特点及用途

种　类	外照明灯			内照明灯		
	前照灯	雾灯	牌照灯	顶灯	仪表灯	行李厢灯
工作时的特点	白色常亮远近光变化	黄色或白色单丝常亮	白色常亮	白色常亮	白色常亮	白色常亮
用途	为驾驶员安全行车提供保障	雨雪雾天保证有效照明及提供信号	用于照亮工程机械尾部牌照	用于夜间车内照明	用于夜间观察仪表时的照明	用于夜间拿取行李物品时的照明

为了确保夜间行车的安全，前照灯应保证车前有明亮而均匀的照明，使驾驶员能够辨明车前 100m（或更远）内道路上的任何障碍物。

前照灯应具有防眩目的装置，以免夜间会车时，使对方驾驶员眩目而发生事故。

工程机械上除照明灯外，还有用以指示其他车辆或行人的灯光信号标志，这些灯称为信号灯。

信号灯也分为外信号灯和内信号灯，外信号灯指转向指示灯、制动灯、尾灯、示宽灯、倒车灯，内信号灯泛指仪表板的指示灯，主要有转向、机油压力、充电、制动、关门提示等仪表指示灯。各种信号灯的特点及用途见表 4-2。

表 4-2　信号灯的种类、特点及用途

种　类	外信号灯					内信号灯	
	转向灯	示宽灯	停车灯	制动灯	倒车灯	转向指示灯	其他指示灯
工作时的特点	琥珀色交替闪亮	白或黄色常亮	白或红色常亮	红色常亮	白色常亮	白色闪亮	白色常亮
用途	告知路人或其他车辆将转弯	标志工程机械宽度轮廓	标明工程机械已经停驶	表示已减速或将停车	告知路人或其他车辆将倒车	提示驾驶员车辆的行驶方向	提示驾驶员车辆的状况

单元二　工程机械仪表系统

一、传统仪表的结构与工作原理

一般工程机械的传统仪表有电压表、电流表、机油压力表、水温表、燃油表、发动机转

速表和车速里程表等。这些仪表显示工程机械运行的主要常规参数。大部分都集中安装在驾驶室内方向盘正前方的专用仪表板上，它们的安装布局随各制造厂和工程机械机型不同而有所差别。

1. 电压表

电压表用来指示电源系统的工作情况。它不仅能指示发电机和电压调节器的工作状况，同时还能指示蓄电池的技术状况，比电流表和充电指示灯更直观和实用。

发动机启动时，电压表指示值在 9～10V 范围内为正常。如果电压表示值在启动时过低，说明蓄电池亏电或有故障。若启动前后，电压表示值基本不变，则表明发电机不发电。

若工程机械正常工作状态时，电压表示值不在 13.5～14.5V 范围之内，说明电压调节器或发电机有故障。常见的电压表有电磁式和电热式两种，受点火开关控制，如图 4-1、图 4-2 所示。

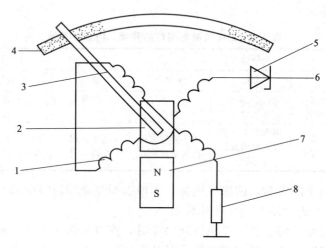

图 4-1　电磁式电压表

1—交叉电磁线圈；2—转子；3—指针；4—刻度板；5—稳压管；6—接线柱；7—永久磁铁；8—限流电阻

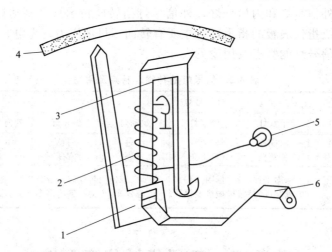

图 4-2　电热式电压表

1—指针；2—电热丝；3—双金属片；4—刻度板；5—接线柱；6—支架

（1）电磁式电压表

电磁式电压表由两只十字交叉布置的电磁线圈、永久磁铁、转子、指针及刻度盘组成。

两线圈与稳压管及限流电阻串联,如图 4-1 所示。

当电源电压低于稳压管的击穿电压时,永久磁铁将转子磁化,保持指针在初始位置。电源电压达到稳压管的击穿电压后,两电磁线圈通过电流产生合成磁场,该合成磁场与永久磁铁磁场相互作用,使转子带动指针偏转。电源电压越高,通过电磁线圈的电流越大,其磁场就越强,指针偏转的角度也越大。

这种表头所能通过的电流很小,两端所能承受的电压也很小,为了能测量实际电路中的电压,需要给这个电压表串联一个比较大的限流电阻,做成电压表。这样,即使两端加上比较大的电压,但大部分电压作用在限流电阻上,减小了表头上的电压。

(2) 电热式电压表

电热式电压表也称双金属片式电压表,由指针、电热丝、双金属片、刻度板、接线柱、支架组成,如图 4-2 所示。

双金属片由两种不同线胀系数的金属铆合在一起,当绕在双金属片上的电热丝通过电流时会发热,让双金属片发生变形,带动指针显示电压值,电压越高,通过电热丝的电流越大,发热量也越大,双金属片的变形量也就越大,指示的电压值就越高。

2. 电流表

电流表用来指示蓄电池的充放电电流值,监视充电系统工作是否正常。电流表串接在发电机和蓄电池之间用来指示蓄电池充电或放电的电流值。通常把它做成双向工作方式,表盘的中间刻度为"0",一边为+20(或+30)A,另一边为-20(或-30)A。发电机向蓄电池充电时,指示值为"+",蓄电池向用电设备放电时,指示值为"-"。

电流表按结构可分为电磁式和动磁式两种。

(1) 电磁式电流表

常用的电磁式电流表是根据磁场对通电导线的作用原理制成的,其结构如图 4-3 所示。

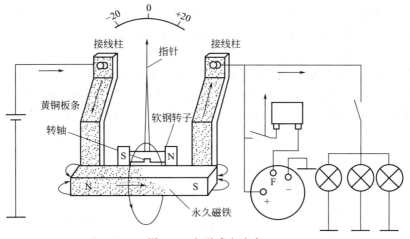

图 4-3 电磁式电流表

电磁式电流表的工作原理如图 4-4 所示。

由细导线制成的线圈绕在一个可以绕轴转动的铝框上,铝框的转轴上装有两个扁平的螺旋弹簧和一个指针。线圈的两端分别接在这两个螺旋弹簧上,被测电流就是经过弹簧进入线圈的。马蹄形磁铁的两极上各有一个内壁为圆柱面的极靴,在铝框内有一个固定的圆柱形铁芯,极靴和铁芯的作用就是使它们之间的磁感线都沿半径方向,并且沿圆周均匀分布,如图 4-4 所示。这样,当线圈在磁场中运动时,无论转到什么位置,它的平面都跟磁感线平行。

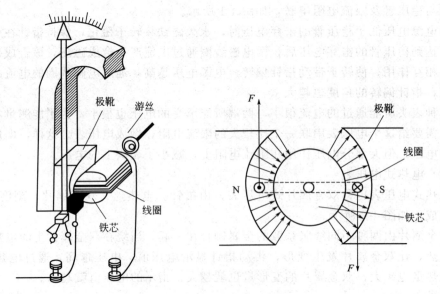

图 4-4 电磁式电流表的工作原理

当电流通过线圈时,线圈上跟轴线平行的两边都受到磁场力的作用,这两个力的作用使线圈发生转动。线圈转动时,螺旋弹簧被扭动,产生一个阻碍线圈转动的作用力,且此作用力随线圈转动角度的增大而增大。当这种阻碍作用增大到与磁场力的转动作用相抵消时,线圈停止转动。

磁场对电流的作用力跟电流成正比,因而线圈中的电流越大,磁场力的转动作用也越大,线圈和指针偏转的角度也越大,因此根据指针偏转角度的大小,可以知道被测电流的强弱。

当线圈中的电流方向改变时,磁场力的方向也会随着改变,指针的偏转方向也随着改变。所以,根据指针的偏转方向,可以知道被测电流的方向。

(2) 动磁式电流表

如图 4-5 所示。黄铜导电板固定在绝缘底板上,两端与接线柱相连,中间装有磁轭,指针和永久磁铁转子通过针轴安装在导电板上。电流表的"＋"接线柱与蓄电池组的"＋"极相接,电流表的"－"接线柱与发电机的输出接线柱（B、A、＋）相接。

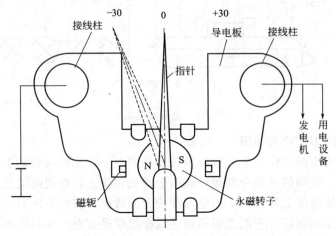

图 4-5 东风 EQ1092 型汽车用动磁式电流表

当没有电流通过电流表时，永久磁铁转子通过磁轭构成磁回路，使指针保持在中间"0"的位置。当蓄电池处于放电状态时，电流由接线柱经导电板流向接线柱，此时导电板周围产生磁场，使安装在针轴上的永磁转子带动指针向"—"方向偏转一定角度，指示出放电电流读数。电流越大，偏转角度越大，则读数越大。当蓄电池处于充电状态时，由于电流方向相反，指针偏向"+"方向，指示出充电电流的大小。

3. 机油压力表

机油压力表简称油压表或机油表。其作用是指示发动机主油道机油压力。它由装在发动机主油道（或粗滤器壳）上的油压传感器配合工作。常用的机油压力表有电热式和电磁式两种。

（1）电热式机油压力表

电热式机油压力表也称双金属片式机油压力表，机油压力表与电热式传感器的基本结构如图 4-6 所示。

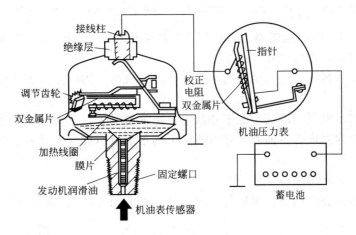

图 4-6　电热式机油压力表

当点火开关置 ON 时，电流流过机油压力传感器的双金属片的加热线圈，双金属片受热变形，使触点分开；随后双金属片又冷却伸直，触点重又闭合。

当油压降低时，传感器膜片变形小，触点压力小，闭合时间短，打开时间长，变化频率低，电路中平均电流小，机油压力表的双金属片弯曲变形小，指针偏摆角度小，指向低油压；反之，当油压升高时，指针偏摆角度大，指向高油压。

为使油压的指示值不受外界温度的影响，机油压力传感器的双金属片制成"H"形，其上绕有加热线圈的一边称为工作臂；另一边称为补偿臂。当外界温度变化时，工作臂的附加变形被补偿臂的相应变形所补偿，使指示值保持不变。在安装传感器时，必须使传感器壳上的箭头向上，不应偏出±30°位置，使工作臂产生的热气上升时，不至于对补偿臂产生影响，造成误差。

机油压力表的正常压力指示范围为 200~400kPa；发动机低速运转时，压力最低不低于 150kPa；发动机高速运转时，压力最高不大于 500kPa。

（2）电磁式机油压力表与可变电阻式机油压力传感器

电磁式机油压力表与可变电阻式机油压力传感器的基本结构如图 4-7 所示。

当油压降低时，传感器的电阻值增大，线圈 L1 中的电流减小，线圈 L2 中的电流增大，转子 2 带动指针 3 随合成磁场的方向逆时针转动，指向低油压；当油压升高时，传感器 5 的

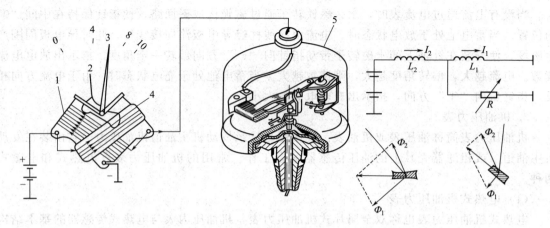

图 4-7 电磁式机油压力表与可变电阻式机油压力传感器的基本结构
1—L1 线圈；2—铁磁转子；3—指针；4—L2 线圈；5—可变电阻式机油压力传感器

电阻值减小，线圈 L1 中的电流增大，线圈 L2 中的电流减小，转子 2 带动指针 3 随合成磁场的方向顺时针转动，指向高油压。

目前，一些工程机械上的机油压力表已取消，由机油压力故障报警灯代替。

4. 水温表

水温表用来指示发动机冷却水的工作温度，正常情况下，水温表指示值应为 85~95℃。它由装在汽缸盖上的温度传感器和装在仪表板上的水温表组成。水温表主要类型有双金属片式和电磁式。

（1）双金属片式水温表

双金属片式水温表除刻度板示值与电热式油压表不同外，其他结构都是相同的。

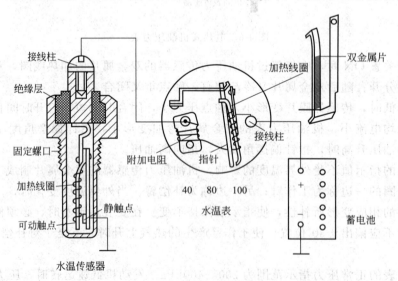

图 4-8 双金属片式水温表配电热式传感器

水温传感器是一个密封的铜套筒，内装有条形双金属片，其上绕有加热线圈。线圈的一端与活动触点相接，另一端通过接触片、接线柱与水温指示表加热线圈串联。固定触点通过铜套筒搭铁，双金属片对触点有一定的预压力，其受热后向上弯曲时触点压力减小或分开。

当水温很低时，水温传感器的双金属片经加热变形向上弯曲，触点分开，由于水温较低，很快冷却，触点又重新闭合，如此反复。故触点闭合时间长，分开时间短，流经加热线圈的平均电流大，水温表中双金属片变形大，指针指向低温。

当水温增高时，传感器密封套筒内温度也增高，因此，双金属片受热变形后，冷却的速度变慢，所以触点分开时间变长，触点闭合时间缩短，流经加热线圈的平均电流减小，双金属片变形减小，指针偏转角度减小，指示较高温度。

（2）电磁式水温表

双线圈电磁式水温表的结构和线路连接如图4-9所示。电磁式水温表内有左、右两个铁芯，并分别绕有左、右线圈C、H，其中的左线圈与电源并联，右线圈与传感器串联。两个线圈的中间置有软钢转子，其上连有指针。接线柱一端与蓄电池的正极连接，接线柱另一端与负温度系数热敏电阻式传感器正极连接。

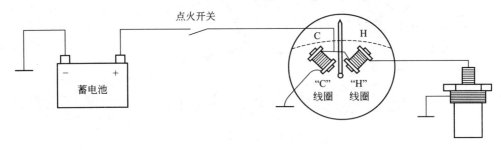

图4-9　双线圈电磁式水温表的结构和线路连接

电源电压稳定时通过左线圈的电流不变，因而它所形成的磁场强度是一定值，而通过右线圈的电流大小则取决于与它串联的传感器热敏电阻的电阻值。热敏电阻为负温度系数，发动机冷却水温较低时热敏电阻值大，右线圈电流小、磁场弱，合成磁场主要取决于左线圈，使指针指示低温；反之，指针指示高温。

三线圈式水温表结构原理如图4-10所示。三线圈水温表与负温度系数热敏电阻式水温传感器配套工作，其原理与双线圈电磁式水温表相同，不再赘述。

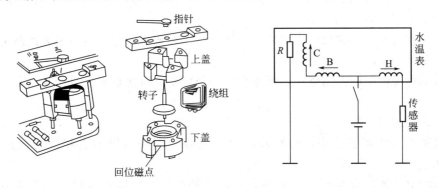

图4-10　三线圈电磁式水温表结构原理

为防止车辆行驶过程中由于振动引起指示器指针摆动，该类指示器使用了聚硅氧烷阻尼油，因此，当接通或断开点火开关后，指针将稍停一段时间后才偏转。

因供电电压对水温表的稳定性有影响，为此，水温表电路需要稳压器提供一个稳定不变的电压，以保证水温表读数准确。

5. 燃油表

燃油表的作用是用来指示燃油箱内储存燃油量的多少，它由传感器和指示表组成。传感器均为可变电阻式，但指示表有电磁式和双金属片式两种。

(1) 电磁式燃油表

电磁式燃油表结构和线路连接如图 4-11 所示。燃油指示表内有左、右两个铁芯，并分别绕有左、右线圈，两个线圈的中间置有铁转子，其上连有指针。右线圈与可变电阻并联，然后与左线圈、点火开关、蓄电池串联。传感器由可变电阻和浮子组成，浮子随油面沉浮并带动可变电阻变化。

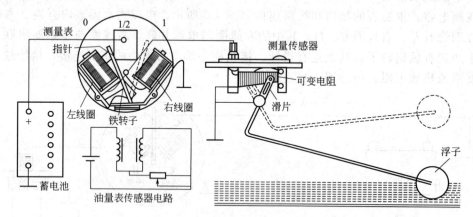

图 4-11 电磁式双线圈燃油表

燃油箱内无油时浮子下沉到最低处，可变电阻和右线圈均被短路，此时左线圈在全部电源电压的作用下通过的电流达最大值，产生最强的电磁吸力，吸引转子使指针停在最左边的"0"位置上；随着燃油箱中油量的增加，浮子上浮并带动滑片向左移动，可变电阻部分接入，此时左线圈的电流相应减小，使左线圈电磁吸力减弱，而右线圈的电流增大，产生电磁吸力增强，在合成磁场的作用下转子带动指针向右偏转，使燃油量指示值增大。

当燃油箱内盛满油时浮子上升到最高处，可变电阻全部接入，此时左线圈的电流最小，产生最弱的电磁吸力，而右线圈的电流最大，产生电磁吸力最强，转子带动指针转到最右边，指针指在"1"的位置上。

装有副油箱时在主、副油箱中各装一个传感器，在传感器与燃油指示表之间装有转换开关，可分别测量主、副油箱的油量。

传感器的可变电阻的末端搭铁，可避免滑片与可变电阻接触不良时产生火花，引起火灾危险。

(2) 三线圈式燃油表

另有电磁式三线圈燃油表，传感器部分与电磁式双线圈燃油表相同，油量表内部如图 4-12所示。

当电源的电流流过线圈 E、B、F 时，三个线圈产生的磁场力都对指针式仪表头的转子产生作用力，E、F 这两个线圈产生的磁场方向与线圈 B 产生的磁场方向相垂直。线圈 E 和 F 电磁场的合力使仪表头磁铁盘上的指针向仪表盘右方向偏转（也就是向高油位偏转），并随着指针偏转量的增大而受电磁场的作用力逐渐减小。线圈 B 上的电磁力使表头指针向低油位方向偏转，同样，随着指针偏转量的增大受电磁场的作用力逐渐减小。这样，当线圈 E、F 的电磁合力与 B 的电磁合力相等时，仪表头永久磁铁上的指针则固定在某一角度，此时指针在仪表盘所指的刻度即为油箱中的燃油存量。

线圈 B 与线圈 F 串联后再与燃油表传感器中的滑动电阻并联。如果改变油箱传感器可

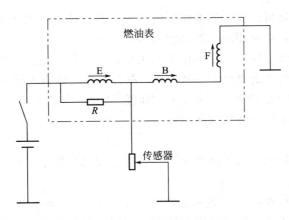

图 4-12 三线圈式燃油表

变电阻的电阻值,流过线圈 B、F 上的电流强度就会发生变化,磁场强度也会随之发生变化。同时,原来线圈 E、B、F 的电磁合力对燃油表表头转子的作用力也发生变化,使燃油表表头转子平衡在新的位置。

当油箱加满燃油时,燃油表的浮子在汽油浮力的作用下升到了最高位置,浮子带动燃油传感器中的可变电阻器滑臂的移动,使可变电阻电阻值减小,由于电路中总电阻值减小,流过线圈 E 的电流增大,此时因为电流分流的增加,流过线圈 B、F 的电流强度减小,而使线圈 E、F 的合磁力增大,线圈 B 的磁力减小,燃油表指针向右偏转指向表盘高油位。当油箱燃油经过消耗,油位下降时,燃油传感器的浮子随之下降,带动可变电阻器的滑臂产生移动使电阻值增大。当油位下降到最低油位时,可变电阻值增大到最大值,这时流过线圈 E 的电流因电路中总电阻增大而下降,而流过线圈 B、F 的电流因分流减小而增大,线圈 E、F 的合磁力减小,线圈 B 的磁力增大,燃油表表头指针偏向低油位位置。

分流电阻 R 的作用是补偿线圈绕制误差对指示精度的影响。

(3) 双金属片式电热式燃油表

带稳压器的双金属片式燃油表的结构和线路连接如图 4-13 所示。双金属式燃油表的传感器与电磁式相同,指示表用双金属片式。燃油表一端通过双金属片式稳压器与蓄电池正极相连;另一端与可变电阻连接。

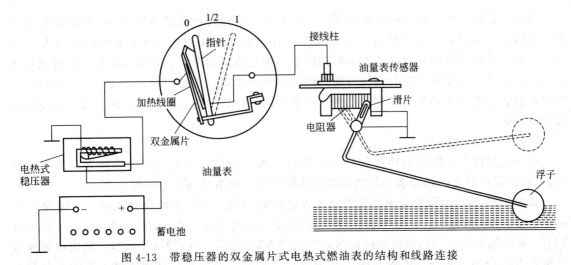

图 4-13 带稳压器的双金属片式电热式燃油表的结构和线路连接

通过油面高低的变化可改变可变电阻值的大小，从而改变与之串联的加热线圈电流，使双金属片变形推动指针，指示相应的燃油液面高度。

流经加热线圈的电流，除与可变电阻值有关外，还与供电电压有关。工程机械的电源是蓄电池与发电机并联，两者的电位差一般为2V左右，且发电机的端电压，虽然经调节器调整，但受负载电流的影响也较大。因此，电源电压变化必然影响双金属片式仪表的测量精度，故用双金属片作指示仪表时需加装稳压器。

6. 发动机转速表

发动机转速表用来指示发动机曲轴转速。转速表按其结构不同可分为机械式和电子式。

（1）机械式转速表

机械式转速表主要是离心式转速表，由机心、变速器和指示器三部分组成，如图4-14所示。重锤利用连杆与活动套环及固定套环连接，固定套环装在离心器轴上，离心器通过变速器从输入轴获得转速。另外还有传动扇形齿轮、游丝、指针等装置。转速表输入轴通常通过软轴与柴油机喷油泵凸轮轴后端相连，通过测量柴油机喷油泵凸轮轴的转速来间接测量发动机转速。

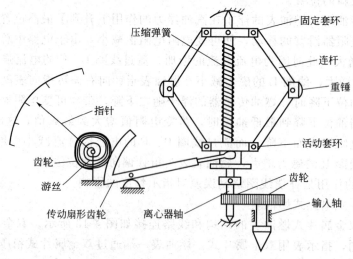

图4-14 离心式转速表结构示意图

当离心器旋转时，重锤随着旋转所产生的离心力通过连杆使活动套环向上移动并压缩弹簧。当转速一定时，活动套环向上的作用力与弹簧的反作用力相平衡，套环将停在相应位置。同时，活动套环的移动通过传动机构的扇形齿轮传递给指针，在表盘上指示出被测转速的大小。显然，转速表指针的偏转与被测轴旋转方向无关。为减小表盘分度的不均匀性，可恰当选取转速表的各种参量及测量范围，充分利用其特性的线性部分，达到使表盘分度尽量均匀的目的。

（2）电子式转速表

电子式转速表根据获取转速信号的方式有三种，即取自点火系统的转速表、测取飞轮（或正时齿轮）转速的转速表、从柴油机燃油供应系统获取转速信号的转速表。

如图4-15所示为取自点火系统的转速表电路原理图。当初级电路导通时，三极管VT_1截止，电容C_2被充电，充电电流由蓄电池正极→点火开关→电阻R_3→电容C_2→二极管VD_2→蓄电池负极。当初级电路截止时，三极管VT_1导通，电容器C_2放电，放电电流通过三极管VT_1→电流表→二极管VD_1。当发动机工作时，点火系统初级电路不停的导通与截

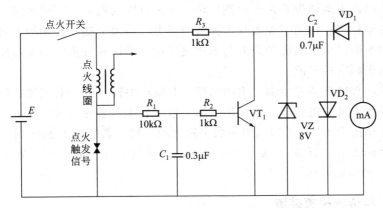

图 4-15 电子式转速表电路原理图

止,电容 C_2 不停地充放电。因为初级电路通断的次数与发动机转速成正比,所以电流表中电流平均值与发动机转速成正比,从而可用电流平均值标定发动机的转速。

7. 车速里程表

车速里程表是用来指示汽车行驶速度和累计行驶里程数的仪表,主要有磁感应式、电子式两种。

磁感应式车速里程表由变速器(或分动器)内的蜗轮蜗杆经软轴驱动,其基本结构如图 4-16 所示。车速表是由与主动轴紧固在一起的永久磁铁,带有轴及指针的铝碗,磁屏和紧固在车速里程表外壳上的刻度盘等组成。里程表由蜗轮蜗杆机构和六位数字的十进位数字轮组成。

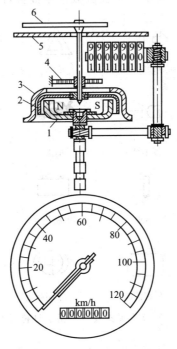

图 4-16 磁感应式车速里程表

1—永久磁铁;2—铝碗;3—磁屏;4—盘形弹簧;5—刻度盘;6—指针

不工作时,铝碗在盘形弹簧的作用下,使指针指在刻度盘的零位。

当车辆行驶时，主动轴带着永久磁铁旋转，永久磁铁的磁力线穿过铝碗，在铝碗上感应出涡流，铝碗在电磁转矩作用下克服盘形弹簧的弹力，向永久磁铁转动的方向旋转，直至与盘形弹簧弹力相平衡。由于涡流的强弱与车速成正比，指针转过角度与车速成正比，指针便在刻度盘上指示出相应的车速。

机械行驶时，软轴带动主动轴，主动轴经三对蜗轮蜗杆（或一套蜗轮蜗杆和一套减速齿轮系统）驱动里程表最右边的第一数字轮。第一数字轮上的数字为1/10km，每两个相邻的数字轮之间的传动比为1∶10。即当第一数字轮转动一周，数字由9翻转到0时，便使相邻的左面第二数字轮转动1/10周，成十进位递增。这样汽车行驶时，就可累计出其行驶里程数，最大读数为99999.9km。

二、工程机械传统报警装置

为了警示工程机械、发动机或某一系统处于不良或特殊状态，引起驾驶员的注意，保证工程机械可靠工作和安全行驶，防止事故发生，工程机械上安装了多种报警装置，主要包括报警灯和监视器两类。

报警灯由报警开关控制，当被监测的系统或总成工作不正常时，开关自动接通而使报警灯发亮，以提醒驾驶员注意，如大灯、尾灯故障报警灯、水温报警灯、机油压力报警灯、燃油不足报警灯、气压不足报警灯、制动灯断线报警灯、液面过低报警灯等。

报警灯通常安装在仪表板上，功率为1~4W，在灯泡前设有滤光片，使报警灯发出黄光或红光，滤光片上通常制有标准图形符号。有些采用发光二极管显示，标准图形符号标在发光二极管旁边。工程机械报警灯的图形符号、含义通常参照汽车报警灯、指示灯符号，常见报警灯、指示灯符号如图4-17所示。工程机械常见报警灯、指示灯符号如图4-18所示。

图4-17 ISO常见报警灯、指示灯符号及含义

1. 灯光监视器

灯光监视器主要用来反映灯光信号系统是否工作正常，常见的有前照灯监视器和尾灯监视器。

（1）前照灯监视器

标　记	警示项目	标　记	警示项目
	发动机水温过高		机油压力过低
	发动机水温过低		机油油位过低
	液压油温过高	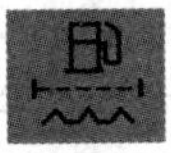	油水分离器水位过高
	液压油温过低		保养报警
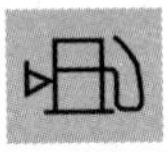	燃油油位过低		进气预热指示器
	水位过低		液压油过滤器堵塞指示器
	充电电压过低		增压指示器
	空气滤清器堵塞		液压锤指示器

图 4-18　工程机械常见报警灯、指示灯符号

前照灯（大灯）监视器主要用来监视大灯是否点亮，有光纤式和感应式两种类型。

① 光纤式前照灯监视器　光纤式前照灯监视器如图 4-19 所示，主要是利用了光纤的导光性以及光纤可以在一定的角度及弯曲曲率范围内任意弯曲，方便布线的特点，把前照灯的光纤通过光纤引导至驾驶室仪表板上，让驾驶员知道前照灯是否点亮。另外，光纤也可以用来作指示照明用，给黑暗中的操作开关或旋钮照明。

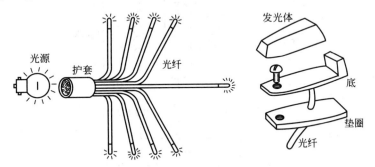

图 4-19　光纤式前照灯监视器与光纤照明

② 感应式前照灯监视器　感应式前照灯监视器电路如图 4-20 所示。前照大灯感应器的线圈串联在大灯的搭铁线路中，如果某侧的前照灯的远光或近光灯泡烧断，舌簧开关就会闭合，接通大灯监视器电路，仪表板上的大灯指示警告灯就会点亮进行报警。

（2）尾灯监视器

利用尾灯监视器驾驶员在驾驶座位上即可检查尾灯及制动灯（刹车灯）的工作情况，通常尾灯监视器有两种形式：一种是采用光纤的传光方式；另一种是感应式，采用电路设计，将警告灯装在仪表板上。尾灯监视器电路如图 4-21 所示，工作原理与前照灯监视器电路相

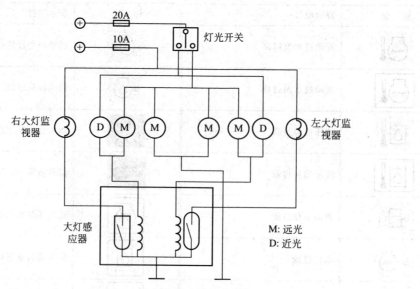

图 4-20 感应式前照灯监视器电路

同,如果某侧的尾灯或刹车灯灯泡烧断,舌簧开关就会闭合,接通监视器电路,仪表板上的警告灯就会点亮进行报警。

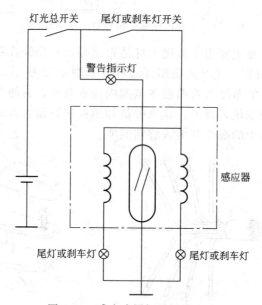

图 4-21 感应式尾灯监视器电路

2. 报警灯及报警灯开关

(1) 机油、液压油压力过低报警灯

机油压力过低报警灯主要用来监控发动机的机油润滑压力或液压系统的压力,常见的有弹簧管开关式机油/液压油压力过低报警灯及膜片开关式机油/液压油压力过低报警灯。

① 弹簧管开关式机油压力过低报警灯 弹簧管开关式机油压力过低报警电路如图 4-22 所示,当机油压力低于某一定值时(一般为 0.03~0.1MPa),管形弹簧呈向内弯曲状态,于是触点闭合,电路接通,报警灯点亮。当机压油力达到正常值时,管形弹簧变形大,触点断开,报警灯熄灭。

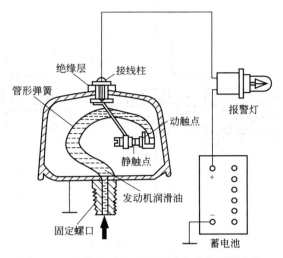

图 4-22 弹簧管开关式机油压力过低报警电路

② 膜片开关式机油压力过低报警灯 膜片开关式机油压力过低报警灯电路如图 4-23 所示,发动机未启动或机油压力过低时,弹簧把动、静触点闭合,机油报警灯搭铁电路导通,报警灯亮起,当发动机启动后,机油压力达到规定的最小值后,膜片被机油顶起变形,动、静触点打开,机油报警灯搭铁电路被切断,报警灯熄灭。

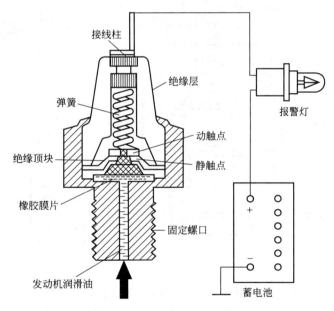

图 4-23 膜片开关式机油压力过低报警灯电路

(2) 燃油/液压油不足报警灯

燃油/液压油不足报警灯电路如图 4-24 所示。其报警开关为热敏电阻式,装在油箱内。当箱内燃油/液压油量多时,负温度系数的热敏电阻元件浸没在燃油/液压油中,散热快,温度较低,电阻值较大。因此,电路中几乎没有电流,报警灯不亮。而当燃油/液压油减少到规定值以下时,热敏电阻元件露出油面,散热较慢,温度升高,电阻值减小,电路中电流增大,则报警灯点亮。

3. 刹车气压过低报警灯

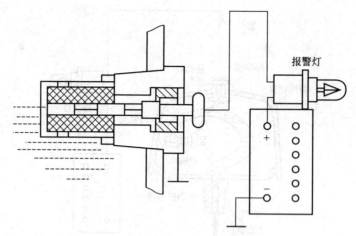

图 4-24 燃油/液压油不足报警灯电路

气压不足报警灯电路如图 4-25 所示。当刹车气压不足时,刹车气压过低报警灯向驾驶员指示行车的危险。

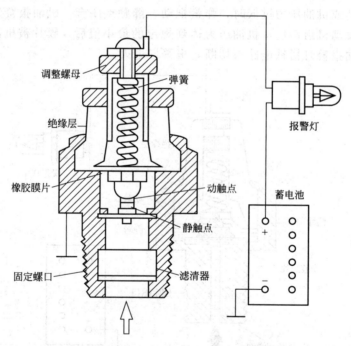

图 4-25 气压不足报警灯电路

当储气筒内的气压低于 0.35~0.45MPa 时,报警灯点亮;当储气筒中的气压升到 0.45MPa 以上时,报警灯熄灭。

4. 冷却液温度/液压油温度过高报警灯

冷却液温度/液压油温度过高报警灯用来对发动机的冷却液温度/液压油温度提出报警。

冷却液温度报警电路如图 4-26 所示。当冷却水温正常时,双金属片变形小,触点断开,报警灯不亮。如果冷却水温升高到 95~105℃ 以上时,双金属片由于温度升高而弯曲变形较大,使触点闭合,报警灯电路接通,报警灯点亮,电路如图 4-26 所示。

5. 冷却水、制动液、风窗玻璃清洗液液面过低报警灯

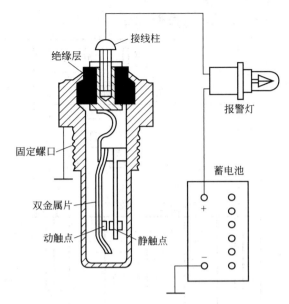

图 4-26 冷却液温度报警电路

液面过低报警装置适用于发动机冷却水、制动液、风窗玻璃清洗液等液面过低的报警，液位传感器如图 4-27 所示。其工作原理是：当浮子随液面下降到规定值以下时，永久磁铁吸动舌簧开关使之闭合，接通电路，使报警灯点亮，以示告警。当液面在规定位置以上时，浮子上升，磁铁吸力不足，干簧开关在自身弹力作用下，使电路断开，报警灯熄灭。

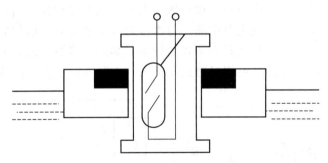

图 4-27 液位过低报警传感器

6. 蓄电池液面过低报警灯

蓄电池液面过低报警灯用来指示蓄电池电解液液位过低报警，如图 4-28 所示。

当蓄电池液面高度正常时，传感器铅棒上的电位为 8V，从而使 VT_1 导通，VT_2 截止，报警灯不亮。

当电解液液面在最低限以下时，铅棒无法与电解液接触，也就无正电位，从而使 VT_1 截止，VT_2 导通，报警灯点亮。

7. 制动器摩擦片磨损报警电路

制动器摩擦片磨损报警用于提醒驾驶员，制动器摩擦片磨损已磨损至极限，需要及时更换，以确保行车安全。常用的制动器摩擦片磨损报警装置有触点式和金属丝式。

（1）触点式摩擦片磨损报警装置

触点式摩擦片磨损报警电路如图 4-29 所示，制造摩擦片时预先将一根金属触点埋在摩

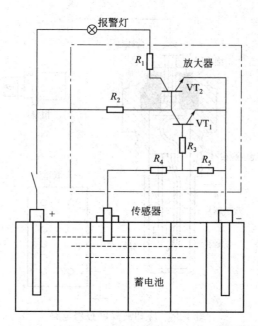

图 4-28 蓄电池电解液液位过低报警传感器

擦片的适当位置,当摩擦片磨损到使用极限厚度时,金属触点就会与制动盘(或制动鼓)接触而接通报警灯搭铁电路,使仪表板上的警告灯亮起,以示警告。

(2)金属丝式摩擦片磨损报警装置

金属丝式摩擦片磨损报警电路如图 4-30 所示。金属丝式摩擦片磨损报警装置是在制动摩擦片中的适当位置预埋了一段导线,该导线与电子控制装置相连。当摩擦片磨损到使用极限厚度时,导线便会被磨断,使电路中断。每次接通点火开关时,电子装置便会向摩擦片内埋设的导线通电数秒钟,进行导线是否断路的检查。如果导线被磨断,电子控制装置则会使警告灯点亮,表示制动器摩擦片磨损已磨损至极限,需要及时更换,以确保行车安全。

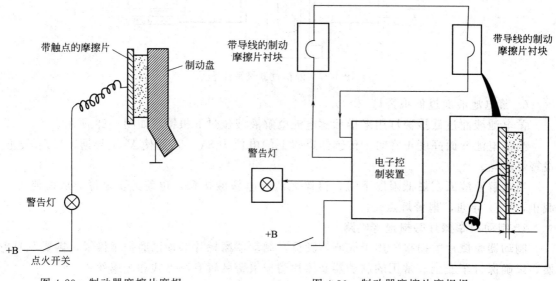

图 4-29 制动器摩擦片磨损报警电路(触点式)

图 4-30 制动器摩擦片磨损报警电路(金属丝式)

单元三　雨刮及洗涤系统

雨刮器用作除去挡风玻璃上的水、雪及沙尘，保证在不良天气时驾驶员仍具有良好的视线。雨刮器有真空式、气动式、电动式等多种形式，其中，电动式应用最广泛。

雨刮器的结构如图 4-31 所示，电机的转子轴做成蜗杆形状，带动涡轮减速旋转，涡轮的旋转通过连杆机构带动雨刮片作往复摆动，从而刮净玻璃上的雨水。多数雨刮系统带有洗涤装置，通过一个电动洗涤泵把罐内的洗涤液喷洒在玻璃上，便于把挡风玻璃上的灰尘、杂质刮洗干净。

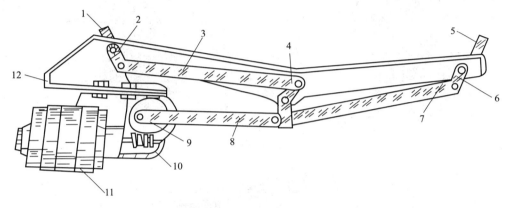

图 4-31　雨刮器的结构
1,5—刮片架；2,4,6—摆杆；3,7,8—连杆；9—蜗轮；10—蜗杆；11—永磁式电动机；12—支架

1. 雨刮电机

雨刮电机主要用永磁电机，大部分为三刷式电机，可以实现高、低速两个挡位的速度。三刷式永磁雨刮电机的结构如图 4-32 所示，主要由磁极、转子、碳刷、蜗杆蜗轮减速机构以及自动复位机构组成。

（1）三刷式雨刮电机调速原理

三刷式雨刮电机调速原理如图 4-33 所示。直流电动机旋转时，在电枢绕组内同时还产生反电动势，其方向与电枢电流的方向相反。当电枢通电后转速逐渐上升时，其绕组内同时产生一个反电动势，方向与电枢电流方向相反，而且反向电动势也相应上升，当电枢电流产生的电磁力矩与运转阻力矩平衡时，电枢的转速不再上升而趋于稳定。

当电机运转阻力矩一定时，电枢稳定运转所需要的电枢电流一定，对应的电枢绕组反向电动势的高低就一定。因此，电枢绕组反向电动势与转速和正、负电刷之间串联的电枢线圈个数的乘积成正比。三刷式电机调速原理就是通过改变正、负电刷之间串联的电枢线圈个数进行高、低挡调速，雨刮电机调速电路如图 4-34 所示。

（2）雨刮器低速挡

控制负极型雨刮器低速挡电流走向及调速原理如图 4-35 所示。电流从蓄电池正极出发，经电源开关 2、保险丝 3、正极碳刷 4 流经转子绕组，经负极碳刷 10 及雨刮开关低速挡触点搭铁。电流流经电机绕组时有两条支路，一条经绕组 1、2、3、4，另一条经绕组 5、6、7、8，由于各线圈反向电动势相同，互相叠加，相当于 4 对线圈串联，电动机以较低转速运转。

（3）雨刮器高速挡

控制负极型雨刮器高速挡电流走向及调速原理如图 4-36 所示。电流从蓄电池正极出发，经电源开关 2、保险丝 3、正极碳刷 4 流经转子绕组，经偏置碳刷 11 及雨刮开关高速挡触点

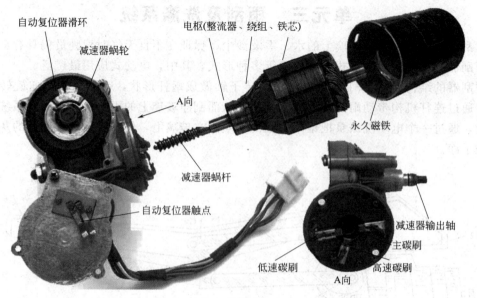

(a) 零件图

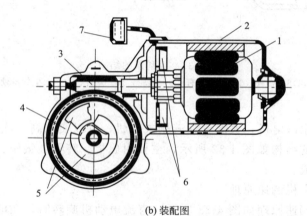

(b) 装配图

图 4-32 三刷式永磁雨刮电机的结构

1—电枢；2—永久磁铁磁极；3—蜗杆；4—蜗轮；5—自动停位滑片；6—碳刷；7—插接器

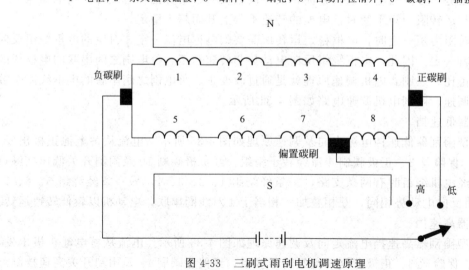

图 4-33 三刷式雨刮电机调速原理

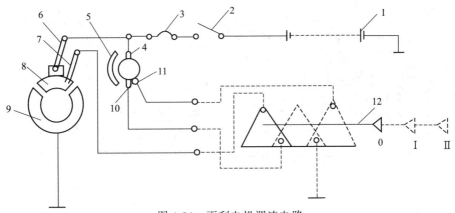

图 4-34 雨刮电机调速电路

1—蓄电池；2—电源开关；3—保险丝；4,10,11—碳刷；5—永久磁铁；
6,7—自动复位触头；8,9—自动复位滑片；12—刮水器开关

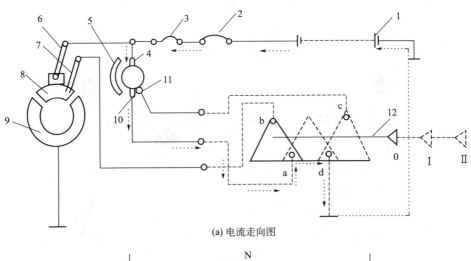

(a) 电流走向图

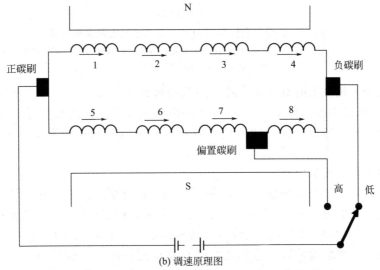

(b) 调速原理图

图 4-35 控制负极型雨刮器低速挡电流走向及调速原理

1—蓄电池；2—电源开关；3—保险丝；4,10,11—碳刷；5—永久磁铁；
6,7—自动复位触头；8,9—自动复位滑片；12—刮水器开关

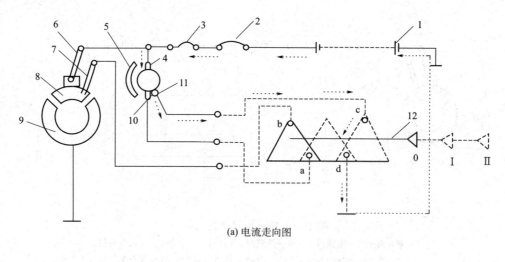

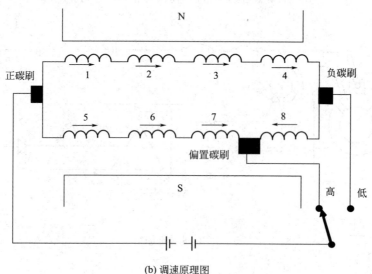

(b) 调速原理图

图 4-36 控制负极型雨刮器高速挡电流走向及调速原理
1—蓄电池；2—电源开关；3—保险丝；4,10,11—碳刷；5—永久磁铁；
6,7—自动复位触头；8,9—自动复位滑片；12—刮水器开关

搭铁。电流流经电机绕组时有两条支路，一条经绕组 1、2、3、4、8，另一条经绕组 5、6、7，其中线圈 8 电动势方向与 1、2、3、4 线圈电动势相反，互相抵消后，相当于只有 3 对线圈串联，因而，只有转速升高，才能使反电动势与电机阻力矩相平衡，电动机以较高转速运转。

（4）雨刮器自动复位原理

雨刮器自动复位电流走向如图 4-37 所示，当运转过雨刮然后回到"0"挡时，电流从蓄电池正极出发，经电源开关 2、保险丝 3、正极碳刷 4 流经转子绕组，经负极碳刷 10 及雨刮开关空挡触点 a、b 及雨刮开关搭铁线至自动复位触头 7 和自动复位滑片 9 搭铁，电流可以继续形成回路，电机继续旋转，直到电机带动自动复位滑片 8 旋转至与自动复位触头 6、7 同时接触，此时，电机绕组两端都与电源正极相连，绕组两端电位相等，无电流流过电机绕组，电机停止旋转，电机停止的位置让雨刮片恰好停于挡风玻璃最下端，从而避免遮挡驾驶员视线。

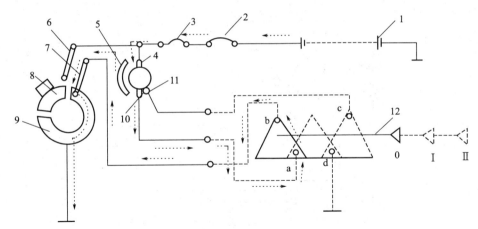

图 4-37 雨刮器自动复位电流走向
1—蓄电池；2—电源开关；3—保险丝；4,10,11—碳刷；
5—永久磁铁；6,7—自动复位触头；8,9—自动复位滑片；12—刮水器开关

雨刮器自动复位反向电动势电流走向如图 4-38 所示，反向电动势电流从正极碳刷 4 出发，经自动复位触头 6、7 及雨刮开关搭铁线及雨刮开关触点 a、b 及负极碳刷 10 形成回路，避免在各个触点之间产生自感火花，从而对各触点造成烧蚀。

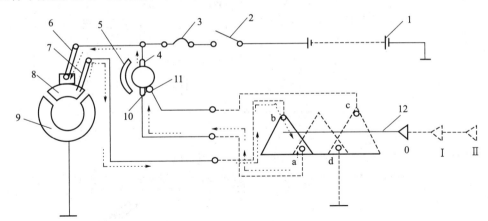

图 4-38 雨刮器自动复位反向电动势电流走向
1—蓄电池；2—电源开关；3—保险丝；4,10,11—碳刷；5—永久磁铁；
6,7—自动复位触头；8,9—自动复位滑片；12—刮水器开关

另有控制正极型雨刮电路如图 4-39 所示，工作原理与控制负极型相近，不再赘述。

(5) 雨刮器间歇挡

图 4-40 所示为无稳态方波发生器控制的间歇雨刮电路。由 VT_1、VT_2 组成无稳态多谐振荡器。R_1、C_1 决定继电器 K 的通电吸合时间，R_2、C_2 决定继电器 K 的断电时间。

当雨刮器处于 0 挡时，雨刮电机电枢绕组被碳刷 B_3 与 B_1、继电器 K 的动断触点和自动复位开关短路，电机不工作。此时，若接通间歇开关，则 VT_1 导通，VT_2 截止，继电器 K 通电使动合触点闭合，雨刮器以低速运转。当 C_1 充电至一定值后，VT_2 导通，VT_1 迅速截止，继电器 K 断电，动断触点闭合，雨刮器自动复位后停止工作。当 C_2 充电到 VT_1 导通电压时，VT_1 导通，VT_2 截止，继电器 K 动作，动合触点闭合，重复上述过程。

2. 挡风玻璃清洗装置

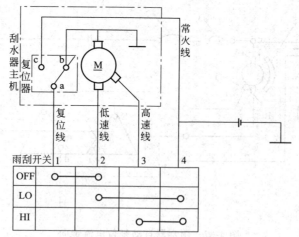

图 4-39 控制正极型雨刮电路

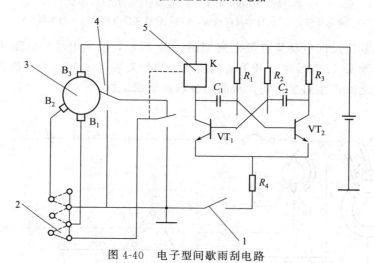

图 4-40 电子型间歇雨刮电路

1—电子间歇雨刮开关；2—雨刮开关；3—雨刮电机；4—自动复位开关；5—继电器

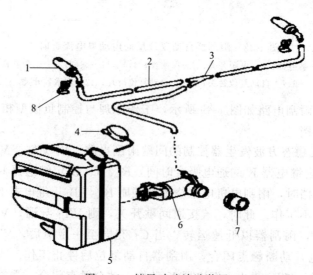

图 4-41 挡风玻璃清洗装置

1—喷嘴；2—输液管；3—三通接头；4—箱盖；5—储液罐；6—清洗泵；7—衬垫；8—卡座

工程机械在风沙或尘土较多的环境中作业时，会由于灰尘落在挡风玻璃上而影响驾驶员的视线。因此很多工程机械的刮水系统中安装了清洗装置，必要时向挡风玻璃喷水或专用清洗液（寒冷地区不适宜用水，以免冻裂储液罐或输液管），在雨刮器的配合下，保持挡风玻璃洁净。挡风玻璃清洗装置如图4-41所示。

当接通雨刮器的清洗挡时，安装在储液罐内的电动清洗泵把玻璃清洗液从罐内泵出，通过三通接头和输液管及喷嘴喷向挡风玻璃，以便雨刮器把玻璃上的灰尘杂质清洗干净。

3. 后窗除霜装置

在较冷的季节，工程机械的车窗玻璃上会凝结上一层霜、雾、雪或冰，影响驾驶员的视线。为了避免水蒸气凝结，设置了除霜（雾）装置，需要时可以通过除霜开关接通除霜装置，对后风窗玻璃进行加热。后窗除霜装置如图4-42所示。

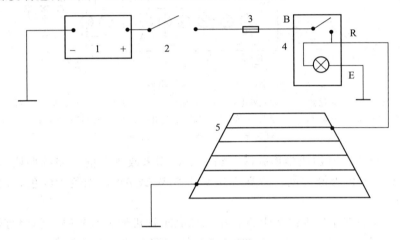

图4-42 后窗除霜装置

1—蓄电池；2—点火开关；3—熔丝；4—除霜器开关及指示灯；5—除霜器（电热丝）

单元四 工程机械照明系统

工程机械照明系统主要由照明设备、电源（蓄电池或发电机）、控制电路（车灯开关、变光开关、雾灯开关、灯光继电器）和连接导线等组成（如图4-43所示）。其作用是为了保证工程机械夜间作业或行车安全，提高工作效率。

根据安装位置，照明设备分为外部照明设备和内部照明设备。外部灯具光色一般采用白色、橙黄色和红色；执行特殊任务的车辆，如消防车、警车、救护车、工程抢修车，则采用具有优先通过权的红色、黄色或蓝色闪光警示灯。

外部照明设备包括前照灯、雾灯、牌照灯等。内部照明设备包括顶灯、仪表灯、工作灯等，分述如下。

① 前照灯：前照灯俗称大灯或头灯，用来照明车前道路，装在工程机械头部的两侧，有两灯制和四灯制之分。四灯制前照灯并排安装时，装于外侧的一对应为近、远光双光束灯；装于内侧的一对应为远光单光束灯。远光灯功率一般为40～60W，近光灯功率一般为35～55W。

② 雾灯：安装在工程机械头部或尾部，每车一只或两只，安装位置比前照灯稍低，一般离地面约50cm，射出的光线倾斜度大，光色为黄色或橙色（黄色光波较长，透雾性

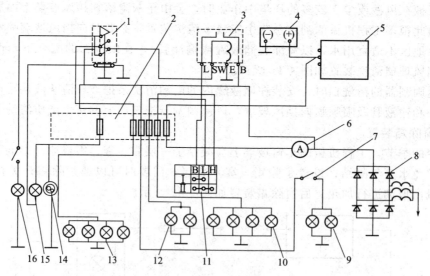

图 4-43 照明系统电路

1—车灯开关；2—熔断丝盒；3—灯光继电器；4—蓄电池；5—启动机；6—电流表；7—雾灯开关；8—硅整流发电机；9—雾灯；10—前照灯远光灯；11—变光开关；12—前照灯近光灯；13—仪表灯；14—工作灯插座；15—顶灯；16—发动机罩下灯

能好）。在雾天、下雪、暴雨或尘埃弥漫等情况下，用来改善车前道路的照明情况。前雾灯功率为 45～55W，光色为橙黄色。后雾灯功率为 21W 或 6W，光色为红色，以警示尾随车辆保持安全间距。

③ 牌照灯：安装在车尾牌照的上方，用来照亮工程机械牌照号码。牌照灯灯光为白色，功率一般为 5～10W，确保行人在车后 20m 处看清牌照上的文字及数字。

④ 顶灯：作为内部照明使用，装在驾驶室内顶部。

⑤ 仪表灯：装在仪表板上，用来照明仪表。

⑥ 工作灯：用于夜间检修照明。一般只安装工作灯插座，并配备一只带一定长度导线的移动式灯具。

一、工程机械前照灯

为了确保夜间行车的安全，前照灯应保证车前有明亮而均匀的照明，使驾驶员能够辨明车前 100m（或更远）内道路上的任何障碍物。

前照灯应具有防眩目的装置，以免夜间会车时，使对方驾驶员目眩而发生事故。

1. 工程机械前照灯的结构

工程机械前照灯一般由光源（灯泡）、反光镜、配光镜（散光镜）三部分组成。

（1）灯泡

目前工程机械前照灯所用的灯泡有普通灯泡（白炽灯泡）、卤素灯泡、氙气灯及 LED（发光二极管）前照灯，前两种灯泡的灯丝均采用熔点高发光强的钨制成。

① 白炽灯泡　其灯丝用钨丝制成（钨的熔点高、发光强）。但由于钨丝受热后会蒸发，将缩短灯泡的使用寿命。因此制造时，要先从玻璃泡内抽出空气，然后充以约 86% 的氩和约 14% 的氮的混合惰性气体。在充气灯泡内，由于惰性气体受热后膨胀会产生较大的压力，这样可减少钨的蒸发，故能提高灯丝的温度，增强发光效率，从而延长灯泡的使用寿命。

为了缩小灯丝的尺寸，常把灯丝制成紧密的螺旋状，这对聚合平行光束是有利的，白炽灯泡的结构如图4-44(a)所示。

② 卤钨灯泡 虽然白炽灯泡的灯丝周围抽成真空并充满了惰性气体，但是灯丝的钨仍然要蒸发，使灯丝损耗。而蒸发出来的钨沉积在灯泡上，将使灯泡发黑。近年来，国内外已使用了一种新型的电光源——卤钨灯泡（即在灯泡内所充惰性气体中掺入某种卤族元素），其结构如图4-44(b)所示。卤族元素（简称卤素）是指碘、溴、氯、氟等元素。

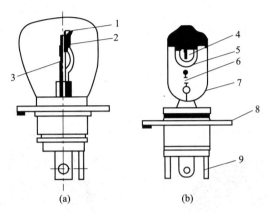

图4-44 白炽灯泡和卤钨灯泡
1—配光屏；2—近光灯丝；3—远光灯丝；4—近光灯丝；5—远光灯丝；6—定焦盘；
7—配光屏；8—泡壳；9—插片

卤钨灯泡是利用卤钨再生循环反应的原理制成的。卤钨再生循环的过程是：从灯丝上蒸发出来的气态钨与卤素反应生成了一种挥发性的卤化钨，它扩散到灯丝附近的高温区又受热分解，使钨重新回到灯丝上，被释放出来的卤素继续扩散参与下一次循环反应，如此周而复始地循环下去，从而防止了钨的蒸发和灯泡的黑化现象。

卤钨灯泡尺寸小，灯壳用耐高温、机械强度较高的石英玻璃或硬玻璃制成，充入惰性气体的压力较高。且因工作温度高，灯内的工作气压会比其他灯泡高很多，钨的蒸发也受到更为有效的抑制。在相同功率下，卤钨灯的亮度为白炽灯的1.5倍，寿命长2~3倍。

现在使用的卤素一般为碘或溴，称为碘钨灯泡或溴钨灯泡。我国目前生产的是溴钨灯泡。

③ 高压放电氙灯 高压放电氙灯的组件系统由弧光灯组件、电子控制器、升压器三部分组成。图4-45是其外形及原理图。

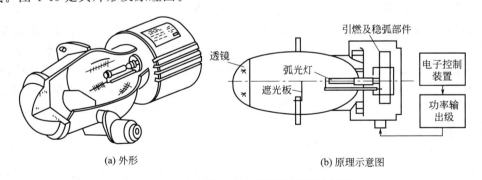

(a) 外形   (b) 原理示意图

图4-45 高压放电氙灯外形和原理示意图

灯泡发出的光色和日光灯非常相似，亮度是卤钨灯泡的3倍左右，使用寿命是卤钨灯泡的5倍。高压放电氙灯克服了传统灯泡的缺陷，几万伏的高压使得其发光强度增加，完全满足工程机械夜间作业的需要。这种灯的灯泡里没有灯丝，取而代之的是装在石英管内的两个电极，管内充有氙气及微量金属元素（或金属卤化物）。在电极加上数万伏的引弧电压后，气体开始电离而导电，气体原子即处于激发状态，使电子发生能级跃迁而开始发光，电极间蒸发少量水银蒸气，光源立即引起水银蒸气弧光放电，待温度上升后再转入卤化物弧光放电工作。

④ 发光二极管 LED（Light Emitting Diode）前照灯　工程机械前照灯经历了一个从白炽灯到卤素灯再到氙气灯的发展过程，然而，这些传统光源均属于真空或充气的玻壳灯具，它们有一个共同的缺点就是寿命不够长。

现在工程机械照明灯已有白炽灯、卤素灯、氙气灯等。除了前大灯外，其他灯具例如小灯、指示灯、厢内照明灯等多是采用白炽灯。但近年也流行 LED 作指示灯，例如刹车指示灯、转弯指示灯等，甚至前照灯也有采用 LED 灯的趋势。工程机械 LED 倒车灯及可替换普通大灯灯泡的 LED 灯如图 4-46 所示。

图 4-46　LED 倒车灯及可替换普通大灯灯泡的 LED 灯

（2）反射镜

反射镜的作用是将灯泡的光线聚合并导向前方。反射镜的表面形状呈旋转抛物面。由于前照灯灯泡灯丝发出的光亮有限，功率仅 40~60W。如无反射镜，只能照清车前 6m 左右的路面。有了反射镜之后，前照灯照距可达 150m 或更远。

反射镜由薄钢板经冲压而成，为旋转抛物面形状，如图 4-47 所示。反射镜内表面镀银、铝或铬后再抛光。目前多用真空镀铝。银镀层反光率为 90%~95%，易擦伤、硫化变黑、成本高。铬镀层反光率为 60%~62%，铝镀层反光率为 94%。目前，真空镀铝被广泛采用。

反射镜工作原理：灯丝位于焦点 F 上，其大部分光线经反射后，成为平行光束射向远方，光度增强几百倍，甚至上千倍，达 20000~40000cd 以上，从而使车前 150m，甚至 400m 内的路面照得足够清楚，如图 4-48 所示。

（3）配光镜

配光镜又称散光玻璃，由透光玻璃压制而成，是多块特殊棱镜和透镜的组合，外形一般为圆形和矩形，装于反射镜之前，用于将反射镜反射出的平行光束进行折射，使车前路面和路缘都有良好而均匀的照明，如图 4-49 所示。

2. 前照灯防眩目措施

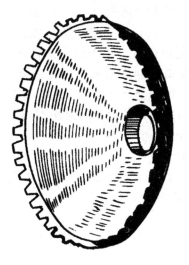

图 4-47 反射镜

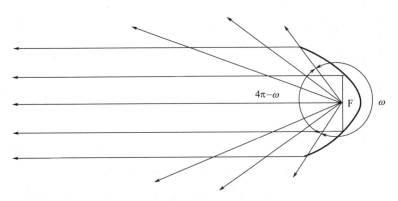

图 4-48 反射镜原理

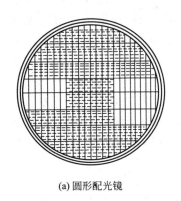 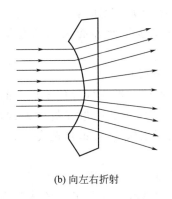 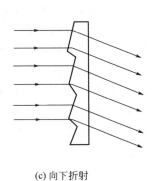

(a) 圆形配光镜　　　　　　(b) 向左右折射　　　　　　(c) 向下折射

图 4-49 配光镜的结构与作用

正常情况下前照灯可均匀地照亮车前 150m 甚至 400m 以内的路面。如不采取适当措施，前照灯射出的强光会使迎面来车驾驶员眩目。所谓"眩目"是指人的眼睛突然被强光照射时，由于视神经受刺激而失去对眼睛的控制，本能地闭上眼睛，或只能看到亮光而看不见暗处物体的生理现象。这时极易发生事故。

为了避免前照灯的眩目作用，保证工程机械夜间作业安全，一般在工程机械上都采用双丝灯泡的前照灯。灯泡的一根灯丝为"远光",另一根为"近光"。远光灯丝功率较大,位于反射镜的焦点;近光灯丝功率较小,位于焦点上方(或前方)。当夜间行驶无迎面来车时,接通远光灯丝,使前照灯光束射向远方,便于提高工作效率。当两车相遇时,接通近光灯丝,使光束倾向路面,从而避免造成迎面来车驾驶员的眩目,并使车前50m内的路面也照得十分清晰。在夜间常利用远、近光变化作为信号超越前方车辆(夜间超车)。

国内外生产的双丝灯泡的前照灯,按近光的配光不同,分为对称形和非对称形两种不同的配光制。

(1) 对称形配光(SAE方式)

远光灯丝位于反射镜的焦点上,而近光灯丝则位于焦点的上方并稍向右偏移(从灯泡向反射镜方向看去),其工作情况如图4-50所示。

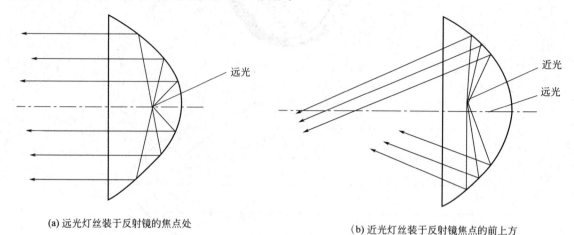

(a) 远光灯丝装于反射镜的焦点处　　　　(b) 近光灯丝装于反射镜焦点的前上方

图4-50　对称形配光前照灯工作情况

远光灯丝功率较大(45～60W),位于反射镜的焦点位置,灯丝发出的光线经反射镜反射后,沿光学轴线平行射向远方,射出的光线远而亮,如图(a)所示;近光灯丝功率较小(22～55W),位于反射镜焦点的上方并稍向右偏斜,由于其光线弱,且经反射镜反射后光线大部分向下倾斜向路面,从而减少了对迎面来车驾驶员的眩目作用,如图(b)所示。美国、日本采用这一配光方式。

(2) 非对称形配光(ECE方式)

远光灯丝位于反射镜的焦点处,近光灯丝位于焦点前方且稍高出光学轴线,其下方装有金属配光屏,工作情况如图4-51所示。由近光灯丝射向反射镜上部的光线,反射后倾向路面,而配光屏挡住了灯丝射向反射镜下半部的光线,故没有向上反射使对方驾驶员眩目的光线。

装有金属配光屏的双灯丝前照灯泡如图4-52所示。

遮光罩在安装时偏转一定的角度,使其近光的光形分布不对称而形成一条明显的明暗截止线。若明暗截止线呈Z形,则称为Z形配光。不仅可以避免迎面来车的驾驶员的眩目,还可以防止迎面而来的行人和非机动车使用者的眩目,保证了工程机械夜间行驶的安全。为了达到既能防止眩目,又能以较高车速会车的目的,我国工程机械的前照灯近光采用E形不对称光形,将近光灯右侧亮区倾斜升高15°,即将本车行进方向光束照射距离延长。不对称光形是将遮光罩单边倾斜15°形成的。如图4-53所示。

(3) 前照灯类型

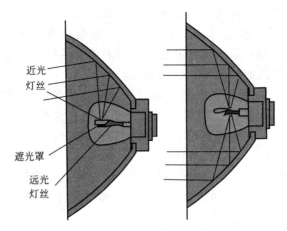

图 4-51 装有金属配光屏的双灯丝工作情况

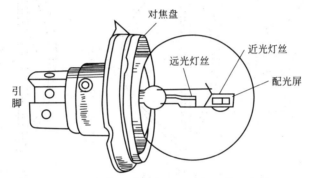

图 4-52 装有金属配光屏的双灯丝前照灯泡

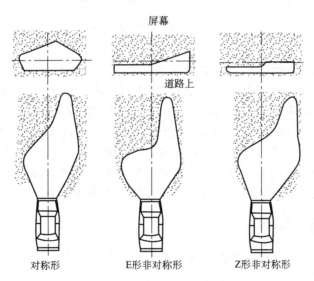

图 4-53 前照灯配光光形

前照灯按数目分可分为以下类型。

① 两灯制 两前照灯均用双丝灯泡,为远光和近光双光束灯。

② 四灯制 外侧的一对用双丝灯泡,为远近双光束灯;内侧的一对为远光单光束灯。

前照灯按安装方式可分为:外装式、嵌入内装式。

前照灯按结构可分为：可拆式、半封闭式、全封闭式。

① 可拆式前照灯　反射镜边缘的齿簧与配光镜组合，再用箍圈和螺钉安装于灯壳上，拆装灯泡必须将全部光学组件取出后才能进行，因而密封性很差，反射镜易受外界环境气候影响而污染变黑，严重降低照明效果，已趋淘汰。

② 半封闭式前照灯　配光镜靠卷曲反射镜周缘牙齿而紧固在反射镜上，两者之间垫有橡胶密封圈，拆卸灯泡只可从反射镜后方进行。更换时，先拔下灯泡上的插座，取下密封罩、弹簧，即可取下灯泡；安装灯泡时，在灯泡上不能留下污迹，半封闭式前照灯拆卸时不必拆下光学组件，维护方便，但封闭性能不良。

半封闭式前照灯的优点是灯丝烧断只需更换灯泡，缺点是密封较差。

③ 封闭式前照灯　封闭式前照灯（真空灯）结构如图4-54所示。

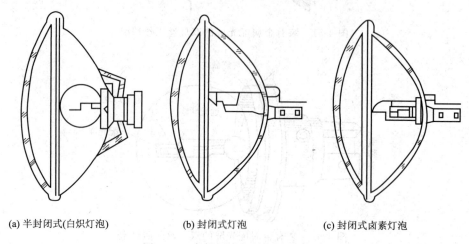

(a) 半封闭式(白炽灯泡)　　(b) 封闭式灯泡　　(c) 封闭式卤素灯泡

图4-54　半封闭式与封闭式前照灯

其灯丝焊在反射镜底座上，反射镜与配光镜融合为一体，形成灯泡，里面充入惰性气体。

当封闭式前照灯灯丝烧坏后，需要更换整个灯芯。更换时，先拔下灯脚与线束的连接插座，然后拆下灯圈，即可取下灯芯。安装灯芯时，应注意配光镜上的标记（箭头或符号），不应出现倒置或偏斜现象。封闭式前照灯完全避免了反射镜的污染，但成本较高。

④ 投射式前照灯　如图4-55所示，灯内装有很厚的无刻纹的凸形配光镜。其反射镜为椭圆形，具有两个焦点。第一焦点处放置灯泡，第二焦点是由灯光束形成。凸形配光镜的焦点与第二焦点相重合。灯泡发出的光被反射镜聚集成第二焦点，通过配光镜将聚集的光投射到远方。在第二焦点附近设遮光板，可用于遮住投向上半部分的光，形成明暗分明的配光。

二、转向灯与危险报警灯

信号系统的作用是通过声、光向其他车辆的驾驶员或行人发出警告，以引起注意，确保车辆行驶和作业安全。

工程机械信号系统由信号装置、电源和控制电路等组成。信号装置分为灯光信号装置和声响信号装置两类。灯光信号装置包括转向信号灯、倒车灯、制动信号灯、报警信号灯和示廓灯；声响信号装置包括喇叭、报警蜂鸣器和倒车蜂鸣器等。信号系统电路如图4-56所示。

各种信号警告灯作用如下。

（1）倒车灯和倒车蜂鸣器

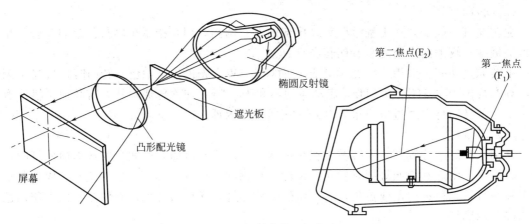

图 4-55 投射式前照灯构造

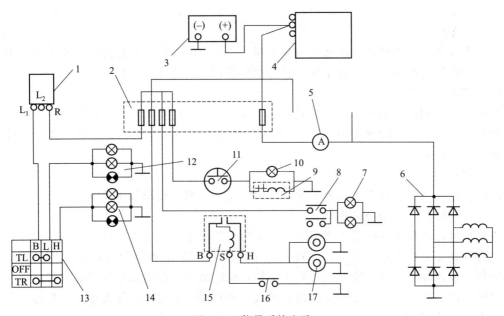

图 4-56 信号系统电路

1—闪光继电器；2—熔断丝盒；3—蓄电池；4—启动机；5—电流表；6—交流发电机；
7—制动灯；8—制动灯开关；9—倒车蜂鸣器；10—倒车灯；11—倒车灯开关；12—左转向信号灯；
13—转向灯开关；14—右转向信号灯；15—喇叭继电器；16—喇叭按钮；17—电磁喇叭

倒车灯和倒车蜂鸣器或语音倒车报警器组成倒车信号装置，其作用是当车辆倒车时，发出灯光和声响信号，警告车后的车辆和行人，表示该车正在倒车。

倒车信号装置通常安装在车辆尾部，受倒车开关控制。当把变速杆拨到倒车挡时，倒车开关闭合，倒车灯、倒车蜂鸣器或语音倒车报警器便接通电源，使倒车灯发亮、蜂鸣器发出断续的鸣叫声，语音倒车报警器发出"倒车，请注意"的声音。

倒车灯光一般为白色，倒车灯兼有照亮车后路面的作用。功率一般为 20～25W，光色为白色。

（2）制动灯

俗称刹车灯，安装在汽车尾部。在踩下制动踏板时，发出较强红光，以示制动。功率为 20～25W，光色为红色，灯罩显示面积较后示位灯大。

(3) 转向灯

主转向灯一般安装在工程机械头、尾部的左右两侧,用来指示车辆行驶趋向。较长型的工程机械在车辆侧面中间还装有侧转向灯。

主转向灯功率一般为20~25W,侧转向灯为5W,光色为琥珀色。转向时,灯光呈闪烁状,频率规定为1.5Hz±0.5Hz,启动时间不大于1.5s。在紧急遇险状态需其他车辆注意避让时,全部转向灯可通过危险报警灯开关接通同时闪烁。

(4) 示位灯

又称示宽灯、位置灯,安装在工程机械前面、后面和侧面,夜间行驶接通前照灯时,示位灯、仪表照明灯和牌照灯同时发亮,以标志车辆的形位等。功率一般为5~20W。前示位灯俗称小灯,光色为白色或黄色,后示位灯俗称尾灯,光色为红色;侧位灯光色为琥珀色。

(5) 示廓灯

俗称角标灯,空载车高3.0m以上的车辆均应安装示廓灯,标示车辆轮廓。示廓灯功率一般为5W。

(6) 驻车灯

装于车头和车尾两侧,要求从车前和车尾150m远处能确认灯光信号,要求车前处光色为白色,车尾处为红色。夜间驻车时,将驻车灯接通,标志车辆形位。

(7) 警示灯

一般装于车顶部,用来标示车辆特殊类型,功率一般为40~45W。消防车、警车用红色,救护车为蓝色,旋转速度为每秒2~6次;公交车和出租车为白、黄色。工程机械常参照消防车的警示灯。

(8) 喇叭

喇叭的作用是警告行人和其他车辆,以引起注意,保证行车和作业安全。

(9) 报警信号灯和报警蜂鸣器

报警信号灯和报警蜂鸣器组成报警信号装置,其作用是当工程机械在工作过程中出现异常情况时(如发动机冷却水过热、机油压力过低等),相应的报警信号灯将发亮或闪烁并伴有报警声,通知操作人员立即使机械停止工作,排除故障。报警信号装置通常安装在仪表盘上,并与电源、传感器串联,传感器为开关式,出现异常时报警信号装置电路接通。

1. 转向灯与闪光器

工程机械转弯、变换车道或路边停车时接通转向开关,通过闪光器使左边或右边的前、后转向信号灯闪烁发光,以提醒周围车辆和行人注意。近年来,有些工程机械在遇见危险情况,使所有转向信号灯同时闪烁。危险报警信号由危险报警信号开关控制。

闪光器按结构和工作原理可分为电热丝式(俗称电热式)、电容式、翼片式、电子式等多种。闪光器按有无触点分为触点式和无触点式两种。由于触点使用寿命短、故障率高,因此触点式闪光器将趋于淘汰。无触点式闪光器由于性能稳定、价格低廉、工作可靠等优点而广泛应用。

(1) 翼片式闪光器

翼片式闪光器是利用电流的热效应,以热胀条的热胀冷缩为动力,使翼片产生突变动作,接通和断开触点,使转向信号灯闪烁。根据热胀条受热情况的不同,可分为直热式和旁热式两种。

① 直热翼片式闪光器　直热翼片式闪光器的结构与工作原理如图4-57所示。

它主要是由翼片、热胀条、活动触点、固定触点及支承等组成。翼片为弹性钢片,平时

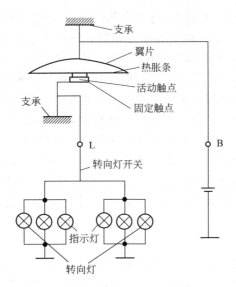

图 4-57　直热翼片式闪光器

靠热胀条绷紧成弓形。热胀条由线胀系数较大的合金钢带制成，在其中间焊有活动触点，在活动触点的对面安装有固定触点，热胀条处于冷态时，动静触点之间是闭合的。

工程机械转向时，接通转向灯开关，蓄电池即向转向信号灯供电，电流由蓄电池"＋"→接线柱 B→支承→翼片→热胀条→活动触点→静触点→支承→接线柱→转向开关→转向信号灯和指示灯→搭铁→蓄电池"－"，形成回路，转向信号灯立即发亮。这时热胀条因通过电流而发热伸长，翼片突然绷直，活动触点和固定触点分开，切断电流，于是转向信号灯熄灭。当通过转向信号灯的电流被切断后，热胀条开始冷却收缩，又使翼片突然弯成弓形，活动触点和固定触点再次接触，接通电路，转向信号灯再次发光，如此反复变化使转向信号灯一亮一暗地闪烁，标示车辆的行驶方向。

② 旁热翼片式闪光器　国产 SG124 型闪光器就是旁热翼片式闪光器，其结构与工作原理如图 4-58 所示。

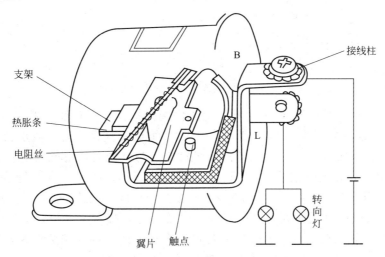

图 4-58　旁热翼片式闪光器的结构与工作原理

它的主要功能元件是不锈钢翼片，翼片上固定有热胀条，热胀条上绕有电阻丝，电阻丝的一端与热胀条相连，另一端与支架相连，翼片靠热胀条绷紧成弓形。活动触点固定在翼片上，静触点与接线柱"L"相连。闪光器不工作时，触点处于分开状态。

当工程机械向左转弯时，接通转向开关，电流由蓄电池"+"→接线柱 B→支架→电阻丝→静触点→接线柱 L→转向开关→左转向信号灯和指示灯→搭铁→蓄电池"-"，形成回路。这时信号灯虽然有电流通过，但由于电阻丝的电阻较大，电路中电流较小，此时信号灯不亮。同时，热胀条受热伸长，翼片依靠自身弹性使触点闭合。

电流则从蓄电池"+"→接线柱 B→支架→翼片→活动触点→静触点→接线柱 L→转向灯开关→左转向信号灯和指示灯→搭铁→蓄电池"-"，形成回路。此时由于电流不再通过电阻丝，电流增大，转向信号灯和指示灯发亮。同时，因触点闭合，电阻丝被短路，热胀条逐渐冷却收缩，拉紧翼片，使触点再次分开，如此反复变化，使转向信号灯一明一暗闪烁，标示车辆行驶方向。

（2）电子闪光器

电子闪光器的结构和线路繁多，常用的有全晶体管式无触点闪光器、由晶体管和小型继电器组成的有触点晶体管式闪光器以及由集成块和小型继电器组成的有触点集成电路闪光器。

① 全晶体管式（无触点）闪光器　图 4-59 所示为国产 SG131 型全晶体管式（无触点）闪光器电路。它是利用电容器充放电延时的特性，控制晶体管的导通和截止，来达到闪光的目的。

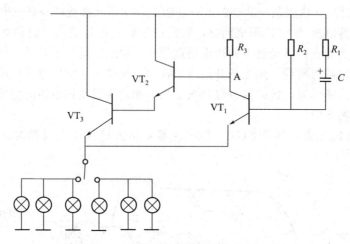

图 4-59　无触点式全晶体管闪光器电路

接通转向开关后，晶体管 VT_1 的基极电流由两路提供，一路经电阻 R_2，另一路经 R_1 和 C，使 VT_1 导通。VT_1 导通时，则 VT_2、VT_3 组成的复合管处于截止状态。由于 VT_1 的导通电流很小，仅 60mA 左右，故转向信号灯暗。与此同时，电源对电容器 C 充电，随着 C 的端电压升高，充电电流减小，VT_1 的基极电流减小，使 VT_1 由导通变为截止。这时 A 点电位升高，当其电位达到 1.4V 时，VT_2、VT_3 导通，于是转向信号灯亮。此时电容器 C 经过 R_1、R_2 放电，放电时间为灯亮时间。C 放完电，接着又充电，VT_1 再次导通，使 VT_2、VT_3 截止，转向信号灯又熄灭，充电时间为灯灭的时间。如此反复，使转向信号灯闪烁。改变 R_1、R_2 的电阻值和 C 的大小以及 VT_1 的值，即可改变闪光频率。

② 带继电器的有触点晶体管式闪光器　带继电器的有触点晶体管式闪光器如图 4-60 所示。它由一个晶体管的开关电路和一个继电器所组成。

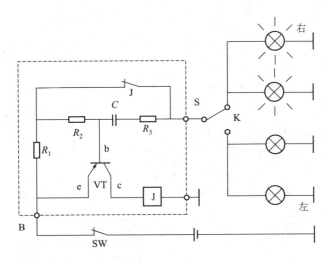

图 4-60 带继电器的有触点晶体管式闪光器

当工程机械向右转弯时，接通电源开关 SW 和转向开关 K，电流由蓄电池"+"→电源开关 SW→接线柱 B→电阻 R_1→继电器 J 的常闭触点→接线柱 S→转向开关 K→右转信号灯→搭铁→蓄电池"-"，右转向信号灯亮。当电流通过 R_1 时，在 R_1 上产生电压降，晶体管 VT 因正向偏压而导通，集电极电流 I 通过继电器 J 的线圈，使继电器常闭触头立即断开，右转向信号灯熄灭。

晶体管 VT 导通的同时，VT 的基极电流向电容器 C 充电。充电电路是：蓄电池"+"→电源开关 SW→接线柱 B→VT 的发射极 e→VT 的基极 b→电容器 C→电阻 R_3→接线柱 S→转向开关 K→右转向信号灯→搭铁→蓄电池"-"。在充电过程中，电容器两端的电压逐渐增高，充电电流逐渐减小，晶体管 VT 的集电极电流也随之减小，直至晶体管 VT 截止，继电器 J 的线圈断电，常闭触点 J 又重新闭合，转向信号灯再次发亮。这时电容器 C 通过电阻 R_2、继电器的常闭触点 J、电阻 R_3 放电。放电电流在 R_2 上产生的电压降为 VT 提供反向偏压，加速了 VT 的截止，使继电器的常闭触点 J 迅速断开。当放电电流接近零时，R_1 上的电压降又为 VT 提供正向偏压使其导通。这样，电容器 C 不断地充电和放电，晶体管 VT 也就不断地导通与截止，控制继电器的触点反复地闭合、断开，使转向信号灯闪烁。

③ 由集成块和小型继电器组成的有触点集成电路闪光器　U243B 是专为制造闪光器而设计制造的，标称电压为 12V，实际工作电压范围为 9～18V，采用双列 8 脚直插塑料封装，其引脚及电路原理图如图 4-61 所示。内部电路由输入检测器 SR、电压检测器 D、振荡器 Z 及功率输出级 SC 四部分组成。其主要功能和特点为：当一个转向灯损坏时闪烁频率加倍，抗瞬时电压冲击为 ±125V，0.1ms，输出电流可达到 300mA。

输入检测器用来检测转向开关是否接通。振荡器由一个电压比较器和外接 R_4 及 C_1 构成。内部电路给比较器的一端提供了一个参考电压，其值的高低由电压检测器控制；比较器的另一端则由外接 R_4 及 C_1 提供一个变化的电压，从而形成电路的振荡。

振荡器工作时，输出级的矩形波便控制继电器线圈的电路，使继电器触点反复开、闭，于是转向信号灯及其指示灯便以 80 次/min 的频率闪烁。如果一只转向信号灯烧坏，则流过取样电阻 RS 的电流减小，其电压降随之减小，经电压检测器识别后便控制振荡器、电压比较器的参考电压，从而改变振荡（即闪烁）频率，则转向指示灯的闪烁频率加快一倍，以提

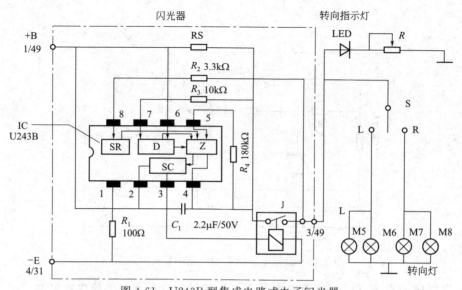

图 4-61 U243B 型集成电路式电子闪光器

SR—输入检测器；D—电压检测器；Z—振荡器；SC—功率输出级；
RS—取样电阻；J—继电器

示操作人员转向信号灯线路出现故障，需要检修。

2. 倒车灯及报警器电路

工程机械倒车时，为了警示车后的行人和其他车辆注意避让，在工程机械的后部装有倒车灯和倒车蜂鸣器（或倒车语音报警器），它们均由装在变速器上的倒挡开关控制。

倒车报警电路如图 4-62 所示，倒车开关的结构如图 4-63 所示，当把变速杆拨到倒挡时，由于倒车开关中的钢球 1 被松开，在弹簧 5 的作用下，触点 4 闭合，于是倒车灯、倒车蜂鸣器或语音倒车报警器便与电源接通，使倒车灯发出闪烁信号、蜂鸣器发出断续鸣叫声，语音倒车报警器发出"倒车，请注意"的提示音。

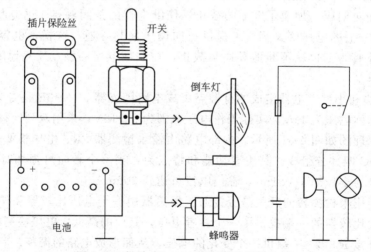

图 4-62 解放 CA1092 汽车倒车报警电路

倒车蜂鸣器是一种间歇发声的音响装置，其发声部分装用的是一只功率较小的电喇叭，控制电路是一个由无稳态电路和反相器组成的开关电路。图 4-64 所示为一种倒车蜂鸣器电路。该电路是由一个无稳态电路和反相器组成的开关电路。

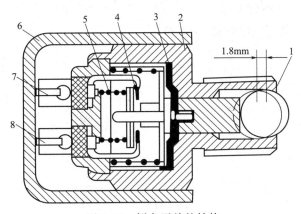

图 4-63 倒车开关的结构

1—钢球；2—壳体；3—膜片；4—触点；5—弹簧；6—保护罩；7,8—导线

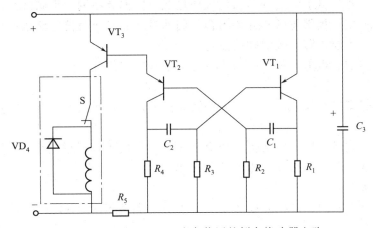

图 4-64 解放 CA1092 汽车装用的倒车蜂鸣器电路

随着集成电路技术的发展，将语音信号压缩存储于集成电路用于安全报警已被广泛采用，语音倒车报警器即是其中之一。当工程机械倒车时，倒车报警器便发出"倒车，请注意！"的提示音，以提醒行人或其他车辆的驾驶员注意避让，从而确保车辆安全倒车。

图 4-65 所示为语音倒车报警器电路。

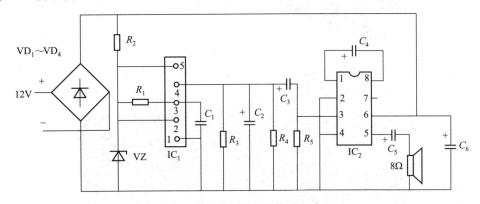

图 4-65 语音倒车报警器电路

集成块 IC_1 是储存有语音信号的集成电路，集成块 IC_2 是功率放大集成电路，稳压管 VZ 用于稳定语音集成块 IC_1 的工作电压。

3. 制动系统低气压报警灯电路

制动系统低气压报警灯电路如图4-66所示。

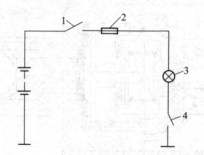

图4-66 制动系统低气压报警灯电路
1—电源开关；2—熔断丝；3—报警灯；4—报警开关

气压制动的工程机械上，当制动系统气压过低时，安装在制动系储气筒或制动阀压缩空气输入管路中的低气压报警传感器开关闭合，制动系统低气压报警电路接通，装在仪表板上红色报警灯发亮，引起工程机械驾驶员注意。

其他报警电路与此类似，只是所用传感器类型和安装位置不同。

4. 灯光开关

灯光开关一般安装在仪表板上，或装在转向柱上。灯光开关主要由开关及各触点、连接线组成。

灯光开关的形式有拉钮式、旋转式和组合式等，现代工程机械上应用较多的是将大灯、尾灯、转向灯及变光开关等制成一体的组合式开关。

（1）组合开关

组合式开关外形及内部接线原理如图4-67所示，灯光开关在OFF挡时，关断所有的灯

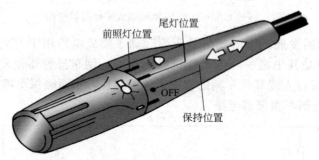

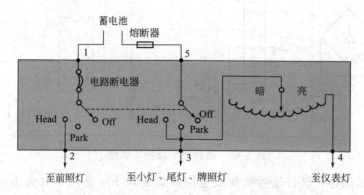

图4-67 组合式开关外形及内部接线原理

泡电路；在 Park 挡时，通过接线柱 3 接通小灯、尾灯、牌照灯和仪表灯；在 Head 挡时，通过接线柱 2 接通前照灯电路，Park 挡电路继续接通；仪表灯的亮度调节旋钮是由一个变阻器组成的，可单独安装在仪表板上，也可安装在灯光开关上。在灯光开关上有两个火线接线柱 1 和 5，分别给前照灯电路和小灯电路供电，防止当一个电路出现断路故障时，全车灯均不亮。

（2）拉杆式开关

拉杆式开关如图 4-68 所示，Ⅰ挡时接通示位灯、尾灯、仪表灯，Ⅱ挡时除了接通示位灯、尾灯、仪表灯外，还接通前照灯。拉杆式开关结构简单，但直接通过开关触点接通前照灯电流，对触点要求较高。

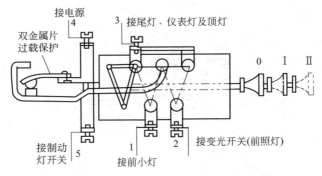

图 4-68　拉杆式开关外形及内部线路原理

（3）旋转式开关

EQ1090 拉杆旋转式开关，有 4 个挡位，6 个接线柱，分别控制位灯、前照灯、侧灯，开关如图 4-69 所示。

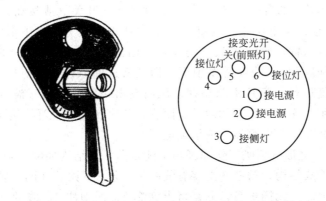

图 4-69　EQ1090 拉杆旋转式灯光开关外形及背部线路

5. 喇叭

（1）喇叭的分类

喇叭按发音动力有气喇叭和电喇叭之分；按外形有螺旋形、筒形、盆形之分；按音频有高音和低音之分；按接线方式有单线制和双线制之分。

气喇叭是利用气流使金属膜片振动产生音响，外形一般为筒形，多用在具有空气制动装置的重型载重工程机械上。电喇叭是利用电磁力使金属膜片振动产生音响，其声音悦耳，广泛使用于各种类型的工程机械上。

电喇叭按有无触点可分为普通电喇叭和电子电喇叭。普通电喇叭主要是靠触点的闭合和断开，控制电磁线圈激励膜片振动而产生音响的；电子电喇叭中无触点，它是利用晶体管电路激励膜片振动产生音响的。在中小型工程机械上，由于安装的位置限制，多采用螺旋形和盆形电喇叭。盆形电喇叭具有体积小、重量轻、指向好、噪声小等优点。

(2) 普通电喇叭的构造与工作原理

① 筒形、螺旋形电喇叭

筒形、螺旋形电喇叭的结构如图4-70所示。其主要由山字形铁芯、线圈、衔铁、振动膜片、共鸣板、传声筒、触点以及电容器等组成。膜片和共鸣板由中心杆与衔铁、调整螺母、锁紧螺母连成一体。

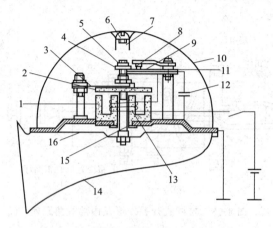

图 4-70 筒形、螺旋形电喇叭的结构

1—铁芯；2—衔铁；3—弹簧片；4—调整螺母；5—锁紧螺母；6—螺钉；7—支架；8—活动触点；9—固定触点；10—防护罩；11—绝缘片；12—灭弧电容；13—磁化线圈；14—传声筒；15—中心螺杆；16—膜片

工作过程是：当按下按钮时，电流由蓄电池正极→开关（或按钮）→线圈13→触点8、9→搭铁→蓄电池负极。当电流通过线圈13时，产生电磁吸力，吸下衔铁2，中心杆上的调整螺母4压下活动触点臂，使触点8、9分开而切断电路。此时线圈13电流中断，电磁吸力消失，在弹簧片3和膜片16的弹力作用下，衔铁又返回原位，触点闭合，电路重又接通。此后，上述过程反复进行，膜片不断振动，从而发出一定音调的音波，由传声筒加强后传出。共鸣板与膜片刚性连接，在振动时发出陪音，使声音更加悦耳。为了减小触点火花，保护触点，触点需要并联一个电容器（或消弧电阻）。

② 盆形电喇叭　盆形电喇叭工作原理与上述相同，其结构如图4-71所示。

电磁铁采用螺管式结构，铁芯7上绕有线圈1，上、下铁芯间的气隙在线圈1中间，所以能产生较大的吸力。它无扬声筒，而是将上铁芯2、振动块5、膜片3和共鸣片4固装在中心轴上。

当按下喇叭按钮时，电喇叭电路通电，电流由蓄电池"+"→线圈1→触点→喇叭按钮9→搭铁→蓄电池"-"，形成回路。当电流通过线圈1时，产生电磁力，吸引上铁芯2，带动膜片3中心下移，上铁芯2与下铁芯7相碰，同时带动衔铁向下运动，压迫触点臂将触点断开，触点断开后线圈1电路被切断，磁力消失，上铁芯2及膜片3又在触点臂和膜片3自身弹力的作用下复位，触点又闭合。触点闭合后，线圈1又通电产生磁力，吸引上铁芯2下移与下铁芯7再次相碰，触点再次断开，如此循环，触点以一定的频率断开、闭合，膜片不断振动发出声响，通过共鸣片产生共鸣，从而产生音量适中、和谐悦耳的声音。为了保护触点，触点需要并联一只电容器（或消弧电阻）。

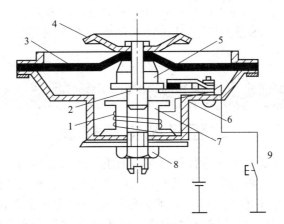

图 4-71 盆形电喇叭的结构

1—磁化线圈；2—活动铁芯；3—膜片；4—共鸣片；5—振动块；6—外壳；7—铁芯；
8—螺母；9—按钮

③ 电子电喇叭 电子电喇叭的结构如图 4-72 所示，图 4-73 是其原理电路。

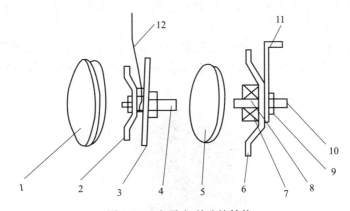

图 4-72 电子电喇叭的结构

1—罩盖；2—共鸣板；3—绝缘膜片；4—上衔铁；5—O 形绝缘垫圈；6—喇叭体；7—线圈；
8—下衔铁；9—锁紧螺母；10—调节螺钉；11—托架；12—导线

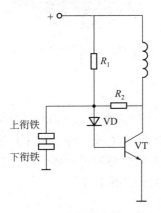

图 4-73 电子电喇叭原理电路

当喇叭电路接通电源后，由于晶体管 VT 加正向偏压而导通，线圈中便有电流通过，产生电磁力，吸引上衔铁，连同绝缘膜片和共鸣板一起动作，当上衔铁与下衔铁接触而直接搭铁时，晶体管 VT 失去偏压而截止，切断线圈中的电流，电磁力消失，膜片与共鸣板在弹力作用下复位，上、下衔铁又恢复为断开状态，晶体管 VT 重又导通，如此周而复始地动作，膜片不断振动便发出响声。

知识拓展

工程机械电子仪表

工程机械仪表是驾驶员与车辆进行信息交流的重要接口和界面，对安全作业起着重要作用。常规仪表信息量少、准确率低、体积较大、可靠性较差、视觉特性不好，显示的是传感器检测值的平均值，难以满足工作需求。工程机械电子仪表比通常的机械式模拟仪表更精确，电子仪表刷新速度较快，显示的是即时值，并能一表多用，具有高精度和高可靠性，免除机电式仪表中的那些可动部分，驾驶员可通过按钮选择仪表显示的内容。

有些工程机械电子仪表还具有自诊断功能，每当打开电源开关时，电子仪表板便进行一次自检，也有的仪表板采用诊断仪或通过按钮进行自检。自检时，通常整个仪表板发亮，同时各显示器都发亮。自检完成时，所有仪表均显示出当前的检测值。如有故障，便以警告灯或给出故障码提醒驾驶员。

电子仪表一般由传感器、信号处理电路和显示装置三部分组成。电子仪表与常规仪表使用的传感器相同，不同之处在于信号处理电路和显示装置。VOLVO 挖掘机电子仪表外观如图 4-74 所示。

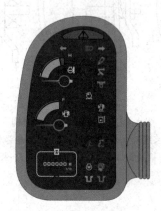

图 4-74　VOLVO 挖掘机电子仪表外观

一、常用电子显示装置

常用电子显示装置主要有：真空荧光管（VFD）、发光二极管（LED）、液晶显示器件（LCD）、阴极射线管（CRT）、等离子显示器件（PDP）等。一般情况下采用真空荧光管、发光二极管和液晶显示器件，它们的性能和显示效果都比较好。作为信息终端显示来说，用阴极射线管更好，但因其体积太大而使用较少。

1. 真空荧光管（VFD）

真空荧光管实际上是一种低压真空管，它是最常用的数字显示器，如图 4-75 所示，其由钨丝、栅极和涂有磷光物质的屏幕构成，它们被封闭在抽真空后充以氩气或氖气的玻璃壳内。负极是一组细钨丝制成的灯丝，钨丝表面涂有一层特殊材料，受热时释放出电子。正极为多个涂有荧光材料的数字板片，栅极夹在正极与负极之间用于控制电子流。正极接电源正极，每块数字板片接有导线，导线铺设在玻璃板上，导线上覆盖绝缘层，数字板片在绝缘层上面。

VFD发光原理与晶体三极管载流子运动原理相似，如图4-75左上小图所示。当其上施加正向电压时，即灯丝与电源负极相接，屏幕字形与电源正极相接时，电流通过灯丝并将灯丝加热至600℃左右，从而导致灯丝释放出电子，数字板片会吸引负极灯丝放出的电子。当电子撞击数字板片上的荧光材料时，使数字板发光，通过正面玻璃板的滤色镜显示出数字。因此，若要使某一块板片发光就需在它上面施加正向电压，否则该板片就不会发光。

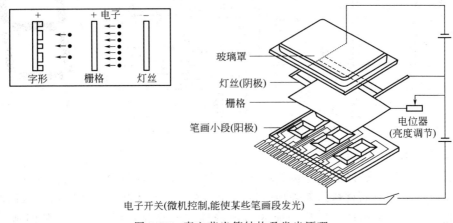

图4-75 真空荧光管结构及发光原理

栅极处于比负极高的正电位。它的每一部分都可等量地吸引负极灯丝放出的电子，确保电子能均匀地撞击正极，使发光均匀。

与其他显示设备相比，VFD具有较高的可靠性和抵抗恶劣环境的能力，且只需要较低的操作电压，真空荧光管色彩鲜艳、可见度高、立体感强。真空荧光管的缺点：由于是真空管，为保持一定强度，必须采用一定厚度的玻璃外壳，故体积和重量较大。

2. 发光二极管（LED）

发光二极管的结构如图4-76所示，它是一种把电能转换成光能的固态发光器件。发光二极管一般都是用半导体材料，如砷化镓、磷化镓、磷砷化镓和砷铝化镓等制成。它是应用最广泛的低压显示器件。

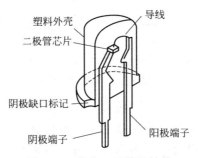

图4-76 发光二极管的结构

当在正、负极引线间加上适当正向电压后，二极管导通，半导体晶片便发光，通过透明或半透明的塑料外壳显示出来。发光的强度与通过管芯的电流成正比。在半导体材料中掺入不同的杂质，可使发光二极管发出不同颜色，通常分为红、绿、黄、橙等不同颜色。外壳起透镜作用,也可利用它来改变发光二极管外形和光的颜色,以适应不同的用途。

当反向电压加到二极管上,二极管截止,无电流通过,不再发光。

有些仪表则用发光二极管所组成的光点矩阵型显示器,发光二极管数码显示电路如图 4-77 所示。发光二极管较适用于作指示灯、数字符号段或点数不太多的光杆图形显示。

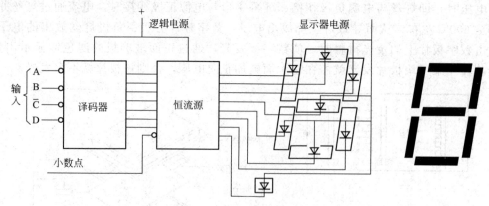

图 4-77 七只发光二极管组成的数码显示电路

3. 液晶显示器件（LCD）

在两层装有镶嵌电极或交叉电极的玻璃板之间夹一层液晶材料,当板上各点加有不同电场时,各相应点上的液晶材料即随外加电场的大小而改变晶体特殊分子结构,从而改变这些特殊分子光学特性。利用这一原理制成的显示器件叫液晶显示器件。它们的组成如图 4-78 所示。

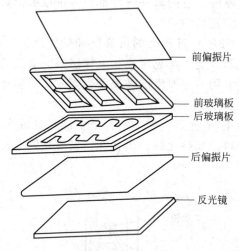

图 4-78 LCD 结构

液晶是有机化合物,由长形杆状分子构成。在一定的温度范围和条件下,它具有普通液体的流动性质,也具有固体的结晶性质。液晶显示器件有两块厚约 1mm 的玻璃基板,后玻璃基板的内面均涂有透明的导电材料作为电极,前玻璃基板的内面的图形电极供显示用,两基极间注入一层约 $10\mu m$ 厚的液晶,四周密封,两块玻璃基板的外侧分别贴有偏振片,并将整个显示板完全密封,以防湿气和氧侵入,这便构成透射式 LCD。

它们的偏振轴互成 90°夹角。与偏振轴平行的光波可通过偏光板,与偏振轴垂直的光波则不能透过偏光板。当入射光线经过前偏光板时,仅有平行于偏振轴的光线透过,当此入射光经过液晶时，液晶使该入射光线旋转 90°后射向后偏光板，由于后偏光板偏振轴恰好与前偏光板偏振轴垂直，所以该入射光可透过后偏光板并经反射镜反射，顺原路径返回。此时液晶显示板形成一个背景发亮的整块图形。

当液晶不加电场时，液晶的分子排列方式可将来自垂直偏光镜的垂直方向的光波旋转 90°，再经水平偏光镜后射到反射镜上，经反射后按原路回去，这时透过垂直偏光镜看液晶时，液晶呈亮的状态，如图 4-79 所示。

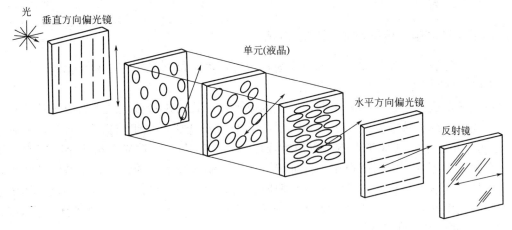

图 4-79　LCD 工作原理——不加电场时

当液晶加一电场时，液晶的分子排列方式改变，不能将来自垂直偏光镜的垂直方向的光波旋转，不能通过水平偏光镜到达反射镜，这时透过垂直偏光镜看液晶时，液晶呈暗的状态，如图 4-80 所示。

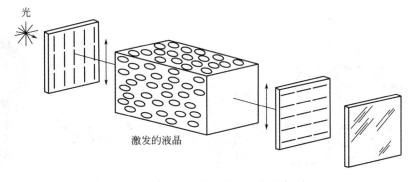

图 4-80　LCD 工作原理——加电场时

这样将液晶制成字符段，通过控制每个字符段的通电状态，就可使液晶显示不同的字符。

当以一定电压对两个透明导体面电极通电时，位于通电电极范围内（即要显示的数字、符号及图形）的液晶分子重新排列，失去使偏振入射光旋转 90°的功能，这样的入射光便不能通过后偏光板，因而也不能经反射镜反射形成反射光。这样，通电部分电极就形成了在发亮背景下的黑色字符或图形。

由于液晶显示器件为非发光型显示器件，所以只有在光亮的环境中才能观察液晶显示器的内容，由于在较暗的环境中难以观察液晶显示器的内容，因此在工程机械上所用的液晶显示器通常采用白炽灯作为背景照明光源。

液晶显示的优点很多，如工作电压低（3V 左右），功耗非常小；显示面积大、示值清晰，通过滤光镜可显示不同颜色；电极图形设计灵活，设计成任意显示图形的工艺都很简单。因此在工程机械上得到广泛应用。缺点是液晶为非发光型物质，白天靠日光显示，夜间必须使用照明光源。低温条件下灵敏度较低，有时甚至不能正常工作。工程机械的使用工作环境变化较大，在摄氏零下十几度、几十度的环境下使用也是常事。为了克服液晶显示器的这一缺陷，现在往往在液晶显示器件上附加加热电路，驱动方式也进行了改进，扩大了它在工程机械电子仪表上的应用。

二、工程机械电子仪表的常见显示方法

发光二极管、液晶显示器件、真空荧光显示器均可用以下显示方法显示信息。

1. 字符段显示法

字符段显示法通常是一种利用七段、十四或十六小线段进行数字或字符显示的方法。用七段小线段可以组成数字 0～9，用十四（或十六）段小线段可以组成数字 0～9 与字母 A～Z，每段可以单独点亮或成组点亮，以便组成任何一个数字、字符或一组数字、字符。每段都有一个独立的控制荧屏，由作用于荧屏的电压来控制每段的照明。为显示特定的数位，电子电路选择出代表该数位的各段，并进行照明。当用发光二极管进行显示时，也是用电子电路来控制每段发光二极管，方法与真空荧光显示器相同。图 4-81 为七段字符显示的数字，图 4-82 为十四字符段显示的数字。

2. 点阵显示法

点阵是一组成行和成列排列的元件，有 7 行 5 列、9 行 7 列等。点阵元素可为独立发光的二极管或液晶显示，或是真空荧光管显示的独立荧屏。电子电路供电照明各点阵元素，数字 0～9 和字母 A～Z 可由各种元素组合而成，图 4-83 所示为发光二极管组成的 5×7 点阵显示板。

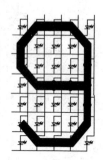

图 4-81　七段字符显示的数字　　图 4-82　十四字符段显示的数字　　图 4-83　发光二极管组成的 5×7 点阵显示板

3. 特殊符号显示法

真空荧光管与液晶显示器还可取代数字与字母，显示特殊符号。

4. 图形显示法

图形显示法是以图形方式显示信息。用图形显示提醒驾驶员注意大灯、小灯与制动灯的故障以及清洗液与油量多少的方法。图形显示警告器上显示出工程机械俯视外观图形。在所需警告显示的部位上均装有发光二极管显示装置，当这个部位上出现故障时，传感器即向电子组件提供信息，控制加在发光二极管上的电压，使发光二极管闪光，以提醒驾驶员注意。图 4-84 所示是一种用杆图进行油量等显示的方法。用 32 条亮杆代表油量，当油箱装满时，

所有的杆都亮；当油量降至 3 条亮杆时，油量符号开始闪烁，提醒驾驶员该加油了。也有的厂商喜欢用光条图进行油量等的显示，如图 4-85 所示。

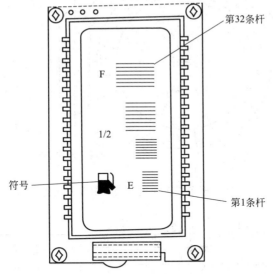

图 4-84　用杆图显示油量

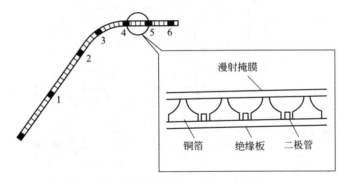

图 4-85　用光条图显示油量

三、工程机械电子仪表电路

1. 数字车速里程表电子电路

数字车速里程表主要由车速传感器、电子电路、车速表和里程表四部分组成。

舌簧开关车速传感器如图 4-86 所示，其作用是产生正比于车速的电信号。

舌簧开关车速传感器由一个舌簧开关和一个含有 4 对磁极的转子组成。变速器驱动转子旋转，转子每转一周，舌簧开关中的触点闭合、打开 5 次，产生 5 个脉冲信号，该脉冲信号频率与车速成正比。

工程机械车速表实际上是一个磁电式电流表，当工程机械以不同速度行驶时，从电子电路接线端 6 输出的与工程机械行驶速度成正比的电流信号便驱动车速表指针偏转，即可指示相应的工程机械行驶速度。

电子电路如图 4-87 所示。电子电路的作用是将工程机械速度传感器送来的具有一定频率的电信号，经整形、触发，输出一个与工程机械行驶速度成正比的电流信号。该电子电路主要包括稳压电路、单稳态触发电路、恒流源驱动电路、64 分频电路和功率放大电路。

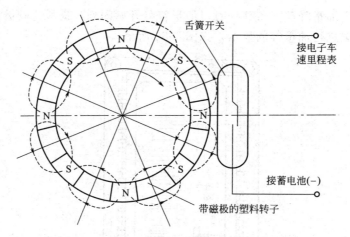

图 4-86　电子式车速里程表舌簧开关式传感器

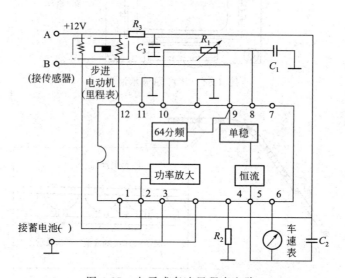

图 4-87　电子式车速里程表电路

里程表由一个步进电动机及六位数字的十进位齿轮计数器组成。步进电动机是一种利用电磁铁的作用原理将脉冲信号转换为线位移或角位移的电动机。工程机械速度传感器输出的频率信号，经 64 分频后，再经功率放大器放大到具有足够的功率，驱动步进电动机，带动六位数字的十进位齿轮计数器工作，从而积累行驶的里程。

2. 电子转速表电路

为了检查和调整发动机，并监视发动机的工作状况，更好地掌握换挡时机，大多数工程机械都安装发动机转速表。

目前在工程机械电子仪表中，多数由微机控制的发动机转速表的系统构成如图 4-88 所示，以柱状图形来表示发动机转速的大小，通过发动机凸轮轴传感器的脉冲信号作为电路触发脉冲信号来测量（脉冲信号的频率正比于发动机的转速），这种前沿脉冲信号通过中断口输入微机。

车速表系统构成如图 4-89 所示。车载微机随时接收车速表传感器送出的电压脉冲信号，并计算在单位时间里车速传感器发出的脉冲信号次数，再根据计时器提供的时间参考值，经计算处理可得到工程机械行驶速度，并通过微机指令让显示器显示出来。无论前进还是倒

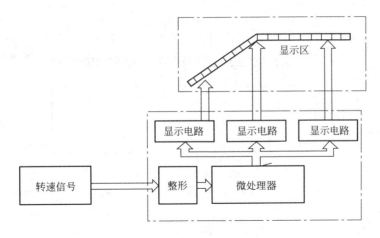

图 4-88 微机控制的发动机转速表的系统构成

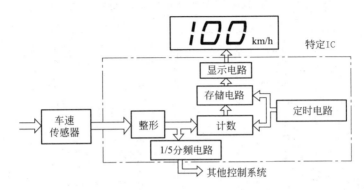

图 4-89 车速表系统构成

退,工程机械的速度都能显示出来。速度单位通常可由驾驶员用按钮选择,即显示 km/h(千米/小时) 或 MPH (英里/小时)。车速信号还可传送到制动防抱死系统(ABS)的电子控制单元中用于它们的控制。当车速超过某极限值时还可向驾驶员发出警报。

3. 电子电压显示电路

电压显示器在于指示工程机械电源的电压,即指示蓄电池充、放电电量的大小以及充、放电的情况。传统的采用电流表或充电指示灯的方法不能比较准确地指示出电源电压。在实际使用中,往往因发电机电压失调,而发生蓄电池过充电和用电器过电压造成损坏。

LM3914 电压显示电路如图 4-90 所示。该显示器主要由 LM3914 集成电路构成柱形/点状带发光二极管的显示电路,它采用 10 只发光二极管,电压显示范围是 10.5~15V,每个发光二极管代表 0.5V 的电压升降变化。电路的微调电位器 R_5,将 7.5V 电压加到分压器一侧,电阻 R_7、二极管 $VD_2 \sim VD_5$ 是将各发光二极管的电压控制在 3V 左右,L_1 和 C_2 所构成的低通滤波器,用来防止电压波动干扰,二极管 VD_1 的作用是防止万一电源接反时保护显示器不致损坏。为了提高工程机械电源电压的指示精度,可用两个以上的 LM3914 集成块组成 20 级以上的电压显示器,用以提高工程机械电子仪表板刻度的分辨率。

4. 冷却液温度表、机油压力表

为了解和掌握工程机械发动机的工作情况,及时发现和排除可能出现的故障,工程机械上均装有工程机械发动机冷却液温度表和机油(润滑油)压力表。图 4-91 所示的电路具有显示发动机冷却液温度和机油压力两种功能。

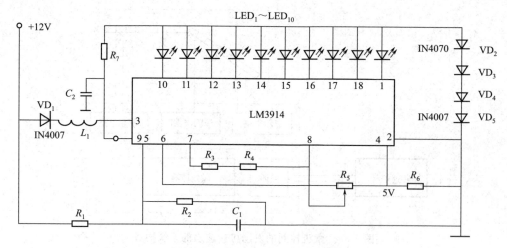

图 4-90　LM3914 电压显示电路

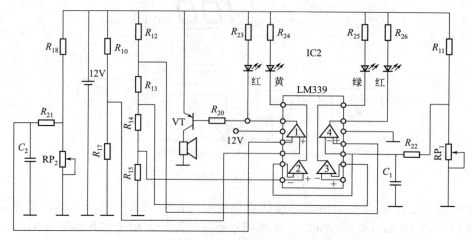

图 4-91　发动机冷却液温度和机油压力表电路

发动机冷却液温度和机油压力表功能电路主要由冷却液温度传感器 RP_1（热敏电阻型）、机油压力传感器 RP_2（双金属片电阻型）、LM339 集成电路和红、黄、绿发光二极管显示器等组成。冷却液温度传感器装在发动机水套内，它与电阻 R_{11} 组成冷却液温度测量电路。机油压力传感器装在发动机主油道上，与电阻 R_{18} 组成机油压力测量电路。

当冷却液温度低于 40℃ 时，用黄色发光二极管发黄色光显示；当冷却液温度在正常工作温度（约 85℃）时，用绿色发光二极管发绿色光显示；当水温超过 95℃ 时，发动机有过热危险，以红色发光二极管发光报警，同时由三极管 VT 控制的蜂鸣器也发出报警声响信号。

当机油压力过低（低于 68.6kPa）时，双金属片式机油压力传感器产生的脉冲信号频率最低，此时红色发光二极管发光显示，并由蜂鸣器发出声响报警信号；当发动机机油压力正常时用绿色发光二极管发光显示，表示发动机润滑系统工作正常；而在油压过高时，机油压力传感器产生的脉冲信号频率较高，黄色发光二极管发光显示，以引起驾驶员的注意，防止润滑系统故障，尤其是注意防止润滑系统各部的垫圈被冲破和润滑装置损坏。

四、工程机械电子组合仪表

上述分装式工程机械仪表具有各自独立的电路，具有良好的磁屏蔽和热隔离，相互间影响较小，具有较好的可维修性。缺点是不便采用先进的结构工艺，所有仪表加在一起体积过大，安装不方便。有些工程机械采用组合仪表，其结构紧凑，便于安装和接线。缺点是各仪表间磁效应和热效应相互影响，易引起附加误差，为此要采取一定的磁屏蔽和热隔离措施，还要进行相应的补偿。

图4-92所示为单片机控制的工程机械智能组合仪表基本组成，它由工程机械工况信息采集、单片机控制及信号处理、显示器等系统组成。

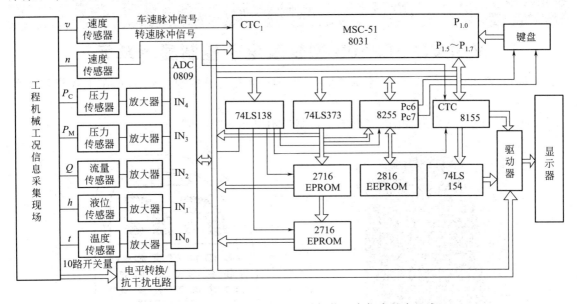

图4-92 单片机控制的工程机械智能组合仪表基本组成

单片机控制的工程机械智能组合仪表的功能如下。

（1）信息采集

工程机械工况信息通常分为模拟量、频率量和开关量三类。

① 模拟量 工程机械工况信息中的发动机冷却液温度、油箱燃油量、润滑油压力等，经过各自的传感器转换成模拟电压量，经放大处理后，再由模/数转换器转换成单片机能够处理的二进制数字量，输入单片机进行处理。

② 频率量 工程机械工况信息中的发动机转速和工程机械行驶速度等，经过各自的传感器转换成脉冲信号，再经单片机相应接口输入单片机进行处理。

③ 开关量 工程机械工况信息中的由开关控制的工程机械左转、右转、制动、倒车，各种灯光控制、各车门开关情况等，经电平转换和抗干扰处理后，根据需要，一部分输入单片机进行处理，另一部分直接输送至显示器进行显示。

（2）信息处理

工程机械工况信息经采集系统采集并转换后，按各自的显示要求输入单片机进行处理。如工程机械速度信号除了要由车速显示器显示外，还要根据里程显示的要求处理后输出里程量的显示。车速信息在单片机系统中按一定算法处理后送2816A存储器累计并存储。工程机械其他工况信息，都可以用相应的配置和软件来处理。

（3）信息显示

信息显示可采用指针指示、数字显示、声光或图形辅助显示等多种显示方式中的一种或几种方式显示。

除了显示装置以外,工程机械仪表系统还设有功能选择键盘,微机与工程机械电气系统的接头和显示装置连接。当点火开关接通时,输入信号有蓄电池电压、燃油箱传感器、温度传感器、行驶里程传感器、喷油脉冲以及键盘的信号,微机即按相应工程机械动态方式进行计算与处理,除了发出时间脉冲以外,尚可用程序按钮选择显示出瞬时燃油消耗、平均燃油消耗、平均车速、单程里程、行程时间(秒表)和外界温度等各种信息。

校企链接

VOLVO EC210B 型仪表电子控制显示单元

下面以 VOLVO EC210B 型挖掘机为例,说明仪表电子控制显示单元在工程机械中的应用。

VOLVO EC210B 型挖掘机仪表电子控制显示单元如图 4-93 所示。

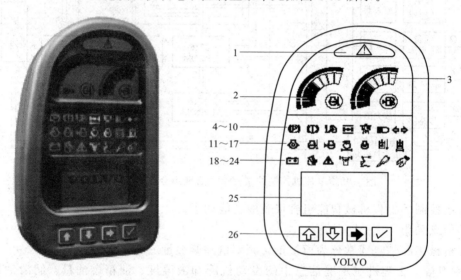

图 4-93 VOLVO EC210B 型挖掘机仪表电子控制显示单元

VOLVO EC210B 型仪表电子控制显示单元的控制原理将在项目五中再进行分析。

其中各个仪表的功用如表 4-3 所示。

表 4-3 仪表显示单元说明表

序号	显示图形	物理意义
1		1 中央警示灯 中央警示灯亮,说明系统有故障,需停机检查。如果有疑问,可向授权的 VOLVO 代理商询问
2		2 发动机冷却液温度表
3		3 燃油油位表 不要让机器在红色油位区域工作,否则可能导致发动机因燃油不足而熄火

续表

序号	显示图形	物理意义
4		4 停车制动指示灯（未采用）
5		5 刹车油压报警指示灯（未采用）
6		6 转向压力过低指示灯（未采用）
7		7 车桥锁定指示灯（未采用）
8		8 对准指示灯（未采用）
9		9 工作灯指示灯（未采用） 以上报警灯适用于轮式挖掘机，交付轮式挖掘机时，请仔细阅读操作保养手册
10		10 左/右转向信号指示灯（未采用）
11		11 发动机机油压力报警指示灯 灯亮时，需立即停车检查润滑系统。如有疑问，可向 VOLVO 授权代理商询问
12		12 发动机冷却液温度报警指示灯 水温报警时在确定没有冷却液泄漏的情况下，机器需急速无负载运转，待报警灯熄灭后方可停车，以避免停车后，温度急剧升高。 如有冷却液泄漏，应立即停车
13		13 冷却液液位指示灯
14		14 空气滤清器堵塞报警指示灯
15		15 空气预热指示灯 预热灯点亮时，请等待，以便于冬季易于启动
16		16 液压油温报警指示灯

续表

序号	显示图形	物理意义
17		17 液压油过滤器堵塞指示灯
18		18 蓄电池充电报警指示灯
19		19 快换接头指示灯(可选件)
20		20 过载报警指示灯(可选件)
21		21 增压指示灯
22		22 大臂浮动功能指示灯(可选件)
23		23 液压破碎锤指示灯(可选件)
24		24 液压剪选择指示器(可选件)
25	VOLVO EC460B	25 MCD(信息中心显示器)启动屏幕
26	VOLVO EC460B	26 关闭屏幕
27		26 滚动/确认按钮

故障诊断

工程机械仪表系统的常见故障诊断与排除

工程机械仪表常见故障有不工作或指示不准确等。

一、仪表不工作

1. 现象

仪表不工作是指点火开关接通后，在发动机运转过程中指针式仪表的指针不动或数字式仪表没有显示及显示一直不变。

2. 主要原因

① 保险装置及线路断路；

② 仪表、传感器及稳压电源有故障。

3. 诊断与排除方法

① 如果所有仪表都不工作，通常是由于保险装置、稳压电源有故障，或仪表电源线路、搭铁线路断路引起的。可以先检查保险装置是否正常，然后检查线头有无脱落、松动，电源线路及搭铁线路是否正常，最后检查、修理稳压电源。

② 如果个别仪表不工作，一般是由于仪表、传感器有故障，或对应线路断路等引起的。

③ 电子仪表用试灯模拟传感器进行检查。如果连接传感器的导线通过试灯搭铁后仪表恢复指示，则说明传感器损坏，应予以更换；如果仍没有指示，应检查传感器和仪表之间的线路连接情况。若线路正常，则说明仪表有关显示部分有故障，应予以检修或更换。

常见仪表故障检查方法参见表 4-4～表 4-7。

表 4-4 电热式机油压力表常见故障及故障原因

故障现象	故障原因
指针不动（电源正常）	指示表损坏 传感器线圈断线或机械故障 引线脱落
接通电源，发动机未启动，指针移动	传感器内部搭铁或短路
指针指示值不准	传感器调整不当或损坏，指示表调整不当或损坏

表 4-5 电磁式燃油表常见故障及故障原因

故障现象	故障原因	故障现象	故障原因
燃油表不动或微动	左线圈引线脱落 左线圈烧断 接错电源 指针和转子卡住 指针和表面卡住	指针总在满刻度处	燃油表到传感器连接不良 传感器电阻引线断线 传感器电阻断线 活动触点接触不良
指针只在零处作微动	右线圈引线脱落 右线圈烧断 传感器浮筒漏油	指针跳动	传感器搭铁不良 铜片触点烧坏 触点压得不紧 指针和表面有摩擦
指针总在1/2处	跨接电阻接触不良或断线 传感器氧化锈蚀		

表 4-6 电热式水温表常见故障及故障原因

故障现象	故障原因	故障现象	故障原因
指针不动（电源正常）	稳压器不正常 稳压器发热线圈断线或引线脱落 双金属片发热线圈引线脱落 热敏电阻失效	指针指示值不准	稳压器工作不正常 仪表发热线圈短路 热敏电阻老化

表 4-7　机械传动式车速里程表常见故障及故障原因

故障现象	故障原因	故障现象	故障原因
指针完全不动	变速器软轴的蜗轮或蜗杆损坏 软轴两端的方头磨损变小 车速表内孔过大 软轴缩短 驱动轴卡滞 软轴折断	里程表数字轮不动	里程表的减速蜗轮蜗杆卡住 数字轮锈蚀卡住 数字轮和小传动齿轮变形卡住
		数字轮有一半工作	有一个轮两边的齿损坏 小齿轮损坏
指针动但比标准值小	游丝拉得太紧 各转动部件缺油或积污 磁铁失去磁性	指针跳动	轴承孔扩大或轴尖磨损 铝罩变形与磁铁摩擦 软轴安装位置不当 蜗轮蜗杆个别齿损坏 磁铁吸入铁屑,摩擦铝罩
指针动但比标准值偏高且不回零位	游丝变软或未盘紧		

二、仪表指示不准确

1. 现象

仪表指示值不能准确地反映实际值的大小,则称仪表指示不准确。

2. 主要原因

仪表、传感器及稳压电源等有故障。

3. 诊断与排除方法

① 多数仪表指示不准确,通常是由于稳压电源有故障或仪表搭铁线路不良等原因引起的,应分别予以检修。

② 个别仪表指示不准确,一般是由于仪表或传感器的故障引起。此时可参照有关车型技术规范,用标准的传感器对仪表进行校准检查,或用标准的仪表检校传感器,发现异常时则应用同型号的传感器或仪表予以更换。

实验实训

实训　前照灯的检测与调整

一、目的和要求

① 叙述前照灯检测的项目与要求;

② 识别前照灯检测仪的结构,进行前照灯的检测;

③ 进行前照灯的调整。

二、器材和设备

轮式工程车辆、前照灯检测仪、螺钉旋具、扳手等。

三、项目及步骤

1. 前照灯检测的项目与要求

① 在检测前照灯的近光光束在照射位置时,车辆空载,允许乘一名操作人员。前照灯在距屏幕 10m 处,光束明暗截止线转角或中点的高度应为 $(0.65\sim0.8)H$(H 为前照灯中

心高度），其水平方向位置向左、右偏均不得大于 100mm。如图 4-94 所示。

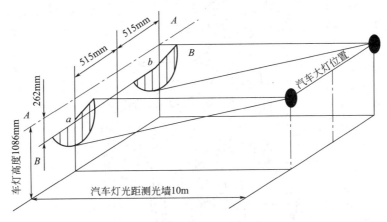

图 4-94 前照灯的屏幕法检查

② 四灯制前照灯其远光单光束灯，其光束在 10m 处的屏幕上，要求光束中心离地高度为 $(0.85\sim0.9)H$。水平位置要求左灯向左偏不得大于 100mm，向右偏不得大于 160mm。右灯向左或向右偏均不得大于 160mm。

③ 对于安装两只前照灯的机动车，每只灯的发光强度≥1500cd（坎德拉），对于安装了四只前照灯的机动车，每只灯的发光强度≥1200cd。

④ 前照灯的配光性能应符合 GB 4599—84《汽车前照灯配光性能》的要求。

2. 前照灯检测仪和前照灯的检测

前照灯的检测可采用屏幕检测或检测仪器检测。屏幕检测法简单易行，但只能检测前照灯光束的照射方向，而无法检测其发光强度。前照灯检测仪既能检测前照灯光束的照射位置又能检测其发光强度。

国产 QD-2 型前照灯检测仪主要用于非对称眩目前照灯车辆检测，也可兼作对称式前照灯车辆的检测。

(1) 国产 QD-2 型前照灯检测仪的主要参数

该仪器的仪器箱升降高度的调节范围为 50～130cm。能够检测车辆前照灯照射方向光束偏移范围为 (0～50cm)/10m。能够检验车辆前照灯的最大发光强度为 0～40000cd。

(2) 国产 QD-2 型前照灯检测仪的结构

如图 4-95 所示，检测仪由车架、行走部分、仪器箱部分、仪器升降调节装置和对正器等部分组成。行走部分装有三个固定的车轮，它可以沿水平地面直线行驶，以便在检测完其中一只前照灯后，平移到另一只前照灯前。仪器箱是该仪器的主要检验部分，其上装有前照灯光束照射方向选择指示旋钮和屏幕，前端装有透镜，前照灯光束通过透镜投影到屏幕上成像，再通过仪器箱上方的观察窗口，目视其在屏幕上的光束照射方向是否符合检测要求。转动仪器的升降手轮，可在 50～130cm 范围内任意调节仪器箱的中心高度，由副立柱上的刻线读数和高度指示标指示其高度值。检测仪器箱的中心高度值应与被检车辆前照灯的安装中心高度保持一致。在仪器箱的后端顶盖上装有对正器，用以观察仪器与被检车辆的相对正确位置。

(3) 前照灯的检测

① 将检测仪移至被检车辆前方，使仪器的透镜镜面距前照灯配光镜面 (30±5)cm，并使仪器轴高度与前照灯中心离地高度一致。仪器应对正车辆的纵轴线，然后将仪器移至任意一只前照灯前开始检验。

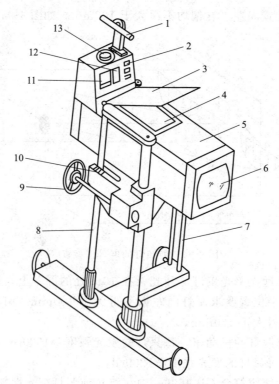

图 4-95 国产 QD-2 型前照灯检测仪的结构
1—对正器；2—光度选择按键；3—观察窗盖；4—观察窗；5—仪器箱；6—仪器移动手柄；
7—仪器箱升降手轮；8—仪器箱高度指示标；9—光度计；10—光束照射方向参考表；
11—光束照射方向选择指示旋钮；12—光束照射方向参考表；13—光束照射方向选择指示旋钮

② 接通被检测前照灯的近光灯，光束则通过仪器箱的透镜照到仪器箱内的屏幕上，从观察窗口目视，并旋光束照射方向指示旋钮，使光的明暗截止线左半部水平线段与屏幕上的实线重合。此时，光束照射方向选择指示旋钮上的读数，即为前照灯照射到距离为 10m 的屏幕上的光束下倾值，应调整近光光束的下倾值，使其符合要求。

③ 近光光束照射方向检测后，按下光度选择按键的近光Ⅲ按键 5（如图 4-96 所示），检测近光光束暗区的光度，观察光度表，光度应在合格区（绿色区域）。

④ 检验远光光束。接通前照灯的远光灯，远光光束照射到屏幕上的最亮部分，应当落在以屏幕上的圆孔为中心的区域，说明远光光束照射方向符合要求，如有上、下或左、右偏移，均应调整。

⑤ 检验远光灯的发光强度。按下远光Ⅰ按键，观察光度表，若亮度不超过 20000cd，应按下远光Ⅱ按键，检测远光灯最小亮度是否符合规定。亮度超过 15000cd 为绿色区域，即为合格区域；在红色区域说明亮度低于 15000cd，则不合格。亮度大于 20000cd 时，光度表以远光Ⅰ读数为准；亮度低于 20000cd 时，以远光Ⅱ读数为准。然后以同样方法检查另一只前照灯。

3. 前照灯的调整

当前照灯光束照射方向偏斜时，应根据前照灯的安装形式进行调整。可用工具转动前照灯上下、左右的调整螺钉，调节前照灯的光束位置。旋转调整螺钉，将大灯总成上下或左右方向倾斜一定角度，如图 4-97 所示。

半封闭式前照灯的调整方法，如图 4-98 所示，调整前应先拆下前照灯罩板，然后拧转正上方螺钉 1，可调整光束的上、下位置，拧转侧面螺钉 2，可调整光束的左、右位置。

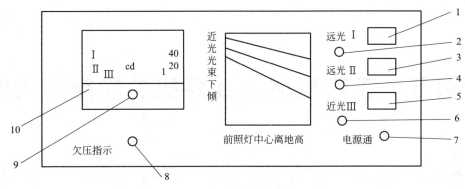

图 4-96 光度指示装置

1—远光Ⅰ按键；2—远光Ⅰ调零旋钮；3—远光Ⅱ按键；4—远光Ⅱ调零旋钮；5—近光Ⅲ按键；
6—近光Ⅲ调零旋钮；7—电源开关；8—电源电压指示灯；9—光度表调零按钮；10—光度表

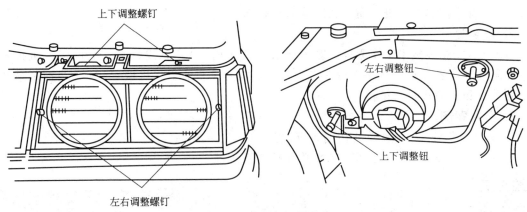

图 4-97 前照灯调整部位

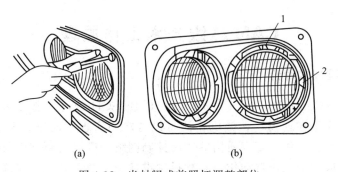

图 4-98 半封闭式前照灯调整部位

1—可调整光束的上、下位置；2—可调整光束的左、右位置

项目小结

本项目在介绍了工程机械仪表、照明、信号及雨刮系统的结构、组成和工作原理的基础上，系统地分析了仪表、照明、信号及雨刮系统的技术控制方案，并且以 VOLVO EC210B 型挖掘机为例，论述了工程机械仪表、照明、信号及雨刮系统的工作过程，最后提出了工程机械仪表、照明、信号及雨刮系统的常见故障诊断方法。

项目五　工程机械总线系统的应用与检修

教学前言

1. 教学目标
掌握 CAN 总线技术的特点、系统组成和基本工作原理；能够结合工程机械的技术特点和 CAN 总线的要求正确分析基于局域网控制模型的新型工程机械电气控制系统；能对工程机械 CAN 总线控制系统进行简单故障诊断与排除。

2. 教学要求
掌握 CAN 总线技术工作原理、基本组成，能运用 CAN 总线技术、电控柴油机技术和变量油泵控制技术等对以 VOLVO EC210B 挖掘机为代表的工程机械 CAN 总线控制系统进行正确分析和故障诊断与排除。

3. 引入案例
① 某高空作业车 CAN 总线传输系统。
② VOLVO EC210B 挖掘机 CAN 总线控制系统。

系统知识

CAN 总线技术工作原理

一、CAN 总线技术简介

控制器局域网（Controller Area Network）是 BOSCH 公司为现代汽车应用推出的一种多主机局域网，是应用在现场、在微机化测量设备之间实现双向串行多节点的数字通信系统，是一种开放式、数字化、多点通信的底层控制网络，广泛运用于离散控制领域；由于其卓越性能现已广泛应用于工业自动化、多种控制设备、交通工具、医疗仪器以及建筑、环境控制等众多部门。

CAN 协议建立在 ISO/OSI 模型之上，其模型结构只有三层。协议分为 CAN2.0A，CAN2.0B，CANopen 几种。控制器局域网 CAN 现场总线已经成为在仪表装置领域通信的新标准。它提供高速数据传送，在短距离（40m）条件下具有高速（1Mbit/s）数据传输能力，而在最大距离 10000m 时具有低速（5Kbit/s）传输能力，极适合在高速的工业自控应用上。CAN 总线可在同一网络上连接多种不同功用的传感器（如位置、温度或压力等）。

目前 CAN-bus 总线技术在工程机械上的应用越来越普遍。无论是在欧洲、美洲，还是在亚洲，CAN-bus 总线技术在工程机械领域都已经普遍应用，国际上一些著名的工程机械公司如 CAT、VOLVO、利勃海尔等都在自己的产品上广泛采用 CAN-bus 总线技术，大大提高了整机的可靠性、可检测和可维修性，同时提高了智能化水平。在国内，CAN-bus 总线控制系统也逐步在徐工、中联和三一等厂商的工程机械产品中得到了广泛的应用。

二、ISO/OSI 参考模型

为了将不同类型、不同操作系统的计算机互联起来形成计算机网络，实现资源共享，需要有一个共同遵守的标准或协议。为此，国际标准化组织 ISO 提出了"开放系统互联基本参考模型"——OSI（Open System Inter-connection reference model），即 ISO/OSI 参考模型（见图 5-1）。该模型是国际标准化组织 ISO 为网络通信制定的协议，根据网络通信的功能要求，它把通信过程分为七层，分别为物理层、数据链路层、网络层、传输层、会话层、表示层和应用层，每层都规定了完成的功能及相应的协议。每层的功能和协议如表 5-1 所示。

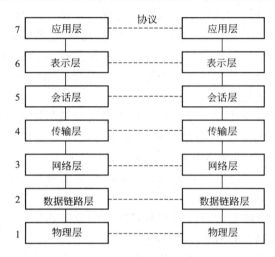

图 5-1 网络通信 ISO/OSI 参考模型

1. 物理层——Physical

这是整个 OSI 参考模型的最底层，它的任务就是提供网络的物理连接。所以，物理层是建立在物理介质上（而不是逻辑上的协议和会话），它提供的是机械和电气接口。主要包括电缆、物理端口和附属设备，如在网络中的双绞线、同轴电缆、接线设备（如网卡等）、RJ-45 接口、串口和并口等都是工作在这个层次的。

物理层提供的服务包括：物理连接、物理服务数据单元顺序化（接收物理实体收到的比特顺序，与发送物理实体所发送的比特顺序相同）和数据电路标识。

2. 数据链路层——Data Link

数据链路层是建立在物理传输能力的基础上，以帧为单位传输数据，它的主要任务就是进行数据封装和数据链接的建立。封装的数据信息中，地址段含有发送节点和接收节点的地址，控制段用来表示数据连接帧的类型，数据段包含实际要传输的数据，差错控制段用来检测传输中帧出现的错误。

数据链路层可使用的协议有 SLIP、PPP、X.25 和帧中继等。常见的低档的交换机网络设备都是工作在这个层次上，Modem 之类的拨号设备也是。工作在这个层次上的交换机俗称"第二层交换机"。

具体讲，数据链路层要完成许多特定的功能。这些功能包括为网络层提供设计良好的服务接口，处理帧同步，处理传输差错，调整帧的流速，不至于使慢速接收方被快速发送方淹没等。

3. 网络层——Network

网络层属于 OSI 中的较高层次，从它的名字可以看出，它解决的是网络与网络之间，即网际的通信问题，而不是同一网段内部的事。网络层的主要功能即是提供路由，即选择到达目标主机的最佳路径，并沿该路径传送数据包。除此之外，网络层还要能够消除网络拥挤，具有流量控制和拥挤控制的能力。网络边界中的路由器就工作在这个层次上，现在较高档的交换机也可直接工作在这个层次上，因此它们也提供了路由功能，俗称"第三层交换机"。

网络层的功能包括：建立和拆除网络连接、路径选择和中继、网络连接多路复用、分段和组块、服务选择和流量控制等。

4. 传输层——Transport

传输层解决的是数据在网络之间的传输质量问题，它属于较高层次。传输层用于提高网络层服务质量，提供可靠的端到端的数据传输，如常说的 QoS 就是这一层的主要服务。这一层主要涉及的是网络传输协议，它提供的是一套网络数据传输标准，如 TCP 协议。

传输层的功能包括：映像传输地址到网络地址、多路复用与分割、传输连接的建立与释放、分段与重新组装、组块与分块。

根据传输层所提供服务的主要性质，传输层服务可分为以下三大类。

A 类：网络连接具有可接受的差错率和可接受的故障通知率（网络连接断开和复位发生的比率），A 类服务是可靠的网络服务，一般指虚电路服务。

C 类：网络连接具有不可接受的差错率，C 类的服务质量最差，提供数据报服务或无线电分组交换网均属此类。

B 类：网络连接具有可接受的差错率和不可接受的故障通知率，B 类服务介于 A 类与 C 类之间，在广域网和互联网多是提供 B 类服务。

网络服务质量的划分是以用户要求为依据的。若用户要求比较高，则一个网络可能归于 C 型，反之，则一个网络可能归于 B 型甚至 A 型。例如，对于某个电子邮件系统来说，每周丢失一个分组的网络也许可算作 A 型；而同一个网络对银行系统来说则只能算作 C 型了。

5. 会话层——Session

会话层利用传输层来提供会话服务，会话可能是一个用户通过网络登录到一个主机，或一个正在建立的用于传输文件的会话。

会话层的功能主要有：会话连接到传输连接的映射、数据传送、会话连接的恢复和释放、会话管理、令牌管理和活动管理。

6. 表示层——Presentation

表示层用于数据管理的表示方式，如用于文本文件的 ASCII 和 EBCDIC，用于表示数字的 1S 或 2S 补码表示形式。如果通信双方用不同的数据表示方法，则就不能互相理解。表示层就是用于屏蔽这种不同之处。

表示层的功能主要有：数据语法转换、语法表示、表示连接管理、数据加密和数据压缩。

7. 应用层——Application

这是 OSI 参考模型的最高层，它解决的也是最高层次，即程序应用过程中的问题，它直接面对用户的具体应用。应用层包含用户应用程序执行通信任务所需要的协议和功能，如电子邮件和文件传输等，在这一层中 TCP/IP 协议中的 FTP、SMTP、POP 等协议得到了充分应用。

表 5-1 ISO/OSI 参考模型各层功能和协议

OSI 层	功能	TCP/IP 协议
应用层(Application Layer)	文件传输、电子邮件、文件服务、虚拟终端	TFTP,HTTP,SNMP,FTP,SMTP,DNS,Telnet
表示层(Presentation Layer)	数据格式化、代码转换、数据加密	没有协议
会话层(Session Layer)	解除或建立与其他接点的联系	没有协议
传输层(Transport Layer)	提供端对端的接口	TCP,UDP
网络层(Network Layer)	为数据包选择路由	IP,ICMP,RIP,OSPF,BGP,IGMP
数据链路层(Data Link Layer)	传输有地址的帧,错误检测功能	SLIP,CSLIP,PPP,ARP,RARP,MTU
物理层(Physical Layer)	以二进制数据形式在物理媒体上传输数据	ISO2110,IEEE802,IEEE802.2

CAN 总线协议与 ISO/OSI 参考模型之间的关系如图 5-2 所示。CAN 总线协议作为一种工业测控底层网络协议,主要描述设备之间的信息传递方式,其信息传输量相对较少,信息传输的实时性要求较高,网络连接方式相对较简单。CAN 总线网络在低层只采用了 OSI 7 层通信模型的最低两层,即物理层和数据链路层,而高层只有应用层。物理层和数据链路层的功能由 CAN 接口器件来完成,应用层的功能是由微处理器完成的。

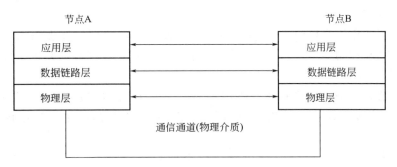

图 5-2 CAN 总线协议与 ISO/OSI 参考模型之间的关系图

LLC 层和 MAC 层也可以看作是 CAN 总线数据链路层的两个子层,其中 LLC 子层的主要功能是为数据传送和远程数据请求服务,确认由 LLC 子层接收的报文实际已被接收,并为恢复管理和通知超载提供信息,在定义目标处理时,存在许多灵活性。而 MAC 子层的功能主要是为数据报文的传输进行具体的控制,确定传送规则,亦即控制帧结构、执行仲裁、错误检测、出错标定、故障界定以及报文收发控制等工作。同时,MAC 子层也要确定,为开始一次新的发送,总线是否开放或者是否马上开始接收。位定时特性也是 MAC 子层的一部分。MAC 子层特性不存在修改的灵活性。

物理层定义信号是如何实际地传输的,因此涉及到位时间、位编码、同步的解释,CAN 总线协议并未对物理层部分进行具体的规定。

CAN 总线协议各层功能说明如表 5-2 所示。

表 5-2 CAN 总线协议各层功能说明

协议层	对应 OSI 模型	功能说明
LLC	数据链路层	逻辑控制电路子层,用于为链路中的数据传输提供上层控制手段
MAC		媒体控制子层,用于控制帧结构、仲裁、错误界定等数据传输的具体实现
物理层	物理层	物理层的作用是在不同节点之间根据所有的电气属性进行位的实际传输

三、CAN 总线系统组成

一般 CAN 总线控制系统如图 5-3 所示，主要由 CAN 控制器、CAN 收发器、数据传输终端和数据传输线组成。

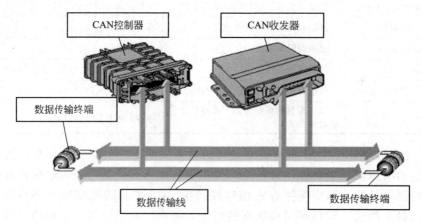

图 5-3　CAN 总线控制系统结构示意图

1. CAN 控制器

CAN 控制器的作用是接收控制单元中微处理器发出的数据，处理数据并传给 CAN 收发器。同时，CAN 控制器也接收 CAN 收发器收到的数据，处理数据并传给微处理器。

2. CAN 收发器

CAN 收发器是一个发送器和接收器的结合，它将 CAN 控制器提供的数据转化为电信号并通过数据总线发送出去；同时，它也接收 CAN 总线数据，并将数据传输给 CAN 控制器。

3. 数据传输终端

数据传输终端实际上是一个电阻器，其作用是保护数据，避免数据传输到终端被反射回来而产生反射波。

4. CAN 数据总线

CAN 总线采用双绞线自身校验的结构，既可以防止电磁干扰对传输信息的影响，也可以防止本身对外界的干扰。系统中采用高、低电平两根数据线，这两条线上的电位和是恒定的，控制器输出的信号同时向两根通信线发送，高、低电平互为镜像。并且每一个控制器都增加了终端电阻，已减少数据传送时的过调效应。

CAN 数据总线是传输数据的双向数据线，分为高位数据线和低位数据线。为了防止外界电磁波干扰和向外辐射，CAN 数据总线通常缠绕在一起。这两条线上的电位和是恒定的，如果一条线上的电压是 5V，则另一条线上的电压为 0。其结构如图 5-4 所示。

5. CAN 总线控制案例

某高空作业车 CAN 总线传输系统如图 5-5 所示。

该控制系统完成了对高空作业车辆中各种传感器、执行器、发动机、传动系统、电液系统、起重力矩限制系统和车身系统等的控制与监测。CAN-bus 总线技术的应用使该高空作业车辆的控制系统功能具有良好的可扩展性，易于实现对各分系统的集中监测和管理；同时也使对该车辆的使用、维护、故障诊断更加灵活和方便，工控机系统可以通过 CAN-bus 总线访问其控制系统，记录保存调试数据，以作为在故障时维修的原始参考数据等。

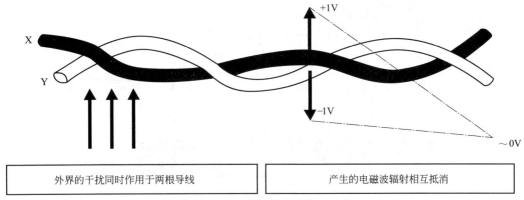

图 5-4　CAN 数据总线结构示意图

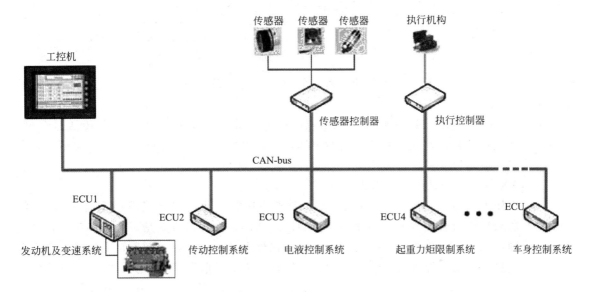

图 5-5　某高空作业车 CAN 总线传输系统

四、CAN 总线工作原理

1. 帧的格式和类型

CAN 总线控制系统在进行数据传输时，每次传输的数据都是由一个位串组成的，这个位串被称之为"帧"。CAN 报文的传输有两种不同的帧格式：标准帧和扩展帧。不同之处是标识符域的长度不同，标准帧含有 11 位标识符，扩展帧含有 29 位标识符。

帧的结构形式如图 5-6 所示，分别由开始区、状态区、检验区、数据区、安全区、确认区和结束区共 7 个区组成。

为了实现数据传输和链路控制，CAN 总线提供了 4 种帧结构。

① 数据帧（DataFrame）。带有应用数据，用于携带数据由发送器至接收器。

② 远程帧（RemoteFrame）。通过发送远程帧可以向网络请求数据，通过总线单元发送，启动其他资源节点传送它们各自的数据。也即用于请求发送具有同一标识符的数据帧；远程帧同数据帧比，它没有数据域，且校验区中的 RTR 位为隐性电平。

③ 错误帧（ErrorFrame）。错误帧能够报告每个节点的出错，它是由检测到总线错误的

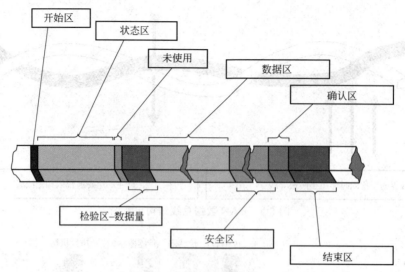

图 5-6 帧的结构示意图

任何单元发出；由两个不同的域组成，第一个域是不同站提供的错误标志的叠加，第二个域是错误界定符。

④ 过载帧（OverloadFrame）。如果节点的接收尚未准备好需要延时就会传送过载帧，也即用于提供相邻数据帧或远程帧之间的附加延时。由两个不同的域组成，第一个域是过载标志，第二个域是过载界定符。

2. CAN 总线控制系统工作形式

工程机械上的布线空间有限，CAN-bus 系统的控制单元连接方式采用铜缆串行方式。由于控制器采用串行合用方式，因此不同控制器之间的信息传送方式是广播式传输。也就是说每个控制单元不指定接收者，把所有的信息都往外发送；由接收控制器自主选择是否需要接收这些信息。其工作原理可以概括为"一家发送，大家接收"，工作过程如图 5-7 所示。

图 5-7 CAN 总线控制系统的信息传输示意图

CAN 总线控制系统具体工作形式如下。

① 某一时刻，当一个节点（A_0）要向其他节点（A_1，A_2，A_3，…）发送数据时，该节点的 CPU 把要发送的数据和自己的标识符传送给本节点的 CAN 芯片，并处于准备状态——数据发送前的准备。

② 当 A_0 节点收到总线分配时，便转为发送报文状态——等待总线分配并发送。

③ 芯片根据通信协议将数据组织成一定的报文格式发出，而此时网上的其他节点处于接收状态。

④ 每个处于接收状态的节点对接收到的报文进行检测，判断报文是否是发给自己的，以确定是否有效处理。

由于CAN总线是一种面向内容的编址方案，而且CAN总线采用了多主竞争式总线结构，具有多主站运行和分散仲裁的串行总线以及广播通信的特点，因此很容易建立便利的控制系统并灵活地进行配置。CAN总线上任意节点可在任意时刻主动地向网络上其他节点发送信息而不分主次，因此可在各节点之间实现自由通信；同时也可以很容易地在CAN总线中加进一些新站而无需在硬件或软件上进行修改。当所提供的新站是纯数据接收设备时，数据传输协议不要求独立的部分有物理目的地址。它允许分布过程同步化，即总线上控制器需要测量数据时，可由网上获得，而无需每个控制器都有自己独立的传感器。

CAN总线上有很多个节点，由于整个网络上没有调度，因此网络上的各个节点按自己的节拍向总线上发送消息，这必然要出现两个以上的节点同时向总线发送消息的情况，而信道只有一个，也就是说同时只有一条消息能在网络上传输，这就会发生冲突，为了解决冲突，就要有仲裁机制。

CAN的仲裁方式是：总线上只要有一个节点发送显性位，其他节点发送隐性位，则总线上是显性位；如果所有节点都发隐性位，则总线上是隐性位。CAN控制器在发送一个bit时，同时也在接收，如果接收到的与发送到的一致，则继续发送，不一致则停止。也就是说，CAN在仲裁过程中，不会破坏具有隐性位消息的发送，这就是无损仲裁。

CAN控制器根据两根线上的电位差来判断总线电平。总线电平分为显性电平和隐性电平，二者必居其一。发送方通过使总线电平发生变化，将消息发送给接收方。

知识拓展

基于CAN总线的工程机械通用控制方案

工程机械控制系统的发展大体经历了机械控制、液压控制、模拟电路控制、数字电路控制，到当今的数字网络控制。随着超大规模集成电路技术和网络技术的飞跃发展，以及新型传感器和电控发动机的广泛应用，数字网络控制系统已经成为工程机械，尤其是大型和复杂工程机械的必需配置。CAN以其高性能、高可靠性及其在汽车行业的成功应用，必然也成为工程机械控制系统的首选网络。

1. CAN总线系统在工程机械中的应用领域

当今国际著名的工程机械制造商都在其最新的产品上应用了CAN总线网络，其主要应用目的如下。

① 与电控发动机的CAN接口交换数据，实现节能控制与环保排放，并且可以监控发动机的运行参数和故障信息，实现发动机仪表数字化。

② 通过具有CAN接口的新型传感器采集数据，不仅可以减少接线，更可以避免模拟信号传感器的干扰问题，提高数据采集的准确性和速度。

③ 多个控制器及显示单元之间相互交换数据，使得控制系统的配置和安装都更加灵活。

④ 与具有CAN接口的GSM/GPS通信装置连接，实现工程车辆的远程机群控制、故障诊断和管理功能。

⑤ 与具有 CAN 接口的遥控系统联网,实现工程机械的遥控操作或无人驾驶。

CAN 总线网络在工程机械上的应用关键是要选择合适的控制器,工程机械工作环境恶劣,而对控制器的可靠性要求又很高,用普通工业 PLC 是肯定不能胜任的,而必须使用针对工程机械开发的专用控制器。自行设计制造控制器不仅开发周期长,开发成本高,而且也不符合现代工业专业化分工的规律,因此国际上大的工程机械制造商在应用 CAN 作为控制系统时都采用外购电子公司生产的控制器硬件,而自己开发应用程序进行集成的模式。

2. CAN 总线系统在工程机械中的整体解决方案

摊铺机、装载机、挖掘机、推土机、压路机、冷铣刨机等履带式或轮式行走工程机械是机、电、液一体化装备,它们的控制要求具有共性,大多都包括发动机系统控制、工作液压系统控制、行走液压系统控制、变速系统控制、找平系统控制、监测与故障诊断等。CAN 总线控制系统往往以功能组态的方式应用于工程机械,致力于提高工程机械的自动化配套程度和性价比。

(1) 采用 CAN 现场总线

CAN 现场总线已形成国际标准 ISO 11898,主要特点有:多主工作方式、非破坏性的总线仲裁机制、根据报文标识符确定优先级、最远通信距离可达 10km、通信节点可达 110 个、报文采用短帧结构等。现有一些 CAN 的高层应用协议,如 SAE J1939、ISO11783、CANopen、DeviceNet、SDS、CANKingdom、CANaerospace、NMEA2000 等。

利用 CAN 现场总线,充分体现信息集中、控制分散的控制思想。功能现场化,以及分散的故障诊断、预报与自关闭保障了系统的功能实时性、可靠性和灵活性。采用 CAN 现场总线开放式模块集成架构,实现同外围传感器和执行机构等部件间以及模块间的通信。系统平台具有良好的可扩展性和开放性功能,可方便地与 CAN 总线各类产品集成。

(2) 通用化与模块化

工程机械不仅种类较多,而且需要控制的部件和节点繁多(如发动机系统、液压泵系统、液压控制阀系统、液压马达系统、找平系统等;节点有温度、压力、位移、角度、启、停等模拟量与数字量),各部件的控制单元采用模块化设计以满足各自不同的控制要求,再通过软硬件将各部件的控制单元进行集成,实现工程机械自动化控制系统的成套化,而不是不同种类的工程机械采用不同自动控制系统。

下面说明一个 CAN 总线控制系统在工程机械行业中的通用实践案例。

一般地,工程机械的电控系统可由图 5-8 所示的 6 个模块构成。

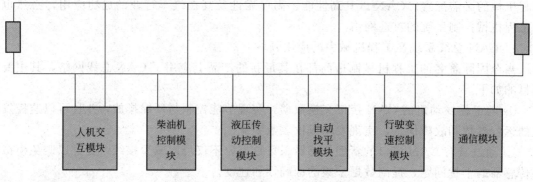

图 5-8　工程机械 CAN 电控系统

3. 模块构成

(1) 人机交互模块

该模块主要用于系统监测和系统参数设定、系统状态与过程参数的实时显示和记录、趋势曲线显示、故障报警、历史数据和操作追忆。该模块由一块嵌入式 PC/104（如 PCM-4335）CPU 卡和一块 PC/104 CAN 卡组成。存储器为固态电子盘，操作键盘根据不同机械操作要求而设置。采用 LCD 显示器，由 CPU 卡直接驱动。该模块通过 CAN 卡挂在 CAN 总线上。由于采用 PC/104 模块，简化了系统设计，提高了系统开放性和通用性。

（2）柴油机控制模块

该模块实现柴油机转速自动控制、自动怠速控制、自动升温控制、自动熄火控制、自动诊断，组成原理见图 5-9。发动机转速自动控制采用增量式 PID 算法，MPU 根据油门给定信号与油门位置反馈信号的误差值，执行 PID 运算，输出调节增量，驱动步进电机。当控制系统出现故障，MPU 输出报警，并通过 CAN 总线给出诊断信息。模块另有手动控制功能备用。至于电喷柴油机，因其都遵从 SAE J1939 协议，通信和控制变得更为方便。

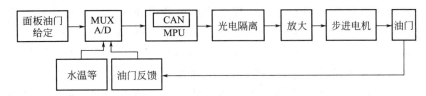

图 5-9 柴油机控制模块组成

（3）行驶变速控制模块

该模块根据工程机械外负荷的变化情况，按照速度传感器信号和选择杆设定的位置信号确定最佳的动力变速挡位和变速时刻。系统采用双参数控制方式，即油门开度与车速或发动机转速与车速，如图 5-10 所示。

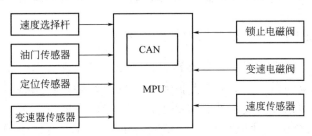

图 5-10 自动换挡模块

（4）液压传动控制模块

该模块用于由电控液压泵、液压控制阀、液压马达等元件组成的液压传动系统的控制，实现工程机械行走（或输送）速度、换向、制动等控制功能。其可应用于全液压摊铺机直线行走、恒速、圆滑转向、螺旋分料、刮板输料的控制；与自动找平控制模块配合实现摊铺机的自动找平；全液压挖掘机的行走、回转控制；铣刨机的行走、转向、铣刨、收料、找平控制。根据控制性能要求，可以选择开环控制，或者闭环控制。闭环控制原理如图 5-11 所示。

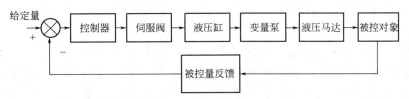

图 5-11 液压传动闭环控制原理

(5) 自动找平模块

该模块可以采用拉线传感器（cable sensor）或非接触式声呐传感器、激光扫描等测量位移、角度信息，与液压传动控制模块一起完成对工程机械的自动找平控制，如冷铣刨机的找平模块与支腿升降系统一起实现自动找平控制。

(6) 通信模块

该模块通过 GSM 将 CAN 总线上的所有数据发往远程中心控制站，并把从中心控制站接收的数据传输到 CAN 总线上的各模块。运用该模块也有助于解决机群调度控制问题。

4. 具体实现

软件方面：采用嵌入式软件体系结构设计，嵌入和集成硬件管理平台（总线、节点、通道）、机种典型特性算法配置库、专家知识与推理扩展库、节点模块功能库、故障诊断预报知识系统库、位置引导系统库（电子地图编辑、位置定位、位置识别与诱导）以及友好的人机交互平台，使得系统具有可组态、可编程、可扩展和可介入的多机种软件配置特性。

硬件方面：模块的 MPU 可采用内嵌 CAN 控制器、ARM 核、A/D、PWM、FlashEPROM 的微控器。设计模块时，可采用 DSP、FPGA 等现代电子可编程"硬件在线软化"和可编程"软件在线硬化"设计技术，以提高系统的集成度，保证系统快速响应特性、系统的实时性和可靠性。模块的设计既要符合工程机械的自动化技术现实需求和工程机械未来技术发展要求，同时也要为工程机械未来机器人化的发展奠定基础。

校企链接

VOLVO EC210B 型挖掘机 CAN 总线控制系统

一、CAN 总线控制技术在挖掘机中的应用优势

由于嵌入式电脑、网络通信、微处理器、自动控制等先进技术的日渐广泛应用，以节省能源消耗和减少对环境的污染，提高操作轻便性和安全性能，降低噪声，改善驾驶员工作条件为目标的挖掘机控制系统的技术性能得到了日新月异的发展。

CAN 总线控制系统由于性能优异，特别适合于挖掘机中各电子单元之间的互连通信。随着 CAN 总线技术的引入，挖掘机中基于 CAN 总线的分布式控制系统取代原有的集中式控制系统，传统的复杂线束被 CAN 总线所代替，其优点包括：系统中各种控制器、执行器以及传感器之间通过 CAN 总线连接，线缆少、易敷设、实现成本低，而且系统设计更加灵活、信号传输可靠性高、抗干扰能力强。

将 CAN 网络的数据链路层、物理层与一个高效的用户层结合在一起，既可以保障底层使用 CAN 总线的高效、实时、可靠的特点，又能够建立一个易于实现、成本较低、效率良好的数据通信网络方案。这就形成了一个基于现场总线 CAN 的完整通信网络。

CAN 总线在挖掘机中的应用优势主要表现为以下两个方面：

1. 车辆信息交换

挖掘机上安装的各种智能监控车辆状态、周围环境的传感器，以及执行器和微型控制器，大幅度地提高了挖掘机的智能化水平。现在智能传感器已经逐步代替传统的传感器，使传感器从传送模拟信号变成传送数字信号，提高了数据传输的可靠性；另一方面，同样是控制元件的执行器也正在朝智能化方向发展。因为在高温、高压、大流量、调节迅速、控制精

度高的高要求参数系统中，普通型执行器的精度低、速度慢、提升力小，已经难以胜任，因而开发了提升力大、可调整行程速度、故障防护模式、定位精度高、死区小、快速切断、快速调节能力的智能执行器。

伴随着电控器件的应用越来越多，电子设备间的数据通信变得越来越重要。挖掘机的车辆信息必须在不同的控制单元中交换，系统网络必须完成大量数据的快速、高可靠性的通信。各处理机可以独立运行，同时在其他处理机需要时提供数据服务。CAN 总线为基础的分布式控制网络可以实现数据的通信要求。CAN 总线协议废除了传统的站地址编码，用通信数据块的编码取而代之，使网络内的节点数量在理论上不受限制，从而提高了整机监控系统的可靠性和处理数据的快速性。

CAN 总线以报文为单位进行信息交换，报文中含有标示符（ID），它既描述了数据的含义，又表明了报文的优先权，CAN 为多主方式工作，网络上任一节点均可在任意时刻主动地向网络上的其他节点发送信息，而不分主从，且无需站地址等节点信息，利用这一特点可方便地构成多机备份系统，CAN 总线上的各个节点都可主动发送数据。CAN 只需通过报文滤波即可实现点对点、一点对多点及全局广播等几种方式传送接收数据，无需专门的"调度"。当同时有两个或两个以上的节点发送报文时，CAN 控制器采用 ID 进行仲裁。ID 控制节点对总线的访问。发送具有最高优先权报文的节点获得总线的使用权，其他节点自动停止发送，总线空闲后，这些节点将自动重发报文。

2. 电气信号连接

挖掘中电子控制单元增加，传统的连接方法是采用线束连接。线束连接各电气电子部件，由构成电路的电线组成，它既要确保传送电信号，也要保证连接电路的可靠性，向电子电气部件供应规定的电流值，防止对周围电路的电磁干扰，并要排除电器短路。

从线束功能来分，有传递传感器输入指令的信号线和运载驱动执行元件电力的电力线两种。信号线是不运载电力的细电线，电力线则是运送大电流的粗电线。而线束为了适应车辆的高功能化和用户需求的多样化，在车上占用空间逐渐扩大，而且降低了系统的可靠性和可维护性。传统的控制方案已经不能适应挖掘机需要实现集成化操作和智能控制的要求，繁琐的现场连线被单一简洁的现场网络取代。

CAN 总线技术为提高车辆的性能和减少线束提供了有效的解决途径。它是一种多主总线，通信介质可以是双绞线、同轴电缆或光导纤维，CAN 总线中各节点使用相同的位速率。它的每位时间由同步段、传播段、相位缓冲段 1 及相位缓冲段 2 组成。发送器在同步段前改变输出的位数值，接受器在两个相位缓冲段间采样输入位值，而两个相位缓冲段长度可自由调节，以保证采样的可靠性。总线上的数据采用不归零编码方式（NRZ），CAN 总线上用"显性"和"隐性"两个互补的逻辑值表示"0"和"1"，当在总线上同时出现显性位和隐性位时，总线数值为显性，信号以两线之间的差分电压形式出现。因此在挖掘中采用 CAN 总线不但可以解决车辆的线束庞大的问题，而且可靠性也很高。

二、VOLVO EC210B 型挖掘机 CAN 总线控制系统

1. VOLVO EC210B 型挖掘机 CAN 总线控制系统简介

CAN 总线控制技术在汽车领域中得到了非常成功的应用，目前在工程机械中的应用也正在快速发展。VOLVO 各型挖掘机普遍使用了 CAN 总线控制技术。下面以 VOLVO EC210B 型挖掘机为例，说明 CAN 总线控制技术在挖掘机中的应用，其电气控制系统如图 5-12 所示。

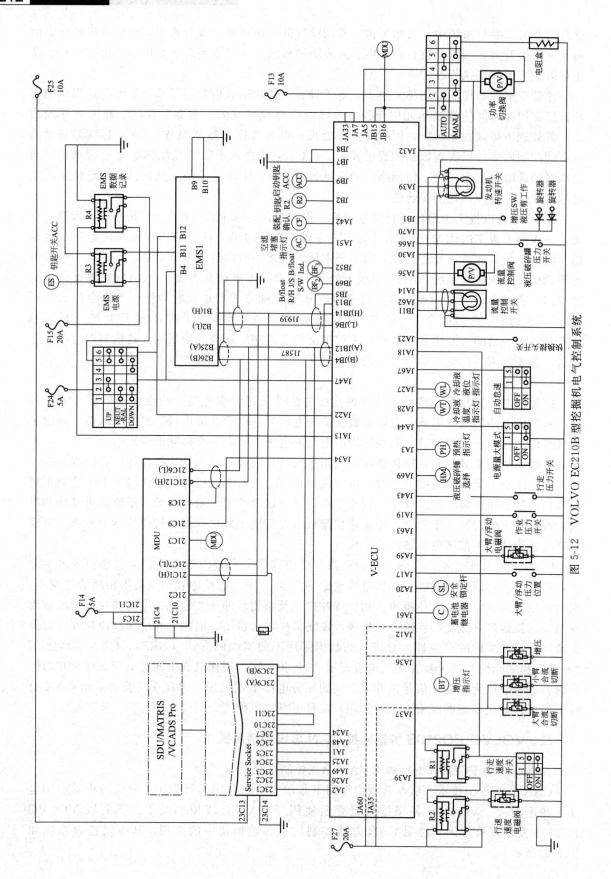

图 5-12 VOLVO EC210B 型挖掘机电气控制系统

其中发动机控制单元 EMS、车载控制单元 V-ECU 和机器显示控制单元 MDU 构成了一套 CAN 总线控制系统，实现了不同控制器之间的联网要求。利用 CAN 总线代替直接的电气部件连接，从而简化了电气电路，取消了许多复杂的传感器，实现了总线系统内部之间的通信和数据共享，大大提高控制系统的响应速度和精度。

VOLVO EC210B 型挖掘机电气控制系统控制简图如图 5-13 所示。

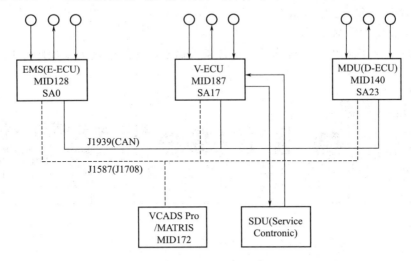

图 5-13　VOLVO EC210B 型挖掘机 CAN 总线控制系统简图

① EMS（Engine Management System，发动机管理系统）：采用各种传感器，把发动机吸入空气量、冷却水温度、发动机转速与加减速等状况转换成电信号，送入控制器；控制器将这些信息与储存信息比较，精确计算后获取最佳燃油供给量和喷油时刻，最大程度地达到节油和降低排放的效果。

② MID（Message Identification Description）：控制组件识别。

③ SA（Source Adress）：源地址。

④ SDU（Service Display Unit）：维修设备显示单元。

⑤ MDU（Machine Display Unit）：机器显示单元。

⑥ V-ECU（Vehicle Electronic Control Unit）：车辆电子控制单元。

⑦ CAN（Control Area Network）：车载局域网。

⑧ VCADS Pro（VOLVO Computer Aided Diagnostic System Professional）：VOLVO 计算机故障辅助诊断系统。

⑨ E-ECU：发动机电子控制单元。

⑩ MDU：机械（各）系统显示装置。

⑪ J1939（CAN，256Kbit/s，在 VOLVO EC210B 型挖掘机电控制系统中起到控制总线的作用）：SAE J1939（以下简称 J1939）是美国汽车工程师协会（SAE）的推荐标准，用于为中重型道路车辆上电子部件间的通信提供标准的体系结构。它描述了重型车辆现场总线的一种网络应用，包括 CAN 网络物理层定义、数据链路层定义、应用层定义、网络层定义、故障诊断和网络管理。在 SAE J1939 协议中，不仅指定了传输类型、报文结构及其分段、流量检查等，而且报文内容本身也作了精确的定义。目前，J1939 是在商用车辆、工程机械、舰船、轨道机车、农业机械和大型发动机中应用最广泛的应用层协议。

⑫ J1587（J1708，9.6Kbit/s，在 VOLVO EC210B 型挖掘机电控制系统中起到信息总

线的作用）；J1708 是以 RS-485 为基础的 SAE 标准，可以用在农业车辆、商用车辆及重型机械上，由 SAE 发布并维护。它主要用于重型车辆 ECU 之间或者车辆和电脑之间的串行通信。与 OSI 模型相关联，J1708 主要定义了物理层，常见的运行在 J1708 之上的高层协议是 SAE J1587（TMC/SAE 用于重型车辆上供电子数据交换的微机系统）和 SAE J1922（用于中型和重型公路用柴油车电控传动接口）。

⑬ MATRIS：机械运行数据。

⑭ SDU：设备服务显示单元。

其中 V-ECU（车载电子控制单元）与各输入输出装置的连接关系如图 5-14 所示。

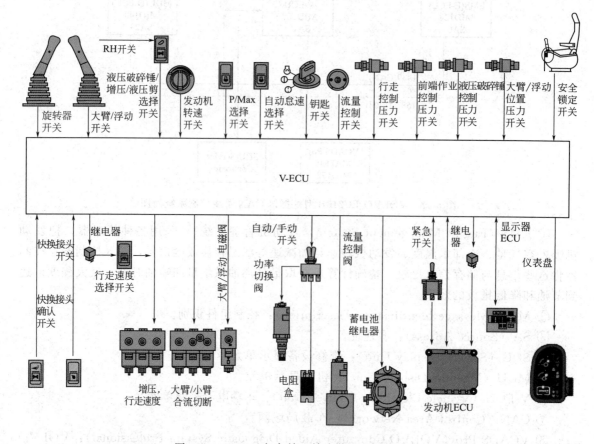

图 5-14　V-ECU 与各输入输出装置的连接关系

2. 发动机转速模式及工作模式控制

VOLVO 电控系统采用了 10 级发动机转速和 5 种工作模式。通过旋转发动机转速控制开关，可以同时设置发动机转速和工作模式。这种功能使操作人员可以根据工作条件选择发动机转速和工作模式，优化挖掘机性能和燃油效率。因为挖掘机利用液压油泵把来自发动机的机械动力转换成液压系统动力输出，所以发动机的功率应当大于液压泵消耗的功率，否则发动机可能掉速或熄火。

车辆电子控制单元（V-ECU）始终从发动机电子控制单元（E-ECU）接收当前实际的发动机转速。它通过改变供给功率切换阀的输出电流平衡发动机功率和液压油泵消耗的功率。

功率切换阀是一种利用脉宽调制 PWM 信号的比例阀。通过控制功率切换阀，可以改变斜盘的角度，并最终改变泵的排量。所以在选定发动机的转速下，系统可使泵的扭矩始终小于发动机的扭矩。

在 I（急速）和 F（精细）模式下，无论发动机负载状况如何，电流始终为某一固定值。这就意味着发动机输出功率始终大于泵的消耗功率。

在 P（最大功率）、H（重负荷）、G（普通）模式下：

如果发动机空载，车辆电子控制单元 V-ECU 将在发动机转速下采用固定的电流值；

如果发动机负载，车辆电子控制单元 V-ECU 将增加功率切换的电流，以降低液压油泵的消耗功率。

VOLVO EC210B 型发动机的工作模式、开关位置、发动机转速、功率切换电磁阀控制电流、功率切换压力之间的关系如表 5-3 所示。

表 5-3　VOLVO EC210B 型发动机的工作模式、开关位置、发动机转速、功率切换电磁阀控制电流（调整油泵斜盘倾角）、功率切换压力之间的关系

工作模式		开关位置	发动机转速（±40r/min）（无载荷/有载荷）	功率切换电流（±10mA）	功率切换压力/(kgf/cm^2)
最大功率	P	9	2000/1900 以上	215	3.8
重载	H		1900/1800 以上	250	5.8
一般	G1	8	1800/1700 以上	290	8.1
	G2	7	1700/1600 以上		
	G3	6	1600/1500 以上		
精确	F1	5	1500/—	450	19.8
	F2	4	1400/—		
	F3	3	1300/—		
急速	I1	2	1000/—	555	28.5
	I2	1	800/—		

注：1kgf/cm^2＝98.0665kPa，下同。

VOLVO EC210B 型挖掘机操作员可根据作业条件和环境选择发动机转速和作业模式以便优化工作性能和燃油效率。整个过程是由 E-ECU、V-ECU 和 I-ECU、各种信号输入装置和执行元件等构成的 CAN 总线控制系统完成的。

VOLVO EC210B 型挖掘机发动机在各个工作模式状态下信号输入元件、控制器和执行元件之间的工作关系如下所示。

（1）F、I 模式工作（见图 5-15）

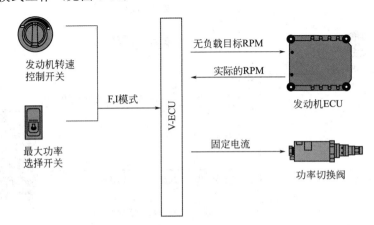

图 5-15　发动机 F、I 工作模式控制简图

（2）G、H、P 模式工作（无负载）（见图 5-16）

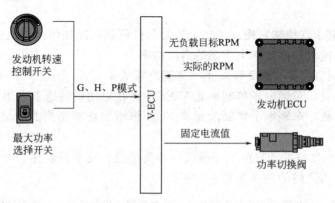

图 5-16　无负载时发动机 G、H、P 工作模式控制简图

（3）G、H、P 模式工作（有负载时：RPM 及电流值可变）（见图 5-17）

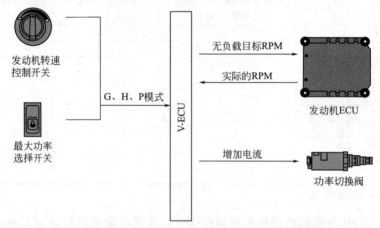

图 5-17　有负载时发动机 G、H、P 工作模式控制简图

（4）F 模式控制（见图 5-18）

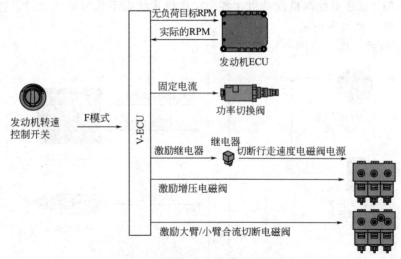

图 5-18　发动机 F 工作模式控制简图

F 模式是在发动机转速较低状态（中速）下增加液压系统设定压力，切断由 2 个主泵向大、小臂供应油液，只使用 1 个泵供油，以此降低流量增加压力使机械能够进行精细作业。

(5) 紧急控制

① 通信电缆发生故障时（见图 5-19）

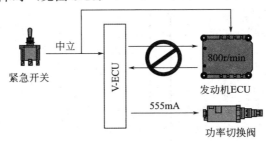

图 5-19　通信电缆发生故障时紧急控制简图（一）

② 通信电缆发生故障时（见图 5-20）

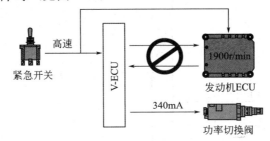

图 5-20　通信电缆发生故障时紧急控制简图（二）

③ V-ECU 发生故障时（见图 5-21）

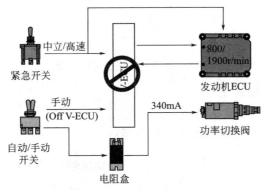

图 5-21　V-ECU 发生故障时紧急控制简图

④ 用启动钥匙不能关闭发动机时

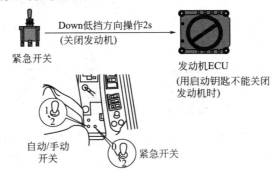

图 5-22　用启动钥匙不能关闭发动机时紧急控制简图

(6) 自动怠速控制 (见图 5-23)

此功能可减少燃油消耗量，降低噪声，方便操作员操作，提高生产效率。

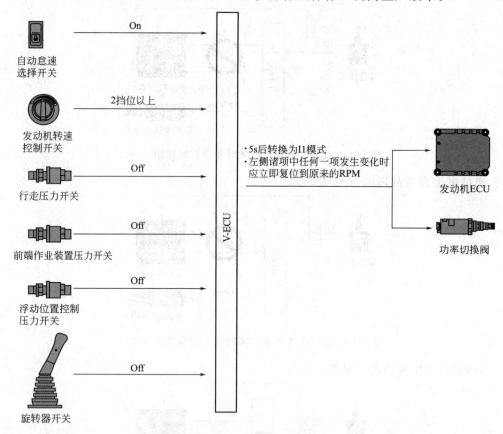

图 5-23　自动怠速控制时控制简图

(7) 自动及点触增压控制

① F 模式时（自动增压）（见图 5-24）

② 行走踏板工作时（自动增压）（见图 5-25）

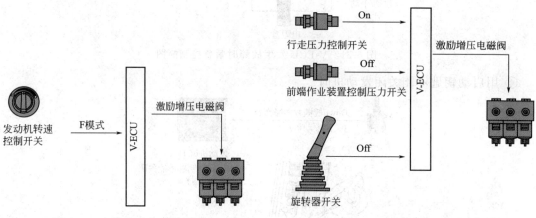

图 5-24　F 模式时自动增压控制简图　　图 5-25　行走踏板工作时自动增压控制简图

③ 作业操作手柄的按钮工作时（点触增压）（见图 5-26）

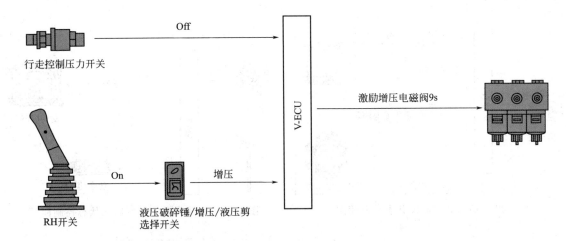

图 5-26 作业操作手柄的按钮工作时（点触增压）自动及点触增压控制简图

自动增压：当进行精细作业或者行走时，如果需要高压则通过 V-ECU 自动增压，从而提高工作性能。

点触增压：具有瞬间增大挖掘能力及控制精细挖掘作业的功能。

（8）自动行走及速度控制（见图 5-27）

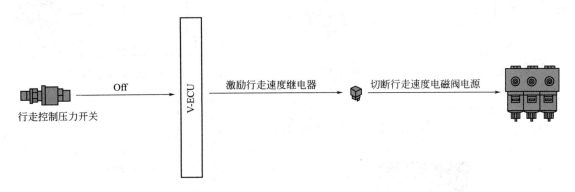

图 5-27 自动行走及怠速控制简图

自动变速：当按下行走速度选择开关（自动变速）时，自动变换行走电机的斜盘角度。行走速度根据作用于行走电机的负荷大小可自动控制为 1 速挡或者 2 速挡。

1 速挡固定：当行走速度选择开关置于关闭位置或者发动机转速开关置于 F 模式（挡位 3～5）时，行走速度保持 1 速挡，与行走负荷无关。

如果上下平板车装车或者进行精细的行走操作时，应将行走速度选择开关固定在关闭的位置上。如果自动变速机构速度突然加快，会发生机械突然倾翻等危险。

（9）安全启动与停止控制

① 钥匙开关 ON 状态（见图 5-28）

② 钥匙开关 ON 后启动状态（见图 5-29）

③ 启动后钥匙 ON 状态（见图 5-30）

④ 发动机停止（见图 5-31）

VOLVO EC210B 型挖掘机配备有 MATRIS 软件。该软件是一个独特、功能强大的程序，可显示操作条件和机器的历史记录（见图 5-32）。

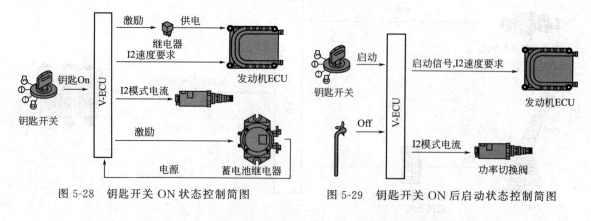

图 5-28　钥匙开关 ON 状态控制简图　　　图 5-29　钥匙开关 ON 后启动状态控制简图

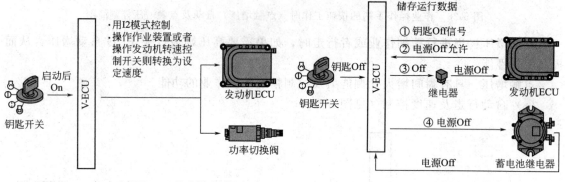

图 5-30　启动后钥匙 ON 状态控制简图　　　图 5-31　发动机停止控制简图

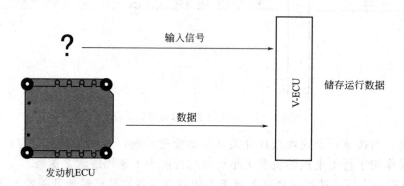

图 5-32　MATRIS 储存运行数据图

MATRIS 记录的挖掘机运行存储数据如下：

① 机械运转状况；

② 各模式燃油使用量；

③ 各单位时间燃油使用量；

④ 非作业中燃油消耗量；

⑤ 单位时间启动次数；

⑥ 发动机各转速使用状况（%）；

⑦ 发动机冷却液温度状况（%）；

⑧ 发动机冷却液状况（按时间）；

⑨ 启动时发动机冷却液状况（次数）；
⑩ 发动机控制各模式使用状况（%）；
⑪ 发动机负荷分布现状（%）；
⑫ 机油低压力状况（min）；
⑬ 机油低压力状况（次数）；
⑭ 冷却液报警状况（h）；
⑮ 冷却液报警状况（次数）；
⑯ 空气滤清器堵塞报警状况（h）；
⑰ 空气滤清器堵塞报警状况（次数）；
⑱ 发动机非正常停止状况（次数）；
⑲ 发动机停止前怠速时间（%）；
⑳ 机械液压温度状况（%）；
㉑ 液压温度状况（按时间）；
㉒ 破碎锤/液压剪作业状况（h）；
㉓ 破碎锤/液压剪作业状况（各模式）；
㉔ 机械行走状况（低/高速）；
㉕ 泵功率切换阀控制状况（%）；
㉖ 泵功率切换阀控制状况（控制电流值）；
㉗ 流量控制状况（%）；
㉘ 增压工作状况（按时间）；
㉙ 旋转器工作状况（按时间）；
㉚ 快速装配安装时间状况（h）；
㉛ SDU display（在机械上的状况）。
机械状态指示装置工作情况如下（见图5-33）。

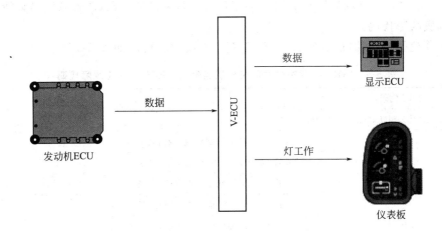

图5-33 机械状态指示装置工作情况简图

Indicator Operation（仪表盘操作）：
① 预热状态：预热时亮灯（后加热除外）。
② 冷却液温度高温：103℃以上。
③ 冷却液液位：依据液位传感器亮灯。

④ 空气滤清器堵塞：0.86kgf/cm^2 以下。

Display ECU（显示 ECU）：
① 钥匙编号；
② 蓄电池电压；
③ 作业模式；
④ 泵额定流量调整值；
⑤ 发动机转速；
⑥ 液压破碎锤工作时间。

故障诊断

诊断工具 VCADS 是沃尔沃建筑设备普遍使用的计算机辅助诊断系统，是一款功能强大的便携式诊断程序。它使用完全集成的车辆-电子监控系统，可以显著提高诊断和维修速度。

VCADS 使用 SAE 类型的故障代码。SAE 故障代码的设计包括例如 MID、PID 和 FMI 下面的识别数字。具体情况如表 5-4 所示。

表 5-4 VOLVO 挖掘机 SAE 类型故障代码说明

缩写	说明
MID	Message Identification Description（表示控制组件识别）。每个控制组件有一个独特的数字
PID	Parameter Identification Description（表示参数/数值的识别）。每个参数有一个唯一的数字
PPID	Proprietary Parameter Identification Description（表示 VOLVO 独特参数数值/识别）。每个参数都有 VOLVO 独特号码
SID	Subsystem Identification Description（表示元件识别）。SID 数字决定了它们从哪个控制组件（MID）传送而来。每个控制组件有自己的 SID 数字序列。例外的是 SID 数字 151～255，它们是所有系统共同的
PSID	Proprietary Subsystem Identification Description（表示 VOLVO 独特元件识别）
FMI	Failure Mode Identifier（表示识别故障类型）

在 VCADS Pro 上读取故障代码时，为了进一步排除故障，SAE 故障代码必须被转换为沃尔沃挖掘机故障代码。

VOLVO 挖掘机发动机控制组件（E-ECU）主要故障代码如表 5-5 所示。

表 5-5 VOLVO 挖掘机发动机控制组件（E-ECU）主要故障代码

SAE 代码			VOLVO 挖掘机故障代码
MID	PID、PPID、SID、PSID	FMI	
128	PID45	3	RE2501-03 进气预热继电器,高电压
		4	RE2501-04 进气预热继电器,低电压
		5	RE2501-05 进气预热继电器,开路
128	PID94	0	ER49-00 燃油供应压力传感器,低于限制压力
		3	ER49-03 燃油供应压力传感器,高电压
		4	ER49-04 燃油供应压力传感器,低电压
128	PID100	1	ER45-01 发动机机油压力传感器,太低
		3	ER45-03 发动机机油压力传感器,高电压
		4	ER45-04 发动机机油压力传感器,低电压
		11	ER45-11 发动机机油压力传感器,其他故障

续表

SAE 代码			VOLVO 挖掘机故障代码
MID	PID、PPID、SID、PSID	FMI	
128	PID102	3	ER44-03 增压压力传感器,高电压
		4	ER44-04 增压压力传感器,低电压
		11	ER44-11 增压压力传感器,其他故障
128	PID105	3	ER42-03 增压温度传感器,高电压
		4	ER42-04 增压温度传感器,低电压
		11	ER42-11 增压温度传感器,其他故障
128	PID107	0	ER4A-00 空气进气滤清器压力降低传感器,压力下降太多
		3	ER4A-03 空气过滤器压力下降传感器,高电压
		4	ER4A-04 空气过滤器压力下降传感器,低电压
		5	ER4A-05 空气过滤器压力下降传感器,开路
128	PID108	3	ER4C-03 环境空气压力传感器,高电压
		4	ER4C-04 环境空气压力传感器,低电压
128	PID110	0	ER47-00 发动机冷却液温度传感器,太高
		3	ER47-03 发动机冷却液温度传感器,高电压
		4	ER47-04 发动机冷却液温度传感器,低电压
		11	ER47-11 发动机冷却液温度传感器,其他故障
128	PID111	1	ER46-01 冷却液液位传感器,太低
		3	ER46-03 冷却液液位传感器,高电压
		4	ER46-04 冷却液液位传感器,低电压
128	PID158	0	ER4E-00 E-ECU 输入电源电压,过高电压
		1	ER4E-01 E-ECU 输入电源电压,过低电压
128	PID172	3	ER4B-03 进气温度传感器,高电压
		4	ER4B-04 进气温度传感器,低电压
		11	ER4B-11 进气温度传感器,其他故障
128	PID175	0	ER41-00 发动机机油温度传感器,过高
		3	ER41-03 发动机机油温度传感器,高电压
		4	ER41-04 发动机机油温度传感器,低电压
		11	ER41-11 发动机机油温度传感器,其他故障
128	SID1	3	MA2301-03 喷射器 1 电磁阀,高电压
		4	MA2301-04 喷射器 1 电磁阀,低电压
		11	MA2301-11 喷射器 1 电磁阀,其他故障
128	SID2	3	MA2302-03 喷射器 2 电磁阀,高电压
		4	MA2302-04 喷射器 2 电磁阀,低电压
		11	MA2302-11 喷射器 2 电磁阀,其他故障
128	SID3	3	MA2303-03 喷射器 3 电磁阀,高电压
		4	MA2303-04 喷射器 3 电磁阀,低电压
		11	MA2303-11 喷射器 3 电磁阀,其他故障

续表

SAE 代码			VOLVO 挖掘机故障代码
MID	PID、PPID、SID、PSID	FMI	
128	SID4	3	MA2304-03 喷射器 4 电磁阀,高电压
		4	MA2304-04 喷射器 4 电磁阀,低电压
		11	MA2304-11 喷射器 4 电磁阀,其他故障
128	SID5	3	MA2305-03 喷射器 5 电磁阀,高电压
		4	MA2305-04 喷射器 5 电磁阀,低电压
		11	MA2305-11 喷射器 5 电磁阀,其他故障
128	SID6	3	MA2306-03 喷射器 6 电磁阀,高电压
		4	MA2306-04 喷射器 6 电磁阀,低电压
		11	MA2306-11 喷射器 6 电磁阀,其他故障
128	SID21	3	ER48-03 发动机位置传感器(凸轮轴),高电压
		8	ER48-08 发动机位置传感器(凸轮轴),异常的频率
		11	ER48-11 发动机位置传感器(凸轮轴),其他功能失效
128	SID22	2	ER43-02 发动机速度传感器(飞轮),断续的或错误的数据
		3	ER43-03 发动机速度传感器(飞轮),高电压
		8	ER43-08 发动机速度传感器(飞轮),异常的频率
128	SID70	3	HE2501-03 进气预热线圈,高电压
		4	HE2501-04 进气预热线圈,低电压
		5	HE2501-05 进气预热线圈,开路
128	SID231	9	ER13-09 通信 J1939,通信故障
		11	ER13-11 通信 J1939,其他故障
		12	ER13-12 通信 J1939,有故障的单元或元件
128	SID240	2	ER12-02E-ECU 控制器,断续的或错误的数据
128	SID250	12	ER14-12 通信 J1587,有故障的单元或元件
128	SID253	2	ER12-02E-ECU 控制器,断续的或错误的数据
128	SID254	12	ER12-12E-ECU 控制器,有故障的单元或元件

VOLVO 挖掘机车辆控制组件（V-ECU）主要故障代码如表 5-6 所示。

表 5-6　VOLVO 挖掘机车辆控制组件（V-ECU）主要故障代码

SAE 代码			VOLVO 挖掘机故障代码
MID	PID、PPID、SID、PSID	FMI	
187	PPID1121	12	MA9107-12 动力增压电磁阀,单元或元件有故障
187	PPID1122	12	MA9105-12 汇流关闭电磁阀(大臂/小臂),失灵的单元组件或元件
187	PPID1123	12	MA9113-12 液压油冷却器风扇电磁阀,单元或元件有问题
187	PPID1133	3	SW2701-03 发动机速度控制开关,高电压
		4	SW2701-04 发动机速度控制开关,低电压
187	PPID1134	3	SW9101-03 流量控制开关,高电压
		4	SW9101-04 流量控制开关,低电压

续表

SAE 代码			VOLVO 挖掘机故障代码
MID	PID、PPID、SID、PSID	FMI	
187	PPID1156	0	SE9105-00 液压油温度传感器,过高
		3	SE9105-03 液压油温度传感器,高电压
		4	SE9105-04 液压油温度传感器,低电压
187	PPID1190	3	ER31-03 动力变挡比例阀,高电压
		4	ER31-04 动力变挡比例阀,低电压
		5	ER31-05 动力变挡比例阀,开路
187	PPID11910	3	ER32-03 流量控制比例阀,高电压
		4	ER32-04 流量控制比例阀,低电压
		5	ER32-05 流量控制比例阀,开路
187	SID231	9	ER13-09 通信 J1939,通信故障
		12	ER13-12 通信 J1939,有故障的单元或元件
187	SID240	2	ER11-02 V-ECU 控制器,断续的或不正确的数据
187	SID250	9	ER14-09 通信 J1587,通信故障
		12	ER14-12 通信 J1587,有故障的单元或元件
187	SID251	0	ER21-00 电池电压(V-ECU 输入功率电压),过高电压
		1	ER21-01 电池电压(V-ECU 输入功率电压),过低电压
187	SID253	2	ER11-02 V-ECU 控制器,断续的或不正确的数据

【案例分析一】

故障现象：VOLVO EC140BLC 型挖掘机显示屏显示故障代码 ER32-04。

代码信息：流量控制比例阀，低电压。

转换成 SAE 代码：MID187 PPID1191 FMI4。

条件：如果设备控制组件（V-ECU）记录了 JA56 上的一个电压低于 0.12V，故障代码 ER32-04 将产生。

可能的原因：比例阀控制电路电压过低；比例阀输出电流达到 150mA 和 50mA 之间。

能被注意到的症状/功能失效：如果装备了 X1 选择（液压锤/液压剪），液压泵流量控制装置就不工作并且液压泵处在最大流量工况。

来自控制组件的反应：故障代码被设置。

故障排除信息：检查控制组件 VECU 的 JA30～JA56 阻值是否在 11.5Ω 左右、电磁阀针脚 1 和 JA56 之间导线连续性，检查导线和线束。

【案例分析二】

故障现象：VOLVO EC210 型挖掘机 ER13 故障灯一直亮。

① 故障代码：ER13-09

代码信息：通信 J1939，通信故障。

SAE 代码：MID128 SID231 FMI9

条件：如果发动机控制组件（E-ECU）对控制总线（SAE J1939）不工作，故障代码 ER13-09 将产生。

可能的原因：控制总线（SAE J1939）中的导线相互短路；控制总线断路（SAE

J1939）；硬件的暂时功能失效；连接松弛；导线的连续性故障。

来自控制组件的反应：故障代码被设置，控制总线代码被设置，控制总线上信息被读取/发送（使用 SAEJ1587）。

能被注意到的症状/功能失效：预热器的暂时功能失效；MDU 上的 ER13、ER14 交互闪亮（该情况下，也是通信 J1587 故障）。

故障排除信息：检查控制总线（CAN 总线）；检查相关电线和接头。

② 故障代码：ER13-11

代码信息：通信 J1939，其他功能失效。

SAE 代码：MID128 SID231FMI11。

条件：如果发动机控制组件（E-ECU）在启动时 E-ECU 的内部不能工作，故障代码 ER13-11 将产生。

可能的原因：发动机控制组件的内部故障。

来自控制组件的反应：故障代码被设置；控制总线上信息被读取/发送（使用 SAE J1587）。

能被注意到的症状/功能失效：发动机控制系统不能工作。

故障排除信息：检查控制总线（CAN 总线）；检查相关电线和接头。

③ 故障代码：ER13-12

代码信息：通信 J1939，有故障的组件或元件。

转换成 SAE 代码：MID28 SID231 FMI12。

条件：如果发动机控制组件（E-ECU）不能与 V-ECU 进行通信，故障代码 ER13-12 将产生。

可能的原因：与设备控制组件无接触。

来自控制组件的反应：故障代码被设置；控制总线上信息被读取/发送（使用 SAE J1587）。

能被注意到的症状/功能失效：预热器不工作；MDU 上的 ER13、ER14 交互闪亮（该情况下，也是通信 J1587 故障）。

故障排除信息：检查控制总线（CAN 总线）；检查相关电线和接头。

实验实训

控制器局域网(CAN)实验

一、实验目的

① 熟悉 CAN 的功能和应用；
② 熟悉 CAN 数据帧/远程帧的结构；
③ 掌握 CAN 控制器发送/接收数据的配置；
④ 掌握 CAN 控制器的通信功能。

二、实验内容

① CAN 节点的初始化；
② LM3S2110 CAN 器件板中 CAN 控制器收发数据的配置；

③ LM3S8962 评估板中 CAN 控制器收发数据的配置；
④ 演示利用 Cortex-M3 内部集成的 CAN 控制器进行双机数据通信的实验。

三、Stellaris 内部集成的 CAN 控制器

CAN 总线以帧为单位进行数据传送，在 CAN 总线上发送的有 4 类信息帧：数据帧、远程帧、错误指示帧和超载帧，图 5-34 所示是 CAN 数据/远程帧的结构。数据帧用于发送数据，远程帧用于请求数据。

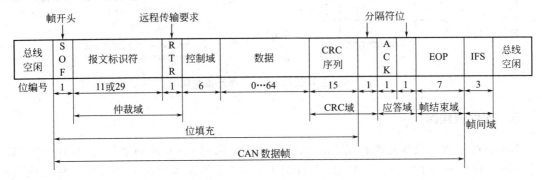

图 5-34　CAN 数据/远程帧的结构

CAN 总线节点的软件设计主要包括 CAN 节点初始化、报文发送和报文接收。使用控制器之前，必须使能外设时钟，配置用于传输 CAN 信息的 GPIO 管脚。CAN 的软件初始化有两种方法：一是将 CANCTL 中的 INIT 位置位，二是在脱离总线时——一般在发送器错误计数器的值超过 255 时，会发送脱离总线的现象。在初始化 CAN 控制器时，应该设置 CANBIT，用来编程配置 CAN 的位速率。CAN 控制器的双机通信框图如图 5-35 所示。协议控制器从 CAN 总线上接收和发送串行数据，并将数据传递给报文处理器。报文处理器基于当前的过滤设置以及报文对象存储器中的标识符，将合适的报文内容载入与之对应的报文对象。报文处理器还负责根据 CAN 总线的事件产生中断；报文对象存储器是一组 32 个完全相同的存储模块，可为每个报文对象保存其当前的配置、状态以及实际数据；报文存储器在 Stellaris 存储器映射中是无法直接访问的，因此 Stellaris CAN 控制器提供了间接访问端口；用户可通过两个 CAN 接口寄存器组与报文对象进行通信，这两组报文对象接口也可以并行访问 CAN 控制器报文对象，因此当多个报文对象同时包含需要处理的新信息时完全可以并行处理，一般一个接口用于发送数据，另一个接口用于接收数据。

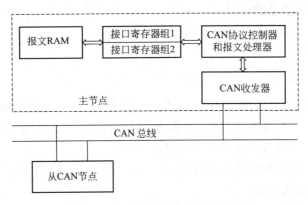

图 5-35　CAN 控制器的双机通信框图

四、硬件连接图（见图 5-36）

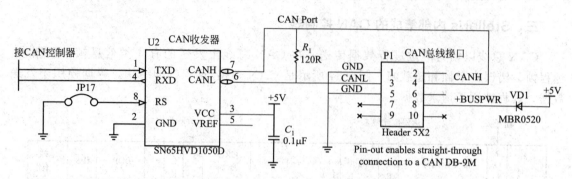

图 5-36 主节点 CAN 收发器连接原理图

五、软件流程图

本实验通过软件编程实现利用 Cortex-M3 内部集成的 CAN 控制器进行双机通信实验，LM3S8962 评估板与 LM3S2110 CAN 器件板上的 CAN 控制器之间互传数据，每完成一次正确的数据传输，计数值加 1，最终通过实验板上相应的 LED 灯的状态来直观地反映。图 5-37～图 5-40 列出了主节点部分的软件流程图。

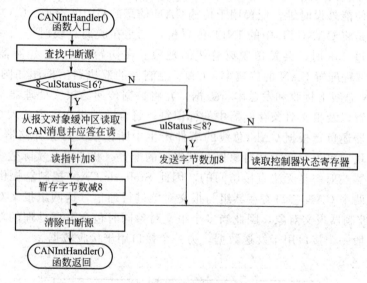

图 5-37 中断服务函数

六、实验步骤

① 运行 CCS，添加驱动库"driverlib"，打开路径"D：LM3S8962My Documents\boardsek\lm3s8962"，选择存放 CAN 控制器双机通信实验工程的文件夹"can_fifo"和"can_device_fifo"，单击完成添加到开发环境界面。

② 浏览实现预定功能的源代码，首先将"can_device_fifo"设置为当前活跃的工程，编译、连接，检验并修正错误。

③ 编译、连接无错误后，通过 CAN 线缆和 JTAG 线缆，连接 LM3S2110 CAN 器件板

项目五 工程机械总线系统的应用与检修 **229**

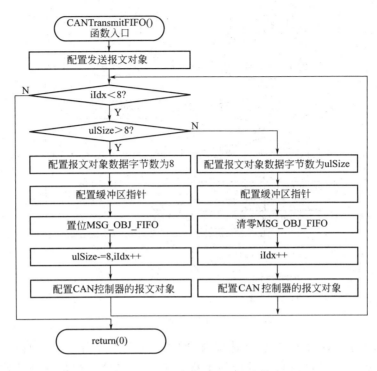

图 5-38 配置发送 FIFO 函数

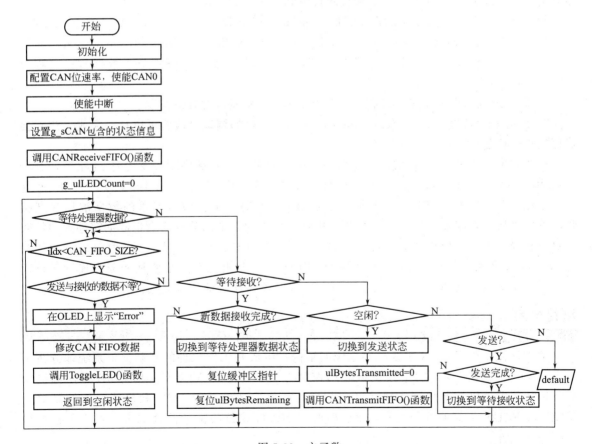

图 5-39 主函数

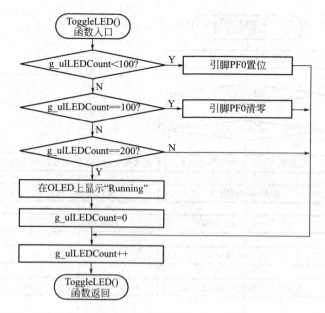

图 5-40 周期性改变 LED 状态

和 LM3S8962 评估板，通过 USB 将评估板与 PC 机进行连接，下载程序代码到 LM3S2110。

④ 将 "can_fifo" 设置为当前活跃的工程，编译、连接，检验并修正错误，编译、连接无错误后，断开 JTAG 线缆，下载程序代码到 LM3S8962，进入调试界面。

⑤ 调试主节点部分的程序，添加变量 g_ulLEDCount、g_sCAN.pucBufferTx、g_sCAN.ulBytesTransmitted、g_sCAN.pucBufferRx 和 g_sCAN.ulBytesRemaining 到 Watch 窗口，方便在调试程序的过程中观察数据传输的步骤，直观地显示数据传输过程对 FIFO 缓冲区的处理。

⑥ 通过设置断点和单步调试程序，帮助了解 CAN 通信的具体实现。

⑦ 连接 JTAG 线缆，对 "can_device_fifo" 工程的调试，读者可以自己完成，注意要对评估板进行复位操作。

实验结果：主节点每成功发送/接收一个报文对象，就挂起中断，发送完 64 字节，开始响应接收报文中断，接收完 64 个暂存数据后，完成一次数据收发，计数变量 g_ulLEDCount 加 1，同时点亮评估板上的 LED。此时，由主节点发送的数据被从节点接收，再通过从节点回发给主节点。因此，接收数据缓冲区中的数据与发送数据缓冲区中的数据对应相等。当成功传输 100 次后，器件板上 LED 点亮，评估板上 LED 熄灭，成功传输 200 次后，器件板上 LED 熄灭，评估板上 LED 点亮，如此循环。取消所有断点连续运行程序后，两块实验板上的 LED 交替闪亮，CAN 控制器在连续地传输数据。

项目小结

本项目在介绍了 CAN 总线控制系统的结构、组成和工作原理的基础上，系统地分析了基于 CAN 总线控制技术的工程机械通用控制方案，并且以 VOLVO EC210B 型挖掘机为例，论述了发动机控制单元 EMS（E-ECU）、车载控制单元 V-ECU 和机器显示控制单元 MDU（I-ECU）之间的控制关系，最后根据 VOLVO 挖掘机的故障代码表，提出了挖掘机的故障诊断方法。

项目六　工程机械整车电路分析

教学前言

1. 教学目标
掌握工程机械整车电路的类型、特点、组成、识读要领以及各种常用电气连接元器件的结构和性能，熟悉工程机械电气导线的规格和标注等内容，能正确识读工程机械整车电路。

2. 教学要求
在掌握工程机械一般整车电路分析方法的基础上，能够利用这些方法分析具体工程机械的整车电路，为工程机械电气系统的故障诊断与检修打下坚实基础。

3. 引入案例
① SY210C8M 挖掘机电气控制系统；
② VOLVO EC210B 挖掘机电气控制系统。

系统知识

单元一　工程机械整车电路的组成

工程机械整车电路一般由电源电路、启动电路、仪表电路、照明与信号电路、空调控制电路、电子控制系统电路和各种辅助电器电路组成。

（1）电源电路
① 组成：蓄电池、发电机及电压调节器和工作情况显示装置等。
② 作用：向全车所有用电设备供电并维持供电电压稳定。

（2）启动电路
① 组成：启动机、启动继电器、启动开关及启动保护装置等。
② 作用：将发动机由静止状态转变为自行运转状态。

（3）仪表电路
① 组成：仪表、指示表、传感器、报警装置及控制器等。
② 作用：控制各种仪表显示信息参数及报警。

（4）照明与信号电路
① 组成：前照灯、雾灯、示廓灯及其控制继电器和开关等。
② 作用：控制各种照明灯的启闭及各种信号的输出。

（5）空调控制电路
① 组成：空调压缩机电磁离合器开关及风机控制电路等。
② 作用：根据环境温度和空气质量调节车内的温度和空气质量，以满足驾驶员舒适度

的要求。

(6) 电子控制系统电路

ECU 及其网络系统根据车辆上所装用的电控系统内容不同采用不同的控制方式完成控制功能。

(7) 辅助电器电路

① 组成：各种辅助电器及其控制继电器和开关等。

② 作用：根据需要控制各种辅助电器的工作时机和工作过程。

单元二　工程机械电气电路的特点

(1) 低压直流

为了简化结构和保证安全，车载电气设备采用低压直流供电 12VDC 电压供电，重型车辆柴油车多采用 24VDC。

(2) 单线制

采用单线制不仅可以节省材料，且使电路简化后可以使故障率大大降低。

(3) 用电设备并联

每个用电设备都由各自串联在其支路中的专用开关控制，互不产生干扰。

(4) 负极搭铁

由于电化学的作用，不仅使车辆车架和车身均不易锈蚀，音响、通信系统等的干扰也较电源正极搭铁方式小。

(5) 两个电源

蓄电池在发动机未运转时向有关用电设备供电，启动以后由交流发电机取代蓄电池向有关用电设备供电，两者互补可以有效地使用电设备在不同的情况下都能正常地工作。

(6) 安装有保险装置

为了防止电路或元件因搭铁或短路而烧坏电线束和用电设备，工程机械都安装有保险装置。这些保险装置有的串接在元器件回路中，也有的串接在支路中。

(7) 大电流开关通常加中间继电器

中大电流的用电器如启动机、电喇叭等工作时的电流很大，如果直接用开关控制它们的工作状态，往往会使控制开关过早损坏。因此用小电流控制大电流的方法，实现大电流用电设备的正常工作，即开关→继电器线圈→继电器触点→大电流用电设备。

(8) 具有充、放电指示

蓄电池的充、放电情况有三种显示方法：充电指示灯显示法、电流表显示法和电压表显示法。

充电指示灯显示法：发动机未启动或低速运转时，指示灯点亮→未充电；发动机中高速时，充电指示灯熄灭→充电状态。

电流表显示法：用电流表指示蓄电池充放电情况。

电压表显示法：发动机未启动或低速运转时，指示蓄电池电压；高速时，指示发电机电压。

(9) 全车电气线路由单元电路组合而成

工程机械电气线路尽管复杂，但都是由完成不同功能，相对独立的单元组成，如电源、启动等。只要读懂了每个分系统，也就读懂了整车电路。

(10) 电路上有颜色和编号特征

随着工程机械上用电设备的增加，导线数目也在不断增多。为了便于识别和检修电气设备，电路中的低压线通常由不同的颜色组成，并在电气线路图上用颜色的字母代号标出。不同系统的导线用不同的颜色表示。

单元三 工程机械电路图的类型

1. 电气线路图

电气布线图也称线路图、电气位置图，通常根据电器的外形，用相应的图形符号进行合理布线。电气线路图是电气设备之间用导线相互连接的真实反映，它所连接的电气设备的安装位置准确，便于对电气故障进行判断与排除。

2. 电路原理图

电路原理图：根据国家或有关部门制定的标准，用规定的图形符号绘制的较简明的电路。电路原理图也称电路简图，这种图的作用是表达电路的工作原理和连接状态，不讲究电气设备的形状和位置、导线走向的实际情况等。

3. 线束图

车上导线的种类和数量较多，为保证安装，将走向相同的各类导线包扎成电缆，又称其为线束。

线束图主要说明哪些电器的导线汇合在一起组成线束，与何处进行连接等。线束外形图反映的是已制成的线束外形，所以也称为线束包扎图。图中一般都标明线束中每根导线所连接的电气设备的名称，有的还标注了每根导线的长度。

线束外形图类似于无线电设备中的印制电路板图。在制作或安装线束时，使用这类图极为方便。

线束外形图通常又分为主线束图和辅助线束图。主线束图又分为底盘线束图和车身线束图。辅助线束类型较多，多用于主线束的支路并与各种辅助电器相连（通过连接器），例如空调线束、车顶线束、电动车窗线束等。

单元四 电路图识读要领

1. 整车电路的图形符号

为了读懂工程机械电路图，首先要识别电路图中的各种图形符号及其含义。电气设备电路图常用图形符号可分为：

① 限定符号；

② 导线、端子和导线的连接符号；

③ 触点与开关符号；

④ 电气元件符号；

⑤ 仪表符号；

⑥ 传感器符号；

⑦ 电气设备符号；

⑧ 仪表板上常用控制符号。

2. 读图方法

电路图的读图要领如下。

① 开始读图必须先读电路图注，对照图注先弄清楚各电气部件的数量及功用，找出每一个电气部件的电流通路。

② 读图时可以采用逐一分割法进行，即将各部分电路根据需要逐一摘除后，再进行必要的分析。

③ 对于庞大复杂的电路，为了防止线路交叉错乱又使读图方便，在电路图上均标有"地址"码，在电路图中未连到所处位置的插头也标注有应到位置的对应"地址码"，只要两处地址码完全相同，即说明两处导线相连。

④ 读图时应从电源开始，先找到蓄电池、发电机及电压调节器，发电机励磁电路必须受点火开关控制。

⑤ 找启动电路必须先找到点火开关、启动继电器及电磁开关控制电路。

⑥ 找照明电路时，先找车灯控制开关、变光器、大灯、小灯及照明灯。照明灯电路一般接线规律是：小灯与大灯不同时亮；大灯的近光和远光不同时亮；仪表照明灯、尾灯、牌照灯等只有在夜间工作时才常亮。

⑦ 找仪表电路时，先找组合仪表、点火开关、仪表传感器及仪表电源稳压器。车辆仪表和指示灯共同显示一种参数，如充电、油压、油量及冷却液温度，它的指示灯是闪烁的，由一个多谐振荡器控制，同时还有蜂鸣器报警。

⑧ 找信号控制电路时，由于信号装置属于随时使用的短暂工作的设备，是接在经常有电的导线上，且仅受一个开关控制。

⑨ 找辅助装置控制电路时，应首先熟悉辅助装置的图形符号及有关控制开关及其功能，而后按照从电源—熔断丝—控制开关—用电设备的控制顺序进行。

单元五　导线、线束和连接器

1. 导线

(1) 导线横截面积

机动车辆电线又称低压电线，它与普通家用电线是不一样的。普通家用电线是铜质单芯电线，有一定硬度。而机动车辆电线都是铜质多芯软线，有些软线细如毛发，几条乃至几十条软铜线包裹在塑料绝缘管（聚氯乙烯）内，柔软而不容易折断。

由于机动车辆的特殊性，机动车辆电线线束的制造过程也比其他普通线束较为特殊。

制造机动车辆电线线束的体系大致分两类。

① 以欧美国家为主，包括中国：使用 TS16949 体系来对制造过程进行控制。

② 以日本为主：如丰田、本田，使用自己的体系来控制制造过程。

导线的截面积根据所用电气设备的电流值确定。为保证导线有足够的机械强度，截面积不能小于 $0.5mm^2$。机动车辆电线线束内的电线常用规格有标称截面积 0.5、0.75、1.0、1.5、2.0、2.5、4.0、6.0（mm^2）等的电线［日系车中常用的标称截面积为 0.5、0.85、1.25、2.0、2.5、4.0、6.0（mm^2）等］，它们各自都有允许负载电流值，配用于不同功率用电设备的导线。以整车线束为例，0.5规格线适用于仪表灯、指示灯、门灯、顶灯等；0.75规格线适用于牌照灯，前后小灯、制动灯等；1.0规格线适用于转向灯、雾灯等；1.5规格线适用于前大灯、喇叭等；主电源线例如发电机电枢线、搭铁线等要求2.5～4mm² 电线。这只是指一般机动车辆而言，关键要看负载的最大电流值，例如蓄电池的搭铁线、正极电源线则是专门的机动车辆电线单独使用，它们的线径都比较大，至少有十几平方毫米以上，这些"巨无霸"电线就不会编入主线束内。

工程机械车辆电线线束一般参考汽车行业标准，但是也要考虑工程机械车辆自身特点及工况。工程机械车辆工作环境大多很恶劣，譬如煤厂、矿山、建设工地等，其工作有以下共同特点：

① 路况差，粉尘大，车辆运行过程中振动强烈；
② 车辆运行时间不固定，部分车辆工作时间超长，如宽体矿用自卸车每天运行时间大多超过20h；
③ 车辆运距短，工程机械车辆运输距离一般不超过15km；
④ 工程机械车辆保养及维修频次与普通车辆相比更高。

上述特点决定工程机械车辆线束的特殊性。与普通车辆相比，设计与安装工程机械车辆线束应具备以下特点：

① 更高可靠性，更好密封性，具体就是防水、防油、防尘、防振、防热、防摩、防落物；
② 应保证线束有足够的裕量，特别在安全线规选择上要充分考虑工程机械车辆运行的时间特性，如运行时间长、启动频繁；
③ 应根据整机功能与特点做到模块化，方便拆装，便于维修，节省车辆保养与维修时间。

(2) 导线的颜色

随着车辆用电设备的增加，安装在机动上的导线数目也越来越多，为了便于识别和检修车辆电气设备，通常将电线束中的低压线采用不同的颜色组成。根据我国《汽车拖拉机电线颜色选用规则》的规定，低压电路的电线（标称截面积≤4mm²），在选配线时习惯采取两种选用原则，即以单色线为基础的选用和以双色线为基础的选用。

① 以单色线为基础选用时，其单色线的颜色和双色线主、辅色的搭配及其代号分别如表6-1和表6-2所示，其中黑色（B）为专用接地（搭铁）线。

表6-1 汽车用单色低压线的颜色与代号

序号	1	2	3	4	5	6	7	8	9	10
颜色	黑	白	红	绿	黄	棕	蓝	灰	紫	橙
代号	B	W	R	G	Y	Br	BL	Gr	V	O

表6-2 汽车用双色低压线颜色的搭配与代号

序号	1	2	3	4	5	6
导线颜色	B	BW	BY			
	W	WR	WB	WBL	WY	WG
	R	RW	RB	RY	RG	RBL
	G	GW	GR	GY	GB	GBL
	Y	YR	YB	YG	YBL	YW
	Br	BrW	BrR	BrY	BrB	
	BL	BLW	BLR	BLY	BLB	BLO
	Gr	GrR	GrY	GrBL	GrG	GrB

② 以双色线为基础选用时，各用电系统的电源线为单色，其余均为双色；其双色线的主色如表 6-3 所列。当其标称截面积大于 $1.5mm^2$ 时，导线只用单色线，但电源系统可增加使用主色为红色、辅色为白色或黑色的两种双色线。对于标称截面积小于 $1.5mm^2$ 的双色线，其主、辅颜色的搭配可参见表 6-4 所示。

表 6-3　汽车各用电系统双色低压线主色的规定

序　号	用电系统名称	电线主色	代　号
1	电气装置接地线	黑	B
2	点火、启动系统	白	W
3	电源系统	红	R
4	灯光信号系统（包括转向指示灯）	绿	G
5	防空灯系统及车身内部照明系统	黄	Y
6	仪表及报警指示系统和喇叭系统	棕	Br
7	前照灯、雾灯等外部灯光照明系统	蓝	BL
8	各种辅助电动机及电气操纵系统	灰	Gr
9	收放音机、电子钟、点烟器等辅助装置系统	紫	V
10	其他	橙	O

表 6-4　汽车用小截面双色低压线主、辅色的搭配

主　色	辅　色						
	红(R)	黄(Y)	白(W)	黑(B)	棕(Br)	绿(G)	蓝(BL)
红(R)	—	√	√	√	√	√	√
黄(Y)	√	√	√	√	△	√	△
蓝(BL)	√	√	√	△	—	—	—
白(W)	√	√	√	√	√	√	△
绿(G)	√	√	√	√	√	—	√
棕(N)	√	√	√	√	√	√	√
紫(V)	—	√	√	√	√	√	√
灰(Gr)	√	√	—	√	√	√	√

注：√—允许搭配的颜色；△—不推荐搭配的颜色。

2. 线束

线束是指由铜材冲制而成的接触件端子（连接器）与电线电缆压接后，外面再塑压绝缘体或外加金属壳体等，以线束捆扎形成连接电路的组件。车辆线束编成的形式基本上是一样的，都是由电线、联插件和包裹胶带组成，它既要确保传送电信号，也要保证连接电路的可靠性，向电子电气部件供应规定的电流值，防止对周围电路的电磁干扰，并要排除电器短路。

整车主线束一般分成发动机（点火、电喷、发电、启动）、仪表、照明、空调、辅助电器等部分，有主线束及分支线束。一条整车主线束有多条分支线束，就好像树杆与树枝一样。整车主线束往往以仪表板为核心部分，前后延伸。由于长度关系或装配方便等原因，一些车辆的线束分成车头线束（包括仪表、发动机、前灯光总成、空调、蓄电池）、车尾线束（尾灯总成、牌照灯、行李厢灯）、篷顶线束（车门、顶灯、音响喇叭）等。线束上各端头都会打上标志数字和字母，以标明导线的连接对象，操作者看到标志能正确连接到对应的电线和电气装置上，这在修理或更换线束时特别有用。

3. 连接器

连接器，即 CONNECTOR。国内亦称作接插件、插头和插座，一般是指电连接器，即连接两个有源器件的器件，传输电流或信号。连接器由插头和插座两部分组成。连接器的端

子数目、几何尺寸和形状各不相同，连接器设有锁止装置，大多数连接器具有良好的密封性，防止油污、水及灰尘等进入而使端子锈蚀。连接器有特定的图形符号表示。

连接器产品类型的划分虽然有些混乱，但从技术上看，连接器产品类别只有两种基本的划分办法：①按外形结构，圆形和矩形（横截面）；②按工作频率，低频和高频（以 3MHz 为界）。

按照上述划分，同轴连接器属于圆形，印制电路连接器属于矩形（从历史上看，印制电路连接器确实是从矩形连接器中分离出来自成一类的），而流行的矩形连接器其截面为梯形，近似于矩形。以 3MHz 为界划分低频和高频与无线电波的频率划分也是基本一致的。

考虑到连接器的技术发展和实际情况，从其通用性和相关的技术标准，连接器可划分以下几种类别（分门类）：①低频圆形连接器；②矩形连接器；③印制电路连接器；④射频连接器；⑤光纤连接器。

4. 继电器

继电器是一种电控制器件，是当输入量（激励量）的变化达到规定要求时，在电气输出电路中使被控量发生预定的阶跃变化的一种电器。它具有控制系统（又称输入回路）和被控制系统（又称输出回路）之间的互动关系。通常应用于自动化的控制电路中，它实际上是用小电流去控制大电流运作的一种"自动开关"。继电器是具有隔离功能的自动开关元件，广泛应用于遥控、遥测、通信、自动控制、机电一体化及电力电子设备中，是最重要的控制元件之一。

继电器一般都有能反映一定输入变量（如电流、电压、功率、阻抗、频率、温度、压力、速度、光等）的感应机构（输入部分）；有能对被控电路实现"通"、"断"控制的执行机构（输出部分）；在继电器的输入部分和输出部分之间，还有对输入量进行耦合隔离、功能处理和对输出部分进行驱动的中间机构（驱动部分）。

作为控制元件，概括起来，继电器有如下几种作用。

① 扩大控制范围　例如，多触点继电器控制信号达到某一定值时，可以按触点组的不同形式，同时换接、开断、接通多路电路。

② 放大　例如，灵敏型继电器、中间继电器等，用一个很微小的控制量，可以控制很大功率的电路。

③ 综合信号　例如，当多个控制信号按规定的形式输入多绕组继电器时，经过比较综合，达到预定的控制效果。

④ 自动、遥控、监测　例如，自动装置上的继电器与其他电器一起，可以组成程序控制线路，从而实现自动化运行。

5. 熔断器和断路器

两者都能实现短路保护。

熔断器的原理是利用电流流经导体会使导体发热，达到导体的熔点后导体熔化断开电路，保护用电电器和线路不被烧坏。它是热量的一个累积，所以也可以实现过载保护。一旦熔体烧毁就要更换熔体。

断路器也可以实现线路的短路和过载保护，不过原理不一样，它是通过电流励磁效应（电磁脱扣器）实现断路保护，通过电流的热效应实现过载保护（不是熔断，多不用更换器件）。具体到实际中，当电路中的用电负荷长时间接近于所用熔断器的负荷时，熔断器会逐渐加热，直至熔断。像上面说的，熔断器的熔断是电流和时间共同作用的结果，起到对线路进行保护的作用，它是一次性的。而断路器是电路中的电流突然加大，超过断路器的负荷时，会自动断开，它是对电路一个瞬间电流加大的保护，例如当漏电很大时，或短路时，或瞬间电流很大时的保护。当查明原因，可以合闸继续使用。正如上面所说，熔断器的熔断是电流和时间共同作用的结果，而断路器，只要电流一过其设定值就会跳闸，时间作用几乎可以不用考虑。断路器是低压配电常用的元件，也有一部分地方适合用熔断器。

6. 开关

开关是指一个可以使电路开路、使电流中断或使其流到其他电路的电子元件。最常见的开关是让人操作的机电设备（如延时开关、轻触开关、光电开关、双控开关等），其中有一个或数个电子接点。接点的"闭合"表示电子接点导通，允许电流流过；开关的"开路"表示电子接点不导通，形成开路，不允许电流流过。

按照用途分类：波动开关、波段开关、录放开关、电源开关、预选开关、限位开关、控制开关、转换开关、隔离开关、行程开关、墙壁开关、智能防火开关等。

按照结构分类：微动开关、船型开关、钮子开关、拨动开关、按钮开关、按键开关、薄膜开关、点开关。

按照接触类型分类：开关按接触类型可分为 a 型触点、b 型触点和 c 型触点三种；接触类型是指，"操作（按下）开关后，触点闭合"这种操作状况和触点状态的关系，需要根据用途选择合适接触类型的开关。

按照开关数分类：单控开关、双控开关、多控开关、调光开关、调速开关、防溅盒、门铃开关、感应开关、触摸开关、遥控开关、智能开关、插卡取电开关、浴霸专用开关。

7. 工程机械常用电路符号

工程机械常用电路符号如下所示：

(1) 电线 ——————

(2) 电线交叉

(3) 电线相连

(4) 接地

(5) 端子　　　○ 表示接线端
　　　　　　—○ 表示接线端上连有导线

(6) 电池　　　　电池组

(7) 保险丝　　　或

(8) 灯　　　　　表示灯中有两组灯丝，可以变光

(9) 二极管 A ▷|B　电流可以从A→B,不可以从B→A流动

(10) 三极管　主要是通过B点电压来控制C和E之间的通路。
当 $U_B > 0.7V$ 时,电流可以从C流向E;
当 $U_B < 0.7V$ 时,电流不能从C→E

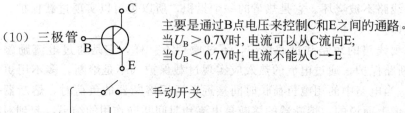

(11) 开关 ｛ 手动开关
　　　　　　常开式按钮开关
　　　　　　常闭式按钮开关

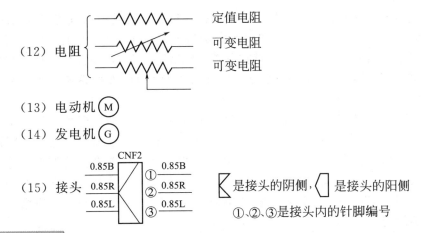

知识拓展

SY210C8M 挖掘机电气控制系统

一、挖掘机电气控制系统的基本功能

机电一体化是液压挖掘机的主要发展方向，其最终目的是机器人化，实现全自动运转，这是挖掘机技术的又一次飞跃。作为工程机械主导产品的液压挖掘机，在近几十年的研究和发展中，已逐渐完善，其工作装置、主要结构件和液压系统已基本定型。人们对液压挖掘机的研究，逐步向机电液控制系统方向转移。控制方式不断变革，使挖掘机由简单的杠杆操纵发展到液压操纵、气压操纵、电气操纵、液压伺服操纵、无线电遥控、电液比例操纵和计算机直接控制等。所以，对挖掘机机电液一体化的研究，主要是集中在液压挖掘机的控制系统上。

液压挖掘机电气控制系统主要是对发动机、液压泵、多路换向阀和执行元件（液压缸、液压马达）的一些温度、压力、速度、开关量的检测并将有关检测数据输入给挖掘机的专用控制器，控制器综合各种测量值、设定值和操作信号发出相关控制信息，对发动机、液压泵、液压控制阀和整机等进行控制。

电气控制系统具有以下功能。

① 控制功能：负责对发动机、液压泵、液压控制阀和整机的复合控制。

② 检测和保护功能：通过一系列的传感器、油压开关、熔断器和显示屏等对挖掘机的发动机、液压系统、气压系统和工作状态进行检测和保护。

③ 照明功能：主要有司机室厢灯、工作装置作业灯及检修灯。

④ 其他功能：主要有雨刮器、喷水器、空调器和收放音机等。

二、2SY210C8M 挖掘机概述

目前，在中高档汽车中普遍采用了 CAN 总线技术，CAN 总线技术代表欧洲最先进的技术水平，可以简化整车线束，提高整车电气线路的可靠性和安全性，提高维修性，具有数据共享和配置灵活的优点。CAN 总线技术为汽车内部各种复杂的电子设备、控制器、测量仪器等提供了统一数据交换渠道。

国内开发的挖掘机许多都以普通机械式供油系统柴油机为动力，通过在发动机上安装检测元件实现对发动机的监控，SY210C8M 采用三菱机械式 6DT-24 发动机为动力。

SY210C8M 是国内首家运用正流量液压控制技术的挖掘机。正流量控制系统优势明显：工作效率提高 8%，能耗降低 10%，动作响应快，操作舒适，柔和性和平稳性有大幅提高。

SY210C8M 电气控制系统核心采用原装川崎控制器 KC-MB-10-XX，硬件稳定性、与液压系统的匹配性有保障。KC-MB-10、OPUS46 组成 SY210C8M 的电液控系统，两者采用 CAN2.0B 通信方式。

SY210C8M 电控系统由 KC-MB-10 控制器、OPUS46 显示器、发动机电气系统、车身电气系统构成新型电气-液压控制系统。通过对发动油门位置反馈、转速监测、功率极限调节等电控手段（ESS 控制），主泵正流量调节、回转优先比例控制、铲斗合流比例控制等电液控制手段（HSS 控制），使发动机功率与液压泵功率实时匹配，实现主机输出功率对外负载的计算机动态跟随控制（CDCS），达到挖掘机外负载作业系统的最优控制，实现挖掘机动力性、经济性的完美结合。

SY210C8M 电液控系统主要是对发动机、液压泵、多路换向阀和执行元件（液压缸、液压马达）的一些温度、压力、速度、开关量的检测并将有关检测数据输入给挖掘机的控制器 KC-MB-10，控制器综合各种测量值、设定值和 OPUS46 传送来的操作信号发出相关控制信息，对发动机、液压泵、液压控制阀和整机进行控制。

三、SY210C8M 挖掘机电气系统组成与工作原理

SY210C8M 挖掘机电气系统由电源部分、发动机电气部分、照明部分、电气操纵机构、空气调节装置、音响设备、节能控制及故障诊断报警系统等组成，主要完成如下功能。

① 控制功能：负责对发动机、液压泵、液压控制阀和整机的复合控制。

② 检测和保护功能：通过一系列的传感器、油压传感器、蜂鸣器、熔断器和显示屏等对挖掘机的发动机、液压系统、工作状态进行检测和保护。

③ 照明功能：主要有司机室厢灯、工作装置作业灯及检修灯。

④ 其他功能：主要有雨刮器、喷水器、空调器和收放音机等。

1. 电源部分

系统电源为直流 24V 电压供电、负极搭铁方式；

采用 2 节 12V 120A·h 蓄电池串联作发动机启动电源；

由带内置硅整流和电压调节装置的交流发电机充电，以维持蓄电池电量和稳定系统电压，蓄电池输出端装设电源继电器，由钥匙开关控制，以增加电源系统的安全性。

① 蓄电池：采用 12V 120A·h 免维护型蓄电池，2 组串联。

② 发电机：24V50A 交流发电机，由发动机自带，内置硅整流电路及电压调节器，带有频率输出。I 为中性点电压输出端子，BAT 为电源输出端子，GND 为接地端子。I 端子接充电报警灯，在启动初状态，当发电机电压尚未建立时 I 端电压为 0V，充电报警灯亮，蓄电池正电源通过报警灯灯丝流向 I 端作为发电机的励磁电流，使发电机迅速建立起电压并进入发电工作状态。发电机进入发电状态后，L 端电压达 24V，充电报警灯熄灭。

③ 电源继电器：装于电瓶的正极控制总电源，由钥匙开关控制，以增加电源系统的安全性。

a. 接通：把钥匙开关打到"接通"位置以启动电路系统，此时电源继电器接通，系统得电。在启动发动机时，钥匙开关必须是接通的。

b. 断开：把钥匙开关打到"断开"位置，电源继电器断电，以切断电路系统。

维修电路系统和机器的其他部件时，需要把钥匙开关打到"断开"位置或拔掉钥匙开关以切断蓄电池电路。

2. 启动部分

(1) 启动设备

① 启动电机：24V4.5kW。

启动电机三个接线柱的作用和连接如下：

a. S 接线柱接启动开关。

b. E 接线柱为负极搭铁。

c. B 接线柱可接车上的用电器的正极。

② 钥匙开关：用于启动发动机。

③ 安全继电器：用于检测启动过程中发动机转速控制启动是否成功。

④ 液压操纵：液压操纵杆在"锁住"位置，发动机才能启动。

(2) 挖掘机启动保护原理及实现过程

SY210C8M 挖掘机启动由上述控制电路独立完成，控制器不参与启动控制。发动机启动达到标准转速后，将由发电机 P 端控制安全继电器，安全继电器则断开启动继电器，启动后启动继电器不再输出。此时控制器完成发动机的发动，充电报警灯熄灭。

图 6-1 所示为 SY210C8M 挖掘机电源及发动机电气系统。

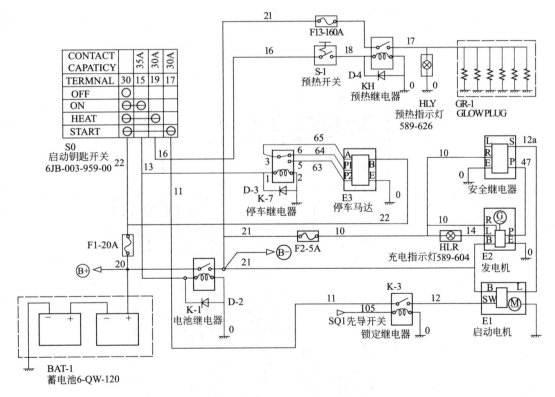

图 6-1 SY210C8M 挖掘机电源及发动机电气系统

3. 照明部分

为了保证夜间行车或作业安全，提高工作效率，外部照明旋转台工作灯、动臂工作灯均采用大功率工作灯，内部照明为驾驶室厢灯，显示屏具有光控与温控电路，在光线阴暗时自动打开背光，照明液晶屏，在不同的温度下，自动调节液晶屏的灰度，以达到最佳的视觉效果。图 6-2 所示为 SY210C8M 挖掘机照明部分示意图。

图 6-2　SY210C8M 挖掘机照明部分示意图

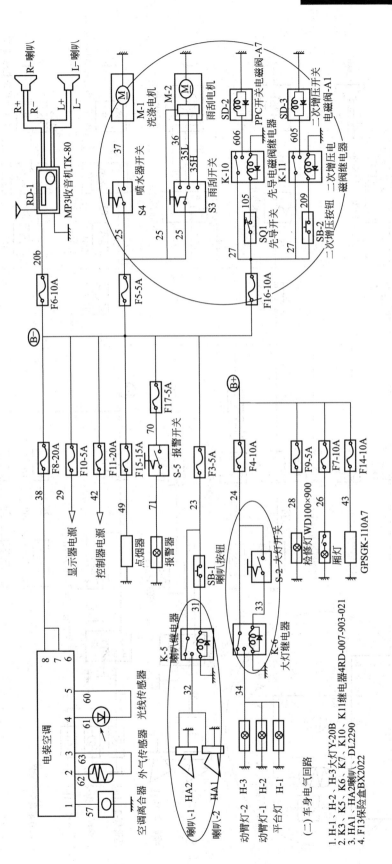

图 6-3 SY210C8M 挖掘机电气操纵机构部分示意图

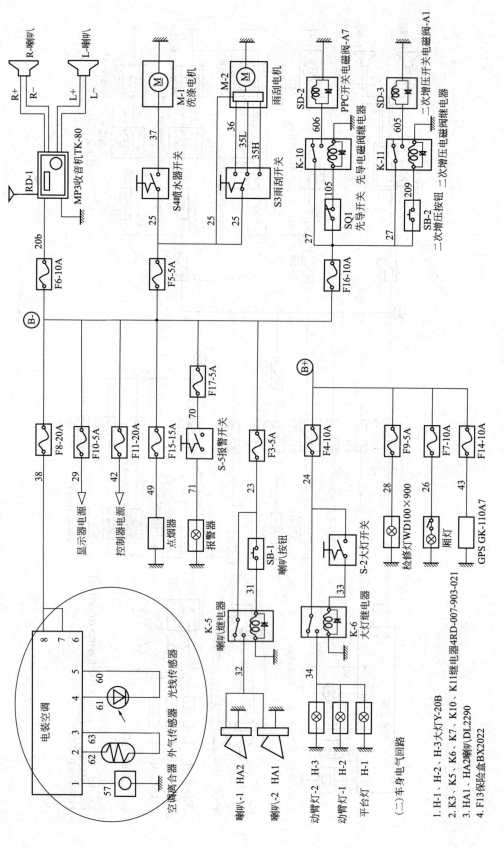

图 6-4 SY210C8M 挖掘机空气调节装置部分示意图

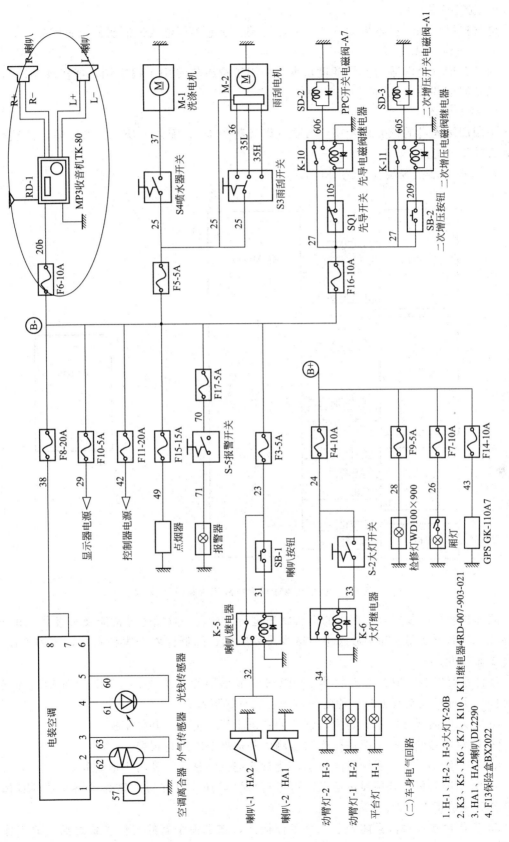

图 6-5 SY210C8M 挖掘机音响设备部分示意图

4. 电气操纵机构

电气操纵机构包括各启动开关、断路开关、继电器等电气控制机构（见图6-3）。

5. 空气调节装置

为了营造一个舒适的工作环境，本机采用工程机械专用工程空调，能实现制冷与制暖、风量以及温度调节（见图6-4）。

6. 音响设备

采用国际先进的挖掘机专用收音机（以实物为准），配以大功率放音喇叭，能获得震撼的收音效果（见图6-5）。

7. 故障诊断报警装置（见图6-6）

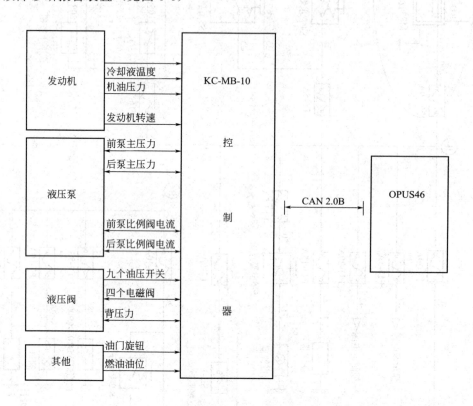

图6-6　SY210C8M挖掘机故障诊断报警示意图

故障诊断报警装置对挖掘机的运行状态进行监视，一旦发生异常能及时报警，并指出故障部位，从而可及早清除事故隐患，减少维修时间，降低保养和维护费用，改善作业环境，提高作业效率。

硬件主要以KC-MB-10控制器、OPUS46显示屏为系统核心，辅以其他检测和保护控制元件，实现对控制对象的各种监测目的，它有如下特点。

① 显示屏面板能防水、防尘，整个装置抗干扰能力强，并能防振。

② 能对机器的运行情况进行连续监测，并根据要求进行报警。

③ 带工作小时计、系统时间显示，能对其进行调整，使其与当地时间一致。

④ 显示屏多页、分层显示信息，可进行翻屏操作，可查阅采集的各路参数的具体数值或者各开关量正常与否。

⑤ 工作模式：每次只能处于一个工作模式，选定一个新的工作模式之后，原工作模式

自动消除。每次重新启动挖掘机后,功率模式重新回到 S(标准)模式。

⑥ 行走高低速:每次重新接通并启动挖掘机后,行驶高低速选择开关处于低速状态,只有按下开关后才依次在高速与低速之间转换。

⑦ 自动怠速功能:每次重新启动挖掘机后,自动怠速开关处于自动怠速有效模式,只有按下自动怠速开关,自动怠速功能才能取消。

⑧ 右操作面板上有两个指示灯:其中红色指示灯为发动机充电指示灯,它的特性电池供电时亮,发电机正常供电时灭;而黄色指示灯为发动机预热指示灯,通过闭合位于后面的翘板开关,并将点火开关打到 ON-START 之间的预热位置,此时指示灯亮,表示开始预热。

报警系统各功能显示方式、采集信号具体情况如表 6-5 所示。

表 6-5　SY210C8M 挖掘机报警系统各功能显示方式、采集信号具体情况

显示	类别	输入或输出信号方式	
方式监测	燃油箱油位	CAN 总线	模拟量
	发动机冷却液温度	CAN 总线	模拟量
	机油压力	CAN 总线	模拟量
	油门旋钮	CAN 总线	模拟量
	压力传感器	CAN 总线	模拟量
	控制器采集量	CAN 总线	模拟量

故障信息以故障代码方式显示。显示位置在主页面下方,同时有声光报警提示。

8. 电控制装置

SY210C8M 挖掘机本系统由 KC-MB-10 控制器、OPUS46 显示、油门控制单元以及一些必要的模拟量、开关量传感器、模式电磁阀组、开关阀等组成。通过对发动机和液压泵系统进行综合控制,使二者达到最佳匹配,以达到明显的节能效果。该装置主要实现四种工作模式的选择,自动怠速功能、柴油机转速控制等功能。各种控制指令(包括显示屏控制指令)和检测信号以开关量或模拟量进入控制器后,控制器根据要求输出控制信号给受控元件,达到控制的目的。控制器将各种信号以 CAN2.0B 通信的方式送入显示屏。通过显示屏实现相关控制的操作、实时显示和报警信息提示。

(1) 四种工作模式控制

SY210C8M 挖掘机有四种作业模式可供选择。可以使操作者根据作业工况不同,选择适合的作业模式,使发动机输出最合理的动力。

模式的选择:通过显示屏上的"模式"选择按钮实现。每次只能处于一个工作模式,选定一个新的工作模式后,原工作模式自动消除。

H 模式:即重负荷挖掘模式,发动机油门处于最大供油位置,发动机以全功率投入工作。

S 模式:即标准作业模式,液压泵输入功率的总和约为发动机最大功率的 90%。

L 模式:即普通作业模式,液压泵输入功率的总和约为发动机最大功率的 80%。

B 模式:即轻载作业模式,液压泵输入功率的总和约为发动机最大功率的 70%,适合于挖掘机的平整作业或破碎模式。

(2) 柴油机转速控制原理

本系统采用 KC-MB-10 控制器直接驱动油门马达 AC/2000,通过改变油门软轴的长度

来调节油门的开度,油门开度通过油门位置传感器反馈到控制器。

油门旋钮顺时针旋动时,即升速时,由 KC-MB-10 驱动油门马达,柴油机转速上升,达到设定的油门开度后,升速信号停止,进入转速自动调节阶段。

限位保护特性:当油门马达位置传感器反馈信号超过 KC-MB-10 控制器设置的安全范围后,控制器将调节液压系统工作在保护模式,现象为动作缓慢。

(3) 自动怠速系统

SY210C8M 挖掘机具有自动怠速功能。

当操纵杆回中位达 5s 后,发动机自动进入低速运转,从而可减小液压系统的空流损失和发动机的磨损,起到节能和降低噪声的作用。当扳动操纵杆重新作业时,发动机自动恢复到原来的转速状态。

自动怠速描述:按显示器上的自动怠速键,进入自动怠速控制,若机器空载运行转速大于 1400r/min(怠速转速),为降低燃油消耗而进入自动怠速。在自动怠速时,将油门旋钮往增速方向一挡一挡或跨挡调节,转速均不会上升。

退出自动怠速:

a. 将油门旋钮拧回最低位置,自动怠速将解除,调节油门旋钮使空载转速大于 1400r/min,一定时间后将变为自动怠速;

b. 任何先导压力动作有效,自动怠速将解除,作业中断后 3.5s 变为自动怠速;

c. 用自动怠速键取消自动怠速,自动怠速立即取消。

校企链接

VOLVO EC210B 型挖掘机电气控制系统

VOLVO EC210B 型挖掘机整机质量 20.5t,额定斗容 $0.9m^3$,配置沃尔沃 D6D 发动机,功率 119kW。其基本结构如图 6-7 所示。

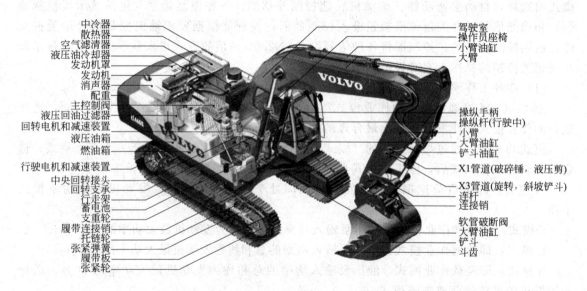

图 6-7 VOLVO EC210B 型挖掘机基本结构示意图

VOLVO 210B 型挖掘机电气系统采用了先进的控制系统和故障自动诊断系统。其主要相关电气参数如下。

电压： 24V
蓄电池： 2×12V
蓄电池容量：150A·h
交流发电机：28V/80A
启动电机： 24V/4.8kW

下面对其电气显示和操纵装置进行介绍。VOLVO EC210B型挖掘机驾驶室电气显示和操纵装置如图6-8所示。

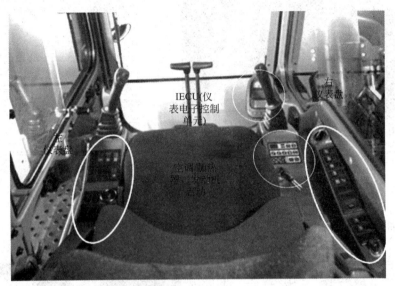

图6-8 VOLVO EC210B型挖掘机驾驶室电气显示和操纵装置示意图

1. 仪表电子控制单元（IECU）

仪表电子控制单元请参考项目4的相关内容。

2. 左侧仪表盘（见图6-9）

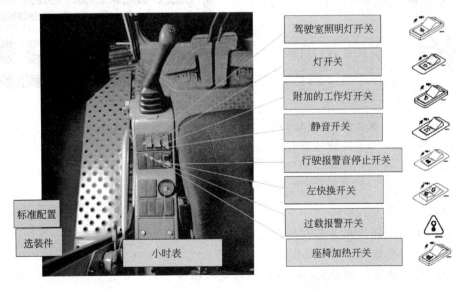

图6-9 VOLVO EC210B型挖掘机左侧仪表盘示意图

3. 右侧控制台（见图6-10）

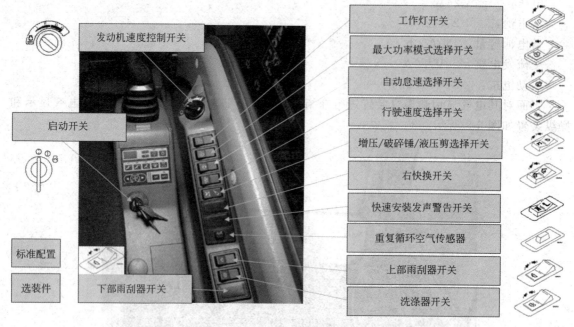

图6-10　VOLVO EC210B型挖掘机右侧控制台示意图

4. 空调/加热器（见图6-11）

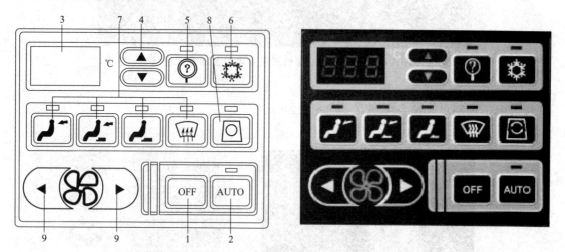

图6-11　VOLVO EC210B型挖掘机空调/加热器示意图
1—电源开关；2—自动/手动开关；3—液晶显示屏；4—温度控制开关；5—诊断开关；
6—压缩机"开/关"选择开关；7—空气出风口选择开关；
8—内部循环/外部空气选择开关；9—风扇速度选择开关

5. 收录机（见图6-12）

6. 发动机速度控制开关（见图6-13）

7. 油泵工作状态选择开关（见图6-14）

8. 紧急发动机速度控制开关、维修插座和电源插座（见图6-15）

9. 发动机柴油加热器（见图6-16）

项目六 工程机械整车电路分析

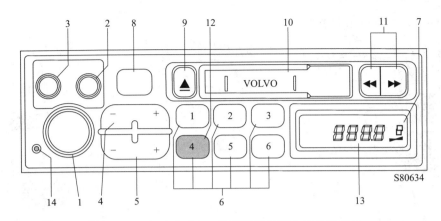

图6-12 VOLVO EC210B型挖掘机用收录机示意图

1—电源/音量；2—低音/高音；3—平衡；4—搜索/扫描；5—调谐；6—预设按钮；
7—液晶显示收音机；8—波段选择按钮；9—磁带弹出按钮；10—磁带盒舱门；11—快进/快退按钮；
12—金属带选择按钮；13—液晶显示器磁带盒；14—电源指示器

模式		开关位置	发动机速度(±40r/min)(无载荷/有载荷) D6DEAE2	功率切换电流(±10mA)
最大功率	P	9	2000/1900以上	215
重载	H		1900/1800以上	250
一般	G1	8	1800/1700以上	290
	G2	7	1700/1600以上	
	G3	6	1600/1500以上	
精确	F1	5	1500/-	450
	F2	4	1400/-	
	F3	3	1300/-	
怠速	I1	2	1000/-	555
	I2	1	800/-	

图6-13 VOLVO EC210B型挖掘机发动机速度控制开关示意图

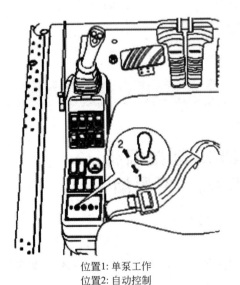

位置1: 单泵工作
位置2: 自动控制

(a) 泵工作状态选择开关

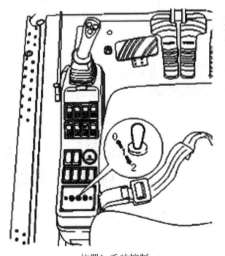

位置1: 手动控制
位置2: 双泵合流

(b) 自动/手动控制选择开关

图6-14 VOLVO EC210B型挖掘机油泵工作状态选择开关示意图

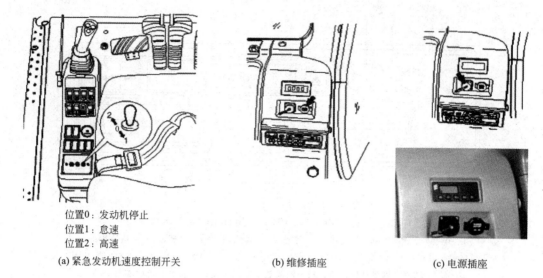

位置0：发动机停止
位置1：怠速
位置2：高速

(a) 紧急发动机速度控制开关　　(b) 维修插座　　(c) 电源插座

图 6-15　VOLVO EC210B 型挖掘机紧急发动机速度控制开关、维修插座和电源插座示意图

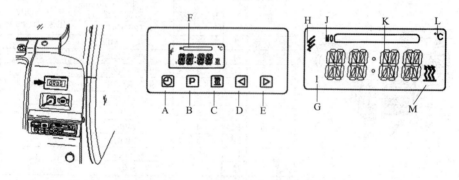

图 6-16　VOLVO EC210B 型挖掘机发动机柴油加热器示意图

A—时间设置开关；B—程序开关；C—加热"开/关"开关；D—倒退开关；E—前进开关；
F—显示窗口；G—记忆指示器；H—遥控器符号；J—程序工作日期；
K—当前时间/计划时间；L—温度显示器；M—加热指示器

故障诊断

案例一　某 VOLVO EC210B 型挖掘机整车动作慢，工作时无力，冒黑烟

故障原因：发动机、液压系统、整车电控系统或环境因素等。

故障排除：

① 先检查发动机空气滤芯、燃油滤芯，发现其清洁度良好，进气、供油顺畅，故滤芯堵塞的情况可以排除。

② 检测液压油泵先导压力，测得压力为 4MPa——正常，主溢流压力为 35MPa——正常，液压系统压力均在标准范围内，故可以排除系统压力低造成的故障。

③ 各种模式下，检查泵功率切换电磁阀控制电流和输出压力，与规格吻合（详细请参看表 5-3）故可以排除主泵比例电磁阀的故障。

④ 通过对发动机、液压系统、电气的检测，测得的数据均在标准范围内，证明主泵及调节器工作正常；动作慢可能为主泵排量小造成，如发动机转速低于标准转速将使主泵的排量减少。

⑤ 进入显示屏内部菜单查看发动机转速，发现发动机最高转速只有 1750r/min 左右，发动机功率输出明显不足，引起主泵供油流量小，使整机动作变慢。使用转速标定器重新标定发动机转速使之达到标准的转速［怠速：（1000±50）r/min，自动怠速：（1400±50）r/min，S 模式 10 挡：（2100±50）r/min，H 模式 11 挡：（2200±50）r/min］，该挖掘机恢复正常工作，故障排除。

案例二　某 VOLVO EC210B 型挖掘机一直在工地作业，累计工作小时达 4000h，工作过程中偶尔出现"打不着火难启动"的现象

故障排除：启动系统、燃油系统、压缩冲程压力不足、环境温度低等因素。

故障排除：经实地故障检查，怀疑由于启动系统故障（电池电压低、电线接触不良、启动电机电磁开关故障、启动继电器故障）造成 VOLVO EC210B 型挖掘机工作中偶尔"打不着火不能启动"现象。

① 用万用表测量电池电压，检查铅酸电池液面高度，不行就换新的电池。
② 检查电池负极电缆是否接地，接线错误，重新连接电缆。
③ 拆卸启动机，检调电磁开关内触点，若有故障则更换电磁开关。
④ 用万用表测量继电器线圈阻值，更换继电器。

项目小结

本项目介绍了工程机械整车电路的类型、特点、组成、识读要领和各种常用电气连接元器件的结构和性能，工程机械电气导线的规格和标注等内容，以及如何正确识读工程机械整车电路，最后以 SY210C8M 型挖掘机和 VOLVO EC210B 型挖掘机为例介绍工程机械的整车电路分析方法和故障诊断过程。

参 考 文 献

[1] 梁杰. 现代工程机械电气与电子控制. 北京：人民交通出版社，2008.
[2] 王立军. 公路工程机械电子控制技术. 北京：人民交通出版社，2007.
[3] 冯久东. 公路工程机械电器与电子控制装置 [M]. 北京：人民交通出版社，2005.
[4] 张铁, 王慧君, 朱明才. 工程机械电器及电控系统 [M]. 北京：石油大学出版社，2003.
[5] 赵仁杰. 工程机械电气设备 [M]. 北京：人民交通出版社，2002.
[6] 毛峰. 汽车电器 [M]. 北京：机械工业出版社，2006.
[7] 蒋波. 现代工程机械电液控制技术 [M]. 重庆：重庆大学出版社，2011.
[8] 蔡启光. 工程机械选型手册 [G]. 北京：中国水利水电出版社，2008.
[9] 中国水利水电工程总公司. 工程机械使用手册 [G]. 北京：中国水利水电出版社，1998.
[10] 李宏. 工程机械维修工实用技术手册 [G]. 南京：江苏科学技术出版社，2008.
[11] 赵捷. 进口挖掘维修手册 [G]. 沈阳：辽宁科学技术出版社，2009.
[12] 吕广明. 工程机械智能化技术 [M]. 北京：中国电力出版社，2007.
[13] 焦生杰. 现代筑路机械电液控制技术 [M]. 北京：人民交通出版社，2001.
[14] 李自光. 桥梁施工成套机械设备 [M]. 北京：人民交通出版社，2005.
[15] 李自光. 公路施工机械 [M]. 北京：人民交通出版社，2008.
[16] 张洪. 现代施工工程机械 [M]. 北京：人民交通出版社，2008.
[17] 周萼秋. 现代工程机械应用技术 [M]. 北京：国防科技大学出版社，1997.
[18] 金君恒. 大型工程机械电路 [M]. 北京：中国水利水电出版社，2008.
[19] 高忠民. 工程机械使用与维修 [M]. 北京：金盾出版社，2002.
[20] 贾铭新. 液压传动与控制 [M]. 北京：国防工业出版社，2001.
[21] 陆望龙. 实用液压机械故障排除与修理大全 [M]. 长沙：湖南科学技术出版社，1995.
[22] 邬宽明. CAN 总线原理和应用系统设计. 北京：北京航空航天大学出版社，1996.
[23] 黄长艺. 机械工程技术测试基础 [M]. 北京：机械工业出版社，2006.
[24] 李朝青. 单片机原理及接口技术. 北京：北京航空航天大学出版社，1994.
[25] 翟坦. 数据通讯及网络基础. 武汉：华中理工大学出版社，1996.
[26] 朱齐平. 进口工程机械维修手册 [M]. 沈阳：辽宁科学技术出版社，2002.
[27] 范逸之. Visual Basic 与 RS232 串行通讯控制 [M]. 北京：中国青年出版社，2000
[28] 许益民. 电液比例控制系统分析与设计 [M]. 沈阳：机械工业出版社，2005.
[29] 何立民. 单片机高级教程 [M]. 北京：北京航空航天大学出版社，1999.
[30] 刘和平等. TMS320LF240z DSP 结构、原理及应用 [M]. 北京：北京航空航天大学出版社，2002.
[31] 程佩清. 数字信号处理教程. 北京：清华大学出版社，1995.
[32] 强锡富. 传感器 [M]. 北京：机械工业出版社，1996.
[33] 张维衡等. 振动测试技术 [M]. 武汉：华中理工大学出版社，1993.
[34] 李方泽等. 工程振动测试与分析 [M]. 北京：高等教育出版社，1992.
[35] 黄一夫等. 微型计算机控制技术 [M]. 北京：机械工业出版社，1988.
[36] 王安新等. 工程机械电器设备 [M]. 北京：人民交通出版社，2009.
[37] 陈六海等. 工程机械电器设备与修理 [M]. 北京：国防工业出版社，2008.
[38] 王安新等. 工程机械电器设备 [M]. 北京：人民交通出版社，2009.
[39] 李彩锋等. 工程机械电器检测 [M]. 北京：化学工业出版社，2013.
[40] 龙志强等. CAN 总线技术与应用系统设计 [M]. 北京：机械工业出版社，2013.